光伏发电技术与应用设计

罗晓曙　廖志贤　韦笃取　蒋品群　著

科学出版社

北　京

内 容 简 介

光伏发电技术为太阳能发电的大规模应用提供了技术条件，随着太阳能应用技术的不断提高和各国政府的大力扶持，太阳能光伏发电技术将会得到更广泛的应用。本书是关于光伏发电技术及设计方法研究的一部专著，是作者及其课题组历时十年，在这一研究领域所做工作的总结和深化。书中系统地阐述了光伏发电系统的建模、非线性动力学行为分析与控制方法，全面深入地研究了光伏并网发电的同步、孤岛检测、最大功率点跟踪方法，给出了作者及其合作者一系列理论研究和实验研究成果，并介绍了当前国内外在该领域的研究动态与趋势。

本书可供电子、通信、电力与自动化等专业的高年级本科生、研究生和相关科研人员阅读和参考。

图书在版编目 (CIP) 数据

光伏发电技术与应用设计 / 罗晓曙等著. —北京：科学出版社，2016.11

ISBN 978-7-03-050608-5

Ⅰ．①光… Ⅱ．①罗… Ⅲ．①太阳能发电－系统设计－研究 Ⅳ．①TM615

中国版本图书馆 CIP 数据核字 (2016) 第 271142 号

责任编辑：陈 静 赵薇薇 / 责任校对：郭瑞芝
责任印制：徐晓晨 / 封面设计：迷底书装

科 学 出 版 社 出版
北京东黄城根北街 16 号
邮政编码：100717
http://www.sciencep.com

北京厚诚则铭印刷科技有限公司 印刷
科学出版社发行 各地新华书店经销

*

2016 年 11 月第 一 版 开本：720×1 000 1/16
2018 年 3 月第二次印刷 印张：15 3/4 插页：2
字数：300 000

定价：**88.00 元**
(如有印装质量问题，我社负责调换)

前　　言

世界能源危机的不断加剧和人类环境保护意识的不断加强，使可再生能源开发利用技术备受世界各国的重视。太阳能是一种储备巨大、分布广泛、清洁的可再生能源，近年来，太阳能利用技术已经得到了较大的发展，太阳能光伏发电是太阳能利用的重要方式。光伏发电技术为太阳能发电的大规模应用提供了技术条件，随着太阳能应用技术的不断提高和各国政府的大力扶持，太阳能光伏发电技术将会得到更广泛的应用。因此，研究光伏发电技术及设计方法，对保证光伏发电系统的稳定运行具有极其重要的理论探索价值和应用参考价值。

根据目前国内外光伏发电技术的研究现状与发展动态，本书对光伏发电系统的稳定性、分岔、混沌等非线性动力学行为进行了深入的研究，并将非线性系统的混沌控制、混沌检测理论与方法发展完善，应用于光伏发电系统中逆变器的控制与孤岛检测中。在此基础上，根据光伏并网系统的实际情况，结合复杂网络的理论和方法，深入研究、探索多逆变器并网系统的非线性动力学和同步控制方法，研究结果有望为新能源接入主电网构成新型能源互联网提供新思路与解决方法。研究成果不仅具有较重要的理论探索价值，而且对光伏并网发电系统的设计并确保其稳定运行具有重要的应用参考价值。

本书主要介绍作者近年来研究光伏发电系统的非线性动力学、同步以及相关的软硬件设计成果，同时适当参考了国内外的一些相关资料和研究报告。全书共8章，第1章涉及光伏发电发展概述与基本技术简介，为后续各章内容的理论分析打下基础。第2章阐述光伏发电最大功率点跟踪技术，主要为后续各章研究光伏发电逆变器的直流侧电路控制提供基础。第3章主要研究单相光伏离网逆变器的工作原理与控制方法。首先简要介绍光伏离网逆变器的电路拓扑结构与分析方法，然后分析单相光伏离网逆变器的控制策略，介绍了几种离网逆变器的控制方法，并给出了实验结果。第4章主要研究光伏并网逆变器的同步控制方法。首先介绍国内外有关光伏并网逆变器同步控制研究的现状，然后阐述电流滞环同步控制、基于PI控制器及改进方法的光伏并网逆变器的同步、基于预测控制的光伏并网电流跟踪同步改进算法、基于滤波反步法的单相光伏并网逆变器控制系统等光伏并网逆变器同步方法。第5章主要介绍光伏并网逆变器的动力学建模及其非线性动力学行为。第6章主要研究光伏并网发电系统的孤岛现象与检测方法，为光伏并网系统孤岛检测提供了新的方法与途径。第7章主要研究光伏微网发电技术，首先阐述微网及微网研究进展；然后研究微网逆变器的结构和控制方法；最后深入研究基于小世界网络模型的光伏微网同步方法和面向对等结构孤岛光伏微网的相互耦合同步方法，给出了相关的实验结果。第8章以前面各个章节所讨论的理论和方法为基础，进行 1kW 单相并网光伏发电系统的软硬件设计，给出了软硬件设计方案以及相关的实验结果。

最后，感谢国家自然科学基金项目（批准号：11262004，11562004）、广西科学研究与技术开发计划项目（批准号：桂科攻 1348017-2）和广西高校科学技术研究项目（批准号：KY2015YB031）的资助。

由于作者水平有限，本书难免存在不足之处，敬请读者批评指正。

作　者

2016 年 8 月

目　　录

前言

第1章　光伏发电发展概述与基本技术简介…………………………………………… 1

1.1　光伏发电发展概述 ……………………………………………………………… 1

　　1.1.1　光伏发电的发展与优势 ………………………………………………… 1

　　1.1.2　国外光伏发电的发展现状与趋势 ……………………………………… 2

　　1.1.3　国内光伏发电产业的发展现状 ………………………………………… 4

1.2　光伏发电基本概念与技术简介 ………………………………………………… 5

　　1.2.1　光伏离网发电技术 ……………………………………………………… 5

　　1.2.2　光伏并网发电技术 ……………………………………………………… 6

　　1.2.3　光伏并网逆变器的结构与种类 ………………………………………… 8

　　1.2.4　最大功率点跟踪控制技术 …………………………………………… 10

　　1.2.5　光伏并网发电的孤岛现象与检测技术 ……………………………… 10

　　1.2.6　光伏并网发电的同步控制技术 ……………………………………… 11

参考文献 …………………………………………………………………………… 11

第2章　光伏发电最大功率点跟踪算法与功率优化……………………………… 13

2.1　光伏电池的建模与特性仿真研究 …………………………………………… 13

　　2.1.1　光伏电池的等效模型和输出特性 …………………………………… 13

　　2.1.2　光伏阵列的 MATLAB 建模与特性仿真 …………………………… 14

2.2　光伏电池最大功率点跟踪算法 ……………………………………………… 16

　　2.2.1　最大功率点跟踪原理 ………………………………………………… 16

　　2.2.2　DC/DC 变换电路 ……………………………………………………… 16

　　2.2.3　典型 MPPT 控制方法简介 …………………………………………… 18

　　2.2.4　改进型变步长扰动观察 MPPT 算法 ………………………………… 22

　　2.2.5　基于 Boost 电路改进型扰动观察的 MPPT 算法的 MATLAB/Simulink
　　　　　 建模与仿真…………………………………………………………… 23

2.3　光伏充电控制器的设计 ……………………………………………………… 24

　　2.3.1　光伏充电控制器的主体设计方案 …………………………………… 24

　　2.3.2　蓄电池的充电特性及充电方法 ……………………………………… 25

　　2.3.3　蓄电池充电控制程序设计及 PWM 控制信号测试 ………………… 26

　　2.3.4　光伏充电控制器的 MPPT 效率测试及分析 ……………………… 28

2.4　本章小结 ··· 29

参考文献 ··· 30

第 3 章　单相光伏离网逆变器的工作原理与控制方法 ··············· 32

3.1　单相光伏离网逆变器的结构与工作状态分析 ···················· 32

3.1.1　单相光伏离网逆变器的主回路拓扑结构 ················· 32

3.1.2　单相全桥光伏离网逆变器工作状态分析 ················· 33

3.2　单相光伏离网逆变器的控制策略分析 ···························· 35

3.2.1　SPWM 控制的基本原理 ································· 35

3.2.2　等面积中心算法 ··· 38

3.2.3　双闭环 PI 稳压控制方法 ································· 39

3.2.4　电压、电流双闭环 PI 稳压控制方法仿真 ··············· 40

3.3　本章小结 ··· 41

参考文献 ··· 41

第 4 章　光伏并网逆变器的同步控制方法 ························· 42

4.1　光伏并网逆变器同步控制方法研究进展简介 ···················· 42

4.2　光伏并网逆变器的电流滞环同步控制方法及仿真结果 ··········· 44

4.2.1　电流滞环同步控制方法 ································· 44

4.2.2　电流滞环同步控制仿真结果 ····························· 45

4.3　基于 PI 控制器及改进方法的光伏并网逆变器的同步及仿真结果 ·· 47

4.3.1　基于 PI 控制器的电流同步控制方法及其改进 ··········· 48

4.3.2　基于改进 PI 控制器的电流同步控制方法的控制结果 ····· 51

4.4　基于预测控制的光伏并网电流跟踪同步改进算法 ················ 52

4.4.1　单相光伏并网逆变器输出回路方程建立及其离散化 ······ 52

4.4.2　控制算法设计及其改进 ································· 55

4.5　基于滤波反步法的单相光伏并网逆变器控制系统 ················ 59

4.5.1　基于传统反步法的单相光伏并网逆变器控制系统 ········ 59

4.5.2　滤波反步法设计 ··· 61

4.5.3　滤波反步法稳定性分析 ································· 62

4.5.4　仿真实验结果与分析 ····································· 64

4.6　自适应滤波器和 PID 控制器相结合的光伏并网发电系统的同步
方法与装置 ··· 70

4.6.1　技术背景 ··· 70

4.6.2　自适应滤波器和 PID 控制器相结合的光伏并网发电系统同步装置 ·· 70

4.6.3　自适应滤波器和 PID 控制器相结合的光伏并网发电系统同步方法 ··· 71

4.6.4 仿真实验结果与分析 ···75
参考文献 ···80

第5章 光伏并网逆变器的非线性动力学特性 ·························82
5.1 概述 ··82
5.2 基于 Buck DC/DC 降压变换的两级式单相全桥光伏并网逆变器 ····83
5.2.1 逆变器的电路组成与结构 ··83
5.2.2 逆变器的工作原理分析 ···84
5.2.3 逆变器的分段光滑状态方程建立 ···································84
5.2.4 逆变器的分段光滑状态方程的非线性动力学行为 ···········88
5.2.5 结论与讨论 ···90
5.3 基于 Boost DC/DC 升压变换的两级式单相全桥光伏并网逆变器 ····90
5.3.1 逆变器电路与工作原理分析 ···90
5.3.2 逆变器的分段光滑状态方程的建立 ································92
5.3.3 逆变器分段光滑状态方程动力学行为 ····························98
5.3.4 内参数对两级式光伏并网逆变器非线性动力学行为的影响 ····102
5.3.5 结论与讨论 ···103
参考文献 ··104

第6章 光伏并网发电系统的孤岛现象与检测方法 ··················106
6.1 孤岛效应的概念与研究意义 ··106
6.2 孤岛检测技术的研究现状与发展动态 ····································107
6.3 孤岛效应的概念与检测原理 ··109
6.3.1 孤岛效应的基本概念 ···109
6.3.2 孤岛检测的基本原理 ···110
6.4 孤岛检测的标准与检测盲区 ··112
6.4.1 孤岛检测的标准 ···112
6.4.2 检测盲区 ···113
6.5 常用的孤岛检测方法简介 ···117
6.5.1 基于电网侧的远程孤岛检测方法 ···································117
6.5.2 基于并网逆变器侧的本地孤岛检测方法 ·························118
6.6 基于频率偏移的主动式孤岛检测方法及其改进 ·······················123
6.6.1 AFD 孤岛检测法 ···123
6.6.2 AFDPF 孤岛检测法 ··127
6.7 改进的 AFDPF 孤岛检测法 ··129
6.7.1 改进的 AFDPF 孤岛检测法的原理介绍 ·························129
6.7.2 改进的 AFDPF 孤岛检测法的盲区分析 ·························130

6.8 AFD、AFDPF 以及改进的 AFDPF 孤岛检测方法的仿真模型建立

及仿真结果 ·· 130

6.8.1 仿真模型建立及仿真参数设定 ·· 130

6.8.2 AFD 孤岛检测法的仿真结果及分析 ·· 131

6.8.3 AFDPF 孤岛检测法的仿真结果及分析 ···································· 137

6.8.4 改进的 AFDPF 孤岛检测法的仿真结果及分析 ···················· 146

6.9 基于模糊控制的 APS 孤岛检测新方法 ·· 151

6.9.1 APS 孤岛检测方法 ··· 151

6.9.2 改进的 APS 孤岛检测方法 ·· 152

6.9.3 改进的 APS 孤岛检测方法 NDZ 分析 ······································ 155

6.9.4 模糊控制系统的构建 ··· 156

6.9.5 基于改进的 APS 孤岛检测方法的建模与仿真分析 ·············· 161

6.9.6 小结 ··· 164

6.10 基于 Morlet 复小波变换的孤岛检测方法 ······································ 165

6.10.1 Morlet 复小波变换 ··· 165

6.10.2 基于 Morlet 复小波变换的孤岛检测方法 ····························· 166

6.10.3 基于 Morlet 复小波变换的孤岛检测方法的建模与仿真结果分析 ··· 168

6.11 复小波与实小波变换在孤岛检测中的对比研究 ·························· 173

6.11.1 有关参数设置和 Morlet 复小波与 db10 实小波的小波函数 ··· 173

6.11.2 仿真结果与分析 ··· 174

6.12 电力系统故障影响下孤岛检测新方法的有效性研究 ·················· 178

6.12.1 电力系统故障概述 ··· 178

6.12.2 电力系统故障影响下孤岛检测的有效性分析 ······················ 179

6.13 基于一维离散非线性映射的李雅普诺夫指数变化的光伏发电

孤岛检测方法及装置 ·· 181

6.13.1 基于一维离散非线性映射的李雅普诺夫指数变化的孤岛检测的系统组成

及检测原理概述 ··· 181

6.13.2 有关参数的计算 ··· 186

6.13.3 孤岛检测流程与检测结果 ··· 187

6.13.4 孤岛检测特性分析 ··· 188

参考文献 ··· 189

第 7 章 光伏微网发电技术 ··· 194

7.1 概述 ··· 194

7.2 微网及微网研究进展 ··· 195

7.2.1 微网定义 ··· 195

　　　7.2.2　光伏微网技术研究进展 ··· 196
　7.3　基于小世界网络模型的光伏微网系统非线性动力学行为及其
　　　同步方法研究 ·· 202
　　　7.3.1　模型与方法 ··· 203
　　　7.3.2　数值计算和分析 ··· 206
　　　7.3.3　结论 ··· 210
　7.4　面向对等结构孤岛光伏微网的相互耦合同步方法 ················ 210
　　　7.4.1　相互耦合混沌系统同步方法 ·································· 211
　　　7.4.2　面向对等结构孤岛光伏微网的相互耦合同步模型与方法 ··· 211
　　　7.4.3　相互耦合同步方法同步稳定性证明 ························· 212
　　　7.4.4　相互耦合同步方法的仿真验证与评价 ····················· 214
　参考文献 ·· 215

第8章　1kW 单相并网光伏发电系统的软硬件设计 ······················· 220
　8.1　系统总体结构 ·· 220
　　　8.1.1　硬件设计 ··· 221
　　　8.1.2　DSP 核心电路设计 ·· 221
　　　8.1.3　驱动电路设计 ··· 223
　　　8.1.4　信号采集电路设计 ·· 224
　　　8.1.5　辅助电源电路设计 ·· 225
　8.2　系统软件设计 ·· 226
　　　8.2.1　系统软件总体结构 ·· 226
　　　8.2.2　相位同步控制的软件设计 ···································· 228
　　　8.2.3　电流预测同步控制的软件设计 ······························ 229
　8.3　实验结果 ··· 232
　　　8.3.1　驱动信号测试实验 ·· 232
　　　8.3.2　电网同步信号测试实验 ······································· 233
　　　8.3.3　并网电流及电网电压测试实验 ······························ 234
　8.4　本章小结 ··· 236
　参考文献 ·· 237

附录1　符号对照表 ·· 238

附录2　缩略词表 ·· 239

彩图

第 1 章　光伏发电发展概述与基本技术简介

1.1　光伏发电发展概述

1.1.1　光伏发电的发展与优势

　　全世界范围内的环境、能源问题日益凸显，低碳和可持续发展近年来已成为全球经济发展的重要导航标，包括太阳能在内的可再生能源成为各主要经济体的重点发展方向。太阳能是人类得以生存发展的最基础的能源形式，人类赖以生存的自然资源几乎都与太阳能息息相关，对太阳能的利用历史更是可以追溯到人类起源时代。从现代科技的发展来看，太阳能开发利用技术的进步有可能决定着人类未来的生活方式。近年来，随着世界能源危机的不断加剧和人类环境保护意识的日益加强，可再生能源的开发利用技术备受世界各国的重视[1-4]。太阳能是一种分布广泛、清洁的可再生能源，有着巨大的开发应用潜力，近年来，太阳能利用技术已经得到了长足的发展，太阳能光伏发电是利用太阳能的重要方式[5,6]。太阳能光伏产业从 20 世纪 90 年代后期开始得到快速发展，世界太阳能电池产量在近十年年均增长率超过 38%，目前发展速度已经超过 IT 产业，成为世界上发展最快的新兴产业之一。值得一提的是，2008 年世界太阳能电池产量高达 7.9GW，年增长率 98%。2007 年我国太阳能电池产量居世界第一；2008 年产量约 2.6GW，占全球市场的 30%以上；2009 年产量超过 4GW，占同年全球太阳能电池总产量 10GW 的 40%以上。在光伏发电方面，到 2013 年年底，全球太阳能光伏发电装机容量达到 136.7GW，可见，全球光伏产业和市场保持着高速的发展，如图 1.1 所示。

　　在当前的可再生能源如核能、风能、太阳能、生物质能等发电技术中，太阳能光伏发电被世界各国政府及企业认为是未来更实用、更具发展潜力的新能源发电技术[7,8]。太阳能光伏发电是把太阳能电池用做能量转换元件，利用半导体的光生伏特效应将太阳的辐射能直接转换成电能的发电技术，其特有的优势如下。

　　（1）免费：能量的来源即太阳辐射是免费获取的，一旦能量转换装置设计完成，就可以长期免费使用光能，系统成本主要集中在能量转换装置上。

　　（2）丰富：太阳辐射广泛地分布在地球上，可以认为是一种取之不尽、用之不竭的能量来源。据统计，地球可以获得的太阳辐射能量达 173000TW，即每秒钟地球获得的太阳辐射能量相当于 500 万吨的煤燃烧所产生的热量。同时，作为太阳能电池主要原料的硅材料在地壳上储量丰富，不会出现资源耗尽的现象。

　　（3）清洁：能量转换过程不需要发生燃烧，不排放二氧化碳或其他废气、废水，同时由于没有机械传动部件，不存在机械磨损问题，更不会产生噪声污染，与自然环境关系和谐。

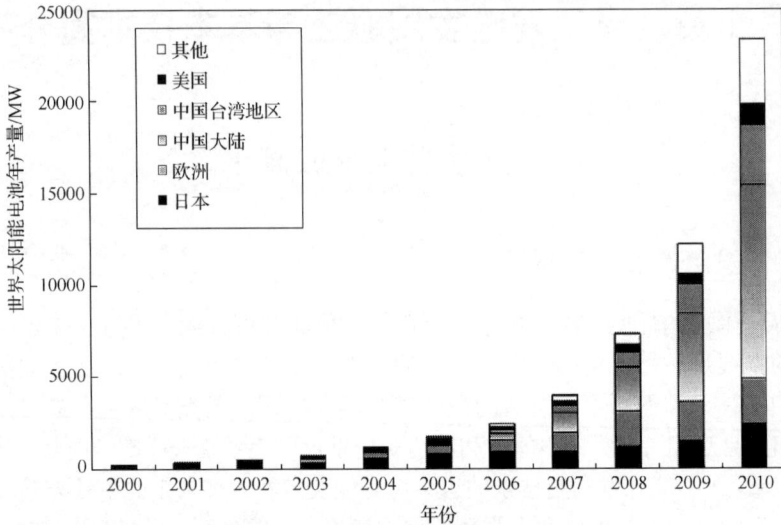

图 1.1 世界太阳能电池的历年产量（见彩图）

（4）耐用：近十年来的研究和实践表明，太阳能电池性能稳定可靠，其使用寿命可以超过 30 年，这使光伏发电系统实现高使用寿命、免维护成为可能。

（5）高效：一方面，太阳能电池直接把光子转换成电能，过程简单，虽然目前光伏转换效率只能达到 25%左右，但是理论上光能到电能的转换效率可以超过 80%，将来一旦材料及工艺水平提高，将会使光伏发电成为一种非常高效的发电技术；另一方面，太阳能电池及各种电能变换器如 DC/DC、DC/AC 等均可以轻易实现模块化设计，因此发电系统易于建造安装、扩大容量，并且易于实现分布式发电。

1.1.2 国外光伏发电的发展现状与趋势

在光伏发电技术不断革新和各国政府的全力支持下，全球的太阳能光伏产业自 20 世纪 90 年代以来持续高速发展，其中以德国、美国、日本等发达国家的光伏产业发展最为突出。在欧洲光伏产业协会（european photovoltaic industry association，EPIA）的"目标 2020"预测中，到 2020 年欧洲联盟（简称欧盟）12%的电力将由光伏供应。2012 年，全球光伏新增装机量达到 29.7GW，同比增长 3.6%。从装机分布看，德国以 7.6GW 的装机容量重回全球首位，但同比增长 2%；而中国则以 4.5GW 的装机容量上升至全球第二，同比增长 66.7%；美国以 3.3GW 的装机容量位居全球第三，同比增长 78.6%；意大利则由 2011 年的全球第一滑落至全球第四，装机量 3.0GW。到 2012 年年底，全球光伏累计装机容量突破 100GW；至 2013 年年底，全球光伏装机量达到 136.7GW。按照目前已知的美国、欧洲和日本制定的光伏发展中长期规划，到 2020 年全球累计装机容量将超 200GW，2030 年将达到 1850GW。德国政府是全球最早倡导、鼓励光伏发电应用的国家之一。1990 年，德国政府率先推出"1000 太阳能屋顶计划"，并且在 1999 年 1 月起开始实施"十万太阳能屋顶计划"，这项计划已于 2004 年完成，德国政府共兴建了 10 万个太阳能发电屋顶，每个屋顶容量约 3～5kWp。到 2010 年为止，德国光伏组件安装容量达 17GWp，约占全球光伏发电总安装量的 50.4%[9]。

同样，在 1996 年，美国政府推出了一项"光伏建筑物计划"，投资额超过 20 亿美元；1997 年美国政府在全球率先发起"百万太阳能屋顶计划"，该计划已提前完成。2005 年，美国政府对购买和使用光伏发电装置的用户给予一定的奖励。2010 年，美国政府批准了"布莱斯太阳能发电项目"，在加利福尼亚州建立一座 1000MW 容量的太阳能发电厂，是美国目前最大的光伏发电厂，并于 2012 年投入使用[6]。

作为能源短缺大国的日本，对太阳能光伏发电的发展和推广极为重视。日本政府早在 1974 年就公布了"阳光计划"，1993 年又提出"新阳光计划"，旨在推动太阳能研究计划全面、长期地发展，并相继颁布了一系列鼓励太阳能研发和应用的相关法规，这一系列措施极大地推动了日本光伏产业的发展与应用。2002 年，日本的光伏电池生产总量已达到 254.5MW，并且以世界最快的速度——4.86%增长，到 2010 年一半以上的新居屋顶已安装光伏太阳能系统。目前，已取得了令人难以置信的成效，有将近 50 万户安装了太阳能屋顶系统，同时太阳能成本大幅度降低。到 2020 年，日本计划在现有太阳能发电规模的基础上扩大 20 倍，达到世界第一[10]。

纵观全球，光伏发电产业的初期研发和示范应用阶段已经完成，如今光伏发电已经遍及各个用电领域。今后，光伏发电系统将朝着高效率、低成本、长寿命、实用、美观的方向发展。

根据 EU JRC（欧洲联合研究中心）对世界未来能源发展的预测，到 2020 年世界太阳能发电量占世界能源需求总量的 1%，到 2050 年和 2100 年分别占 20%和 50%，如图 1.2 所示。

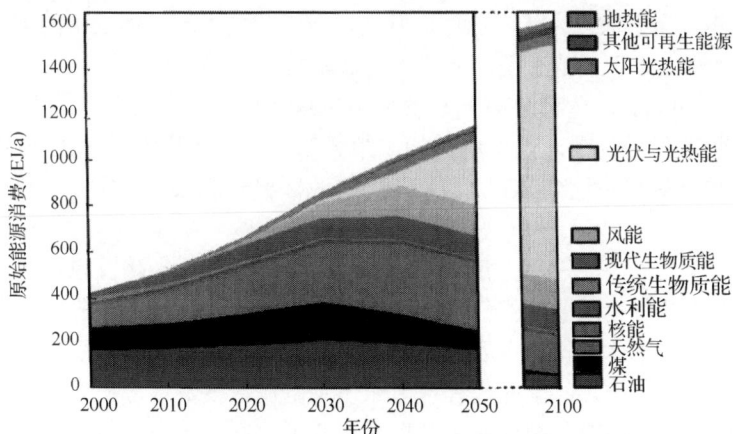

图 1.2　世界能源发展预测（数据来自 EU JRC）（见彩图）

1.1.3　国内光伏发电产业的发展现状

我国的光伏发电产业起步比较晚，初期发展速度较慢，到 2008 年国内的装机容量才占世界总容量的 1%左右[11]。2008 年，我国开始启动屋顶和大型地面并网光伏发电示范项目；2009 年年初完成了甘肃敦煌 10MWp 级大型荒漠并网光伏电站的招标工作；同年 3 月，推出了"太阳能屋顶计划"与"金太阳工程"，这一系列的政策措施给我国未来的太阳能光伏产业提供了一个广阔的发展空间[12]。目前我国光伏产业的发展已经拥有一定的规模，但同国外相比，还相差甚远[13]。首先我国光伏产业大而不强，产能高消费低，光伏产业主要依赖国外市场，严重阻碍我国光伏技术的发展；其次，在技术层面，研发和创新能力薄弱，光伏系统效率低，部分关键生产设备仍依赖进口；最后，光伏发电成本一直高居不下，生产效率低，这一直以来都是我国光伏产业在国内难以普遍推广的瓶颈。

近几年来，我国光伏组件生产能力不断增强，成本逐渐降低，市场不断扩大，装机容量也逐年增加。在国务院文件《国务院关于加快培育和发展战略性新兴产业的决定》中，已经把太阳能光伏产业定为国家未来发展战略性的重要产业。着力加快我国太阳能光伏并网发电技术，推动光伏产业的发展，对于实现我国工业转型、发展国家经济、推进节能减排、优化能源结构等具有非常重要的意义。

2012 年 7 月 9 日，国务院发布了《"十二五"国家战略性新兴产业发展规划》，其中拟定了太阳能产业的发展规划：以提高太阳能电池转化效率、器件使用寿命和降低光伏发电系统成本为目标，大力发展太阳能光伏电池的生产制造新工艺和新装备；积极推动多元化太阳能光伏光热发电技术新设备、新材料的产业化及其商业化发电示范；建立大型并网光伏发电站，推进建筑一体化光伏发电（buliding integrated photovoltaic，BIPV）应用，建立具有国际先进水平的太阳能发电产业体系。建立促进光伏发电分布式应用的市场环境，推进以太阳能应用为主、综合利用各种可再生能源的新能源城市建设。2012 年，为了保证光伏产业健康发展，我国加大了对光伏应用的支持力度，先后启动两批"金太阳"示范工程，上调《太阳能发电发展"十二五"规划》中光伏装机规划目标至 20GW，建设分布式光伏发电规模化应用示范区等，再加上光伏系统投资成本不断下降，我国光伏应用市场一片繁荣，当年新增装机量达 4.5GW，同比增长 66.7%，累计装机量达到 8GW，到 2015 年，我国已建成太阳能发电装机容量 21GW以上。

在我国"十二五"太阳能光伏产业发展规划中，把扩大光伏发电市场特别是分布式光伏并网发电等作为重要战略任务，其中加强相应的产品研发和应用力度；把推动和完善光伏发电技术体系作为主要任务之一。掌握太阳能光伏发电系统集成技术、光伏并网逆变器关键性技术，全面提升本土光伏发电设备技术水平是一项重要内容。

目前，随着太阳能应用技术的不断提高和各国政府的大力扶持，太阳能发电技术将会得到更广泛的应用。可以相信，随着原料工艺水平的不断提高和科学技术的进步、光伏并网发电技术的日益成熟，在不久的将来，太阳能光伏发电将是主流的能源利用方式。

1.2　光伏发电基本概念与技术简介

光伏发电技术主要分为光伏离网发电技术和光伏并网发电技术两大类，另外风光互补发电技术是一种复合发电技术，也包括了光伏发电的技术和原理，如图 1.3 所示。光伏离网发电系统也称为独立型光伏发电系统，是由光伏阵列、蓄电池组、充放电控制器和逆变器等部件构成。光伏离网发电系统多用于边远地区如村庄供电系统、岛屿供电系统、通信基站供电、公共事业单位供电等。由于在光伏离网发电系统中含有的蓄电池是一种损耗快、维护频繁的组件，因此增加了系统的建设成本，系统寿命较短。光伏并网发电技术主要应用于建筑一体化光伏发电系统、建筑附加型光伏发电（building attached photovoltaic，BAPV）系统和大型荒漠/开阔地发电系统。

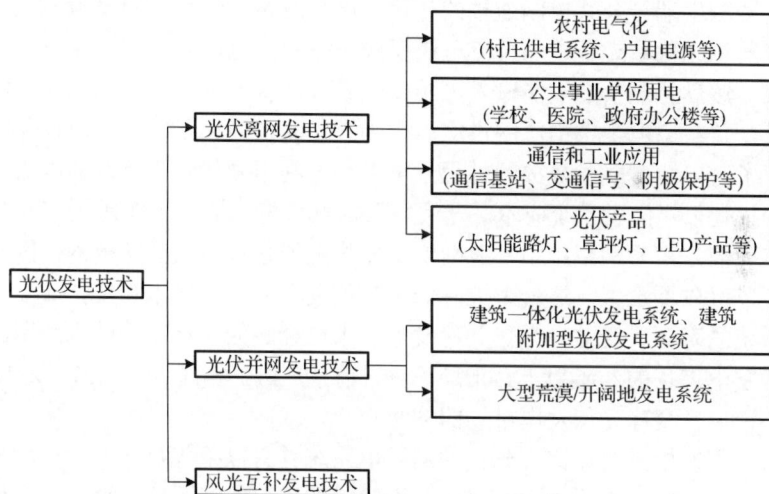

图 1.3　光伏发电技术的应用

1.2.1　光伏离网发电技术

如果逆变器输出端不与公共电网（utility grid）相连接，而是直接给负载供电，则光伏发电系统称为离网发电技术或称独立式离网发电系统[14]。光伏离网发电系统一般包括光伏阵列、DC/DC 变换器及最大功率点跟踪（maximum power point tracking，MPPT）控制器、蓄电池、逆变器和负载。其中储能环节是必不可少的，在光照充足时将剩余电能储存到储能设备中，供日照不足的时候或晚间使用。但该环节（蓄电池）极大提高了光伏离网发电技术的设备成本和维护成本，一般只适用于小功率用电场合，如单个家庭供电，其原理框图如图 1.4 所示。

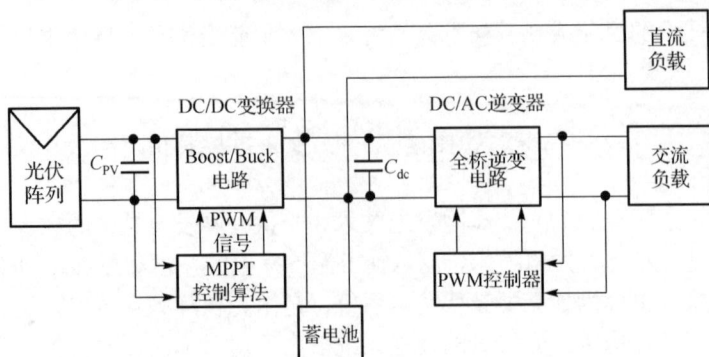

图 1.4　光伏离网发电系统

1.2.2　光伏并网发电技术

将逆变器输出端与公共电网连接的光伏发电系统称为光伏并网发电系统。当有阳光时，逆变器将光伏系统所发的直流电逆变成正弦交流电，产生的交流电可以直接供给交流负载，然后将剩余的电能输入电网，或者直接将产生的全部电能并入电网。在没有阳光时，负载用电全部由电网供给。因为直接将电能输入电网，所以免除配置蓄电池，省掉了蓄电池蓄能和释放的过程，可以充分利用光伏阵列所发的电力，从而减小了能量的损耗，降低了系统成本。光伏并网发电系统包括光伏阵列、DC/DC 变换器以及逆变器。但是在并网系统中，并网逆变器将电能直接送入公共电网，因此蓄电池作为储能环节可以不设置，这就大大降低了光伏发电的设备成本和维护成本，提高了光伏发电系统的寿命。目前，光伏并网发电技术已经成为光伏发电技术应用的主流，占全球光伏发电市场的 80%以上，市场巨大，前景广阔。据统计，2007—2010 年，光伏并网发电市场占全球光伏发电市场的 90%以上。

与光伏离网发电系统相比，光伏并网发电系统具有以下优点。

（1）所发电能直接馈入电网，以电网为储能装置，省掉了蓄电池，比光伏离网系统的建设投资减少 25%～45%，从而使发电成本大为降低。省掉蓄电池也可提高系统的平均无故障时间和降低蓄电池的二次污染。

（2）可以将光伏阵列与建筑物完美结合起来，既能发电又能作为建筑材料和装饰材料，使物质资源充分利用并发挥多种功能，不但有利于降低建设费用，还能提高建筑物的科技含量，有利于绿色建筑智慧建筑的发展。

（3）发电的分布式结构，有利于就地分散供电，充分利用各种闲散空间，节省土地资源，进入和退出电网灵活，既有利于增强电力系统抵御战争和灾害的能力，又有利于改善电力系统的负荷平衡，并可降低线路损耗。

（4）可起电网调峰作用。

单相光伏并网发电的原理如图 1.5 所示。

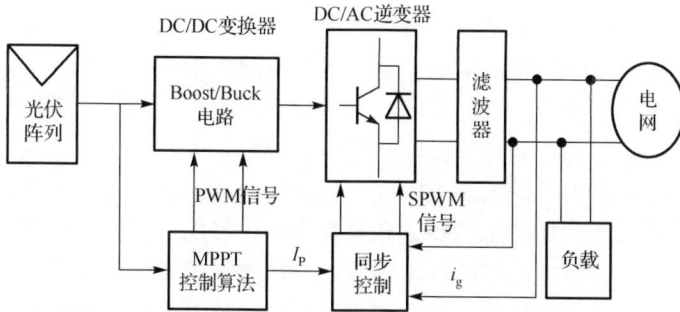

图 1.5　单相太阳能并网发电系统结构图

在光伏并网发电系统中，光伏并网逆变器是系统的关键设备之一，近年来已成为一个十分热门的研究领域[15-17]，而光伏并网逆变器的同步控制方法是其中的关键技术[18]。因此，研究光伏并网逆变器的同步控制方法，并探索新的理论方法和控制策略，对提高其各种性能指标如工作范围、稳定性、效率及电能输出质量等具有十分重要的现实意义。

按照与电网接入点的不同，光伏并网发电系统通常分为配电侧的光伏并网发电系统和输出侧的光伏并网发电系统。其中，接入点为低压 400V 以下的称为配电侧光伏并网发电系统，接入点为高压 10kV 以上的称为输出侧光伏并网发电系统。目前，国际上采用最多的是配电侧光伏并网发电系统，而输出侧光伏并网发电系统只占光伏并网发电市场的 10%以下。配电侧光伏并网发电系统包括户用型（residential）光伏并网发电系统和非户用型（non-residential，即安装在商业公共建筑上）光伏并网发电系统。输出侧光伏并网发电系统通常安装在阳光资源非常丰富的地区（如我国西部地区）。光伏并网发电系统如图 1.6 所示。

图 1.6　大型光伏并网发电站

经历了近十年来的研究和开发，光伏并网逆变器技术已经得到了很大的发展，特别是在电力电子技术发达的国家如德国、美国、日本、加拿大等，已有较为成熟的产品问世并投入现实应用中，为光伏并网逆变器技术的研究开发提供了宝贵的实际应用数据。随着光伏并网发电应用范围越来越广泛，电网环境越来越复杂，已有研究和现有技术多是针对光伏逆变器特定的情况，发展其对应的控制策略，虽然可以满足当前规模应用需求，但随着太阳能光伏发电站规模的不断扩大，光伏并网发电系统对光伏并网逆变器的性能将提出更高的要求，现有控制技术将面临更加严峻的挑战。

我国在光伏并网逆变器技术的研究和开发方面，经历了"九五"到"十一五"的科技攻关后，在光伏并网逆变器的基本理论、并网关键技术等已经获得重要进展的基础上，部分本土企业也开发出具有自主知识产权的光伏并网逆变器产品。然而，国内的光伏并网逆变器关键技术与国外先进技术仍有较大差距，因此，需要对光伏并网逆变器的同步控制方法展开研究，探索新的控制方法，进一步提升光伏并网发电系统的稳定性、效率、电能质量等各项性能指标。

1.2.3　光伏并网逆变器的结构与种类

1. 光伏并网逆变器的结构

光伏并网逆变器是光伏并网发电系统中的关键设备，其主要功能是将光伏阵列输出的直流电转换成符合并网要求的交流电，然后输入电网。光伏并网逆变器的性能极大地影响整个光伏并网发电系统的整体性能，它在很大程度上决定了光伏并网发电系统是否能够高效率、可靠、安全、稳定的运行，是影响系统运行寿命的重要因素之一。因此，研究和掌握光伏并网逆变器的先进技术，对光伏并网发电系统在我国展开大规模应用具有至关重要的作用。根据光伏并网逆变器与公共电网的连接是否隔离，可以将其分为两大类：隔离型光伏并网逆变器和非隔离型光伏并网逆变器。光伏并网逆变器分类如图 1.7 所示。

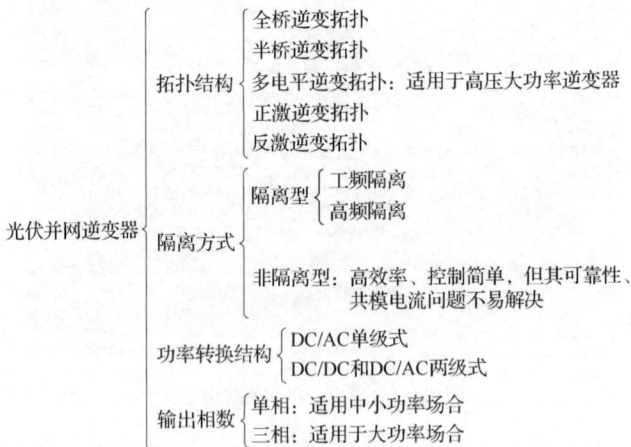

图 1.7　光伏并网逆变器的分类

2. 工频隔离型光伏并网逆变器

工频隔离型光伏并网逆变器是一种常用的结构，其结构如图 1.8 所示。光伏阵列产生的直流电压输入 DC/AC 变换器，输出工频交流电，再经工频变压器进行变压，最后输入到电网中。工频变压器既能实现变压功能，又具有隔离效果。工频隔离型光伏并网逆变器既可以避免输入端发生短路故障时电网电流通过桥臂形成回路而导致的意外事故，又能保证注入电网的电压无直流分量，因此工频隔离型光伏并网逆变器具有安全性高、变压器不会饱和、输入电压匹配范围大等优点。然而，工频变压器有体积、重量较大，损耗高等缺点。

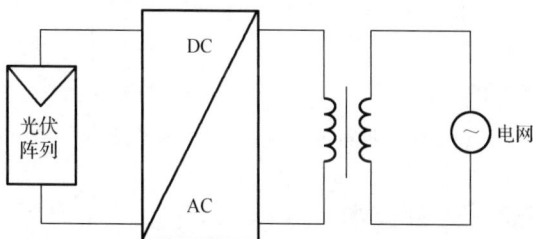

图 1.8　工频隔离型光伏并网逆变器结构

3. 高频隔离型光伏并网逆变器

为了克服工频隔离型光伏并网逆变器体积大、重量大的缺点，可以采用高频变压器设计光伏并网逆变器。由于高频变压器功率密度高，在相同功率等级条件下所使用的高频变压器体积及重量远远低于工频变压器，而且，高频变压器通常比工频变压器效率高。因此，高频隔离型光伏并网逆变器结构得到了广泛的应用，其结构如图 1.9 所示。

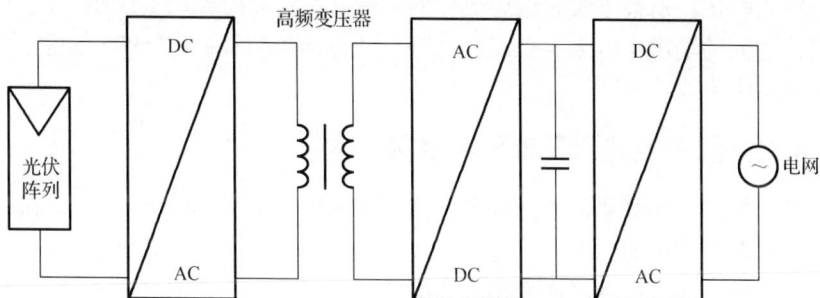

图 1.9　高频隔离型光伏并网逆变器结构

4. 非隔离型光伏并网逆变器

在隔离型光伏并网逆变器中，增加了变压器"电能-磁能-电能"的转换过程，在一定程度上增加能量的损耗。因此，近年来，人们开始了对非隔离型光伏并网逆变器的研究[19]。非隔离光伏并网逆变器省去了变压器的能量转换环节，系统结构更简单、体积和重量更小、成本更低、逆变效率更高。通常非隔离型光伏并网逆变器分为单级和多级两类,如图 1.10 所示。非隔离型光伏并网逆变器的缺点是输入电网有直流分量,安全性差。

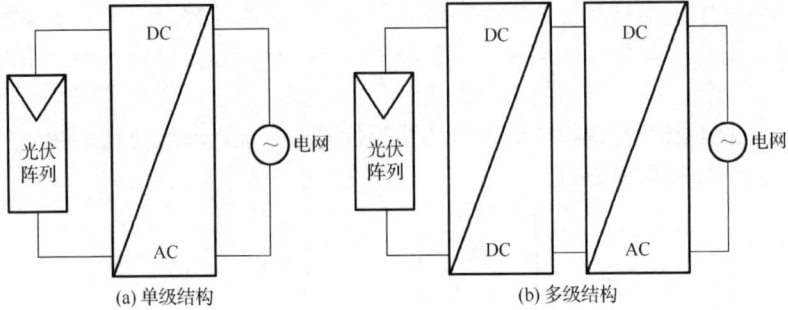

(a) 单级结构　　　　　　　　　　　　　　(b) 多级结构

图 1.10　非隔离型光伏并网逆变器结构

1.2.4　最大功率点跟踪控制技术

在光伏发电系统中,光伏阵列是能量来源,由于光伏阵列输出具有电流源特性,其输出功率和电压受光照度、工作温度等因素的影响,这些因素的影响可以等效为对光伏阵列输出阻抗的影响。根据电路理论,当光伏阵列的输出阻抗和负载阻抗相等(匹配)时,光伏阵列可以输出最大功率。因此,在光伏发电系统中,需要实时调节负载阻抗,使负载阻抗和光伏阵列输出阻抗匹配,来达到光伏阵列输出最大功率的目的,这个过程被称为最大功率点跟踪(MPPT)。为了实现高效率的光伏发电,MPPT 控制模块是光伏并网逆变器中必不可少的环节。在光伏发电系统中,因为负载阻抗是外部设备的总输入阻抗,是很难实时调整改变的,所以在实际的 MPPT 控制中,一般是通过改变光伏阵列的输出电流来实现最大功率点跟踪的控制目标。MPPT 控制的具体内容将在第 2 章中论述。

1.2.5　光伏并网发电的孤岛现象与检测技术

在光伏并网发电系统中,孤岛现象是指主电网由于部分线路故障或维修等原因停电时,分布式发电系统的逆变器仍处于工作状态,即分布式发电装置继续向该停电线路及其负载供电,此时该并网逆变器与周围的负载形成一个主电网无法控制的自供给系统[20]。

随着越来越多的光伏并网逆变器发电系统加入到公共电网中,孤岛现象这个问题日益突出。若并网系统出现孤岛现象,则可能会导致分布式发电系统对用电设备带来损害以及对维修人员造成伤害。所以,并网系统应具有防止孤岛现象产生的功能,因此对孤岛检测技术的研究便应运而生。

孤岛检测方法通常划分为两大类,包括基于并网逆变器侧的本地孤岛检测方法和基于电网侧通信的远程孤岛检测方法。其中，被动式检测法和主动式检测法均属于基于并网逆变器侧的本地孤岛检测方法。关于孤岛现象的具体检测方法将在第 6 章中论述。

1.2.6　光伏并网发电的同步控制技术

同步控制是光伏并网逆变器的关键技术。光伏并网逆变器的主要任务是将光伏阵列输出的直流电转换成低谐波失真，相位、频率与电网电压同步的正弦波交流电流，并输入到公共电网。若光伏并网逆变器输出的交流电流与电网电压不能够很好地同步，则会严重影响光伏发电系统的效率，污染公共电网，严重时会引发电网故障。为此，国家制定了光伏发电的并网标准，对光伏并网逆变器的同步性能指标进行严格地限制。光伏并网发电的同步控制方法将在第 4 章论述。

参 考 文 献

[1] Elizondo D, Gentile T. Transmission alternatives to integrate approximately 56GW of wind resources into 11 states of USA: Study overview, key assumptions and technical methodology. IEEE Power and Energy Society General Meeting, 2011: 1-6.

[2] Stefanovich M A P. Does concern for global warming explain support for wave energy development? Oceans, 2011: 1-9.

[3] Chan T F, Lai L L. Renewable energy utilization in China. IEEE Power and Energy Society General Meeting, 2011: 1-4.

[4] Kaja H, Barki D T, Solar P V. Technology value chain in respect of new silicon feedstock materials: A context of India and its ambitious national solar mission. India Conference, 2011: 1-4.

[5] de Brito M A G, Sampaio L P, Junior L G, et al. Research on photovoltaics: Review, trends and perspectives. Integrated Converters, 2011: 531-537.

[6] 孟宪淦. 中国光伏发电的政策和市场. 电网与清洁能源, 2011, 27 (10): 1-3.

[7] Yan H M, Zhou Z Z, Lu H Y. Photovoltaic industry and market investigation. International Conference on Sustainable Power Generation and Supply, Supergen, 2009: 1-4.

[8] Wang X W, Gao J, Hu W P, et al. Research of effect on distribution network with penetration of photovoltaic system. Universities Power Engineering Conference, 2010: 1-4.

[9] Wang X W, Gao J, Hu W P, et al. Research of effect on distribution network with penetration of photovoltaic system. Universities Power Engineering Conference (UPEC), 2010: 1-4.

[10] 高峰, 孙成权, 刘全根. 太阳能开发利用的现状及发展趋势. 世界科技研究与发展, 2001, 04: 35-39.

[11] 工业和信息化部. 太阳能光伏产业 "十二五" 发展规划. 太阳能, 2012, 06: 12-17.

[12] 李胜茂. 2010—2015 年中国太阳能光伏发电产业投资分析及前景预测. 中投顾问, 2010: 6-9.

[13] 工业和信息化部赛迪研究院光伏产业形势分析课题组. 2013 年中国光伏产业发展形势展望. 电

器工业, 2013, 02: 7-11.

[14] Kinnares V, Hothongkham P. Circuit analysis and modeling of a phase-shifted pulsewidth modulation full-bridge-inverter-fed ozone generator with constant applied electrode voltage. IEEE Transactions on Power Electronics, 2010, 25(7): 1739-1752.

[15] Meza C, Biel D, Jeltsema D, et al. Lyapunov-based control scheme for single-phase grid-connected PV central inverters. IEEE Transactions on Control Systems Technology, 2012, 20 (2): 520-529.

[16] Xiao H, Xie S. Transformerless split-inductor neutral point clamped three-level PV grid-connected inverter. IEEE Transactions on Power Electronics, 2012, 27 (4): 1799-1808.

[17] Dash P P, Kazerani M. Dynamic modeling and performance analysis of a grid-connected current-source inverter-based photovoltaic system. IEEE Transactions on Sustainable Energy, 2011, 2 (4): 443-450.

[18] Suul J A, Ljokelsoy K, Midtsund T, et al. Synchronous reference frame hysteresis current control for grid converter applications. IEEE Transactions on Industry Applications, 2011, 47 (5): 2183-2194.

[19] Kerekes T, Teodorescu R, Rodriguze P. A new high-efficiency single-phase transformerless PV inverter topology. IEEE Transactions on Industrial Electronics, 2011, 58(1), 184-191.

[20] 谢东, 张兴, 曹仁贤. 基于小波变换与神经网络的孤岛检测技术. 中国电机工程学报, 2014, 34(4): 537-544.

第 2 章　光伏发电最大功率点跟踪算法与功率优化

第 1 章已指出，在光伏发电系统中，由于太阳能电池输出具有电流源特性，其输出电阻随光照强度、工作温度的影响而不断变化。要使太阳能电池输出功率达到最大，太阳能电池的输出阻抗必须实时和负载阻抗相匹配，这个过程被称为最大功率点跟踪。鉴于自动调节负载阻抗极端困难，故一般是通过改变太阳能电池的输出电流来实现最大功率点跟踪的控制目标。本章主要研究 MPPT 的相关理论算法和应用问题。

2.1　光伏电池的建模与特性仿真研究

2.1.1　光伏电池的等效模型和输出特性

为了设计性能优良的 MPPT 算法，首先要研究光伏电池的等效模型和输出特性。通过对光伏电池建立数学模型，可以揭示光伏电池的特性随着各项参数变化的规律，其模型可以用图 2.1 所示的二极管与并联电阻 R_{sh}、串联电阻 R_s 来等效描述[1,2]。

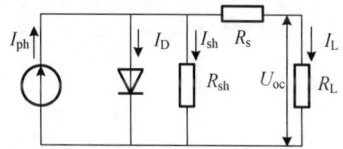

图 2.1　光伏电池的等效电路

对于图 2.1 的等效电路，由 KCL 定律可得

$$I_L = I_{ph} - I_D - I_{sh} \tag{2.1}$$

式中，I_{ph} 表示光子在光伏电池中激发的光生电流，其计算公式为

$$I_{ph} = (I_{sc} + K_t \Delta T)\frac{G}{G_n} \tag{2.2}$$

式中，I_{sc} 为标准测试条件下的短路电流；K_t 为短路电流温度系数；ΔT 为实际温度 T 和标准温度 T_n（T_n 取值为 298K）之差；G 表示实际光照强度；G_n 表示标准光照强度（G_n 取值为 1000）。I_D、I_{sh} 分别为

$$I_D = I_{D0}\left\{ \exp\left[\frac{q(U_{oc} + I_L R_s)}{AKT}\right] - 1 \right\} \tag{2.3}$$

$$I_{sh} = \frac{U_{oc} + R_s I_L}{R_{sh}} \tag{2.4}$$

式中，I_{D0} 为光伏电池的反向饱和电流；U_{oc} 为光伏电池输出电压；q 为电子的电荷，一般为 1.6×10^{-19} C；A 为二极管理想常数（正偏电压大时 A 值为 1，正偏电压小时 A 为 2）；K 为玻尔兹曼常量，其值 1.38×10^{-23} J/K；其中光伏电池反向饱和电流 I_{D0} 有以下关系式：

$$I_{D0} = I_{or} \left[\frac{T}{T_r} \right] \exp \left[\frac{qE_G}{AK} \left(\frac{1}{T_r} - \frac{1}{T} \right) \right] \tag{2.5}$$

式中，I_{or} 为二极管反向饱和电流；T_r 为参考温度；E_G 为半导体材料禁带宽度。

将式（2.3）和式（2.4）代入式（2.1）可得光伏电池的数学模型为

$$I_L = I_{ph} - I_{D0} \left\{ \exp \left[\frac{q(U_{oc} + I_L R_s)}{AKT} \right] - 1 \right\} - \frac{U_{oc} + I_L R_s}{R_{sh}} \tag{2.6}$$

一般光伏电池的串联电阻 R_s 很小，而并联电阻 R_{sh} 却很大，所以式（2.6）中最后一项在进行实际电路计算时可以忽略不计，由此得到光伏电池的近似数学模型为

$$I_L \approx I_{ph} - I_{D0} \left\{ \exp \left[\frac{q(U_{oc} + I_L R_s)}{AKT} \right] - 1 \right\} \tag{2.7}$$

2.1.2　光伏阵列的 MATLAB 建模与特性仿真

光伏阵列一般由多个光伏电池并联或者串联组成，因此光伏电池组的数学模型可以表示为[3,4]

$$I_L = N_p I_{ph} - N_p I_{D0} \left\{ \exp \left[\frac{q(U_{oc} + I_L R_s)}{N_s AKT} \right] - 1 \right\} \tag{2.8}$$

式中，N_p、N_s 分别表示光伏阵列中并联、串联光伏电池的数量。表 2.1 列出了无锡尚德公司生产的 GHM80S-36 型号的光伏阵列的各项参数。它由 36 个单晶硅光伏电池串联而成，根据式（2.8），得到该光伏电池组件的输出特性方程：

$$I_L = I_{ph} - I_{D0} \left\{ \exp \left[\frac{q(U_{oc} + I_L R_s)}{36AKT} \right] - 1 \right\} \tag{2.9}$$

表 2.1　光伏阵列 GHM80S-36 测试参数

标准测试条件下最大功率 P_{mp} /W	80
工作峰值电压 U_{mp} /V	17.2
工作峰值电流 I_{mp} /A	4.5
开路电压 U_{oc} /V	22
短路电流 I_{sc} /A	5.0
短路电流温度系数 K_t /(mA/℃)	2.8
开路电压温度系数 K_T /(V/℃)	−0.1537

根据式（2.2），式（2.6），式（2.9）可建立光伏阵列的内部 MATLAB/Simulink 仿真模型（图略），分别在温度相同而光照强度不同、光照强度相同而温度不同的条件下进行仿真，得到两组 $U\text{-}I$ 曲线和 $U\text{-}P$ 曲线。如图 2.2 和图 2.3 所示。

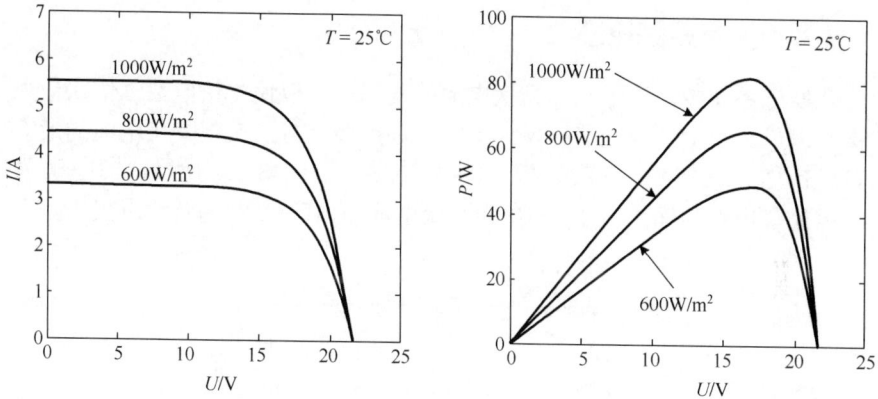

图 2.2 温度相同而光照强度不同条件下的 $U\text{-}I$ 曲线和 $U\text{-}P$ 曲线仿真图

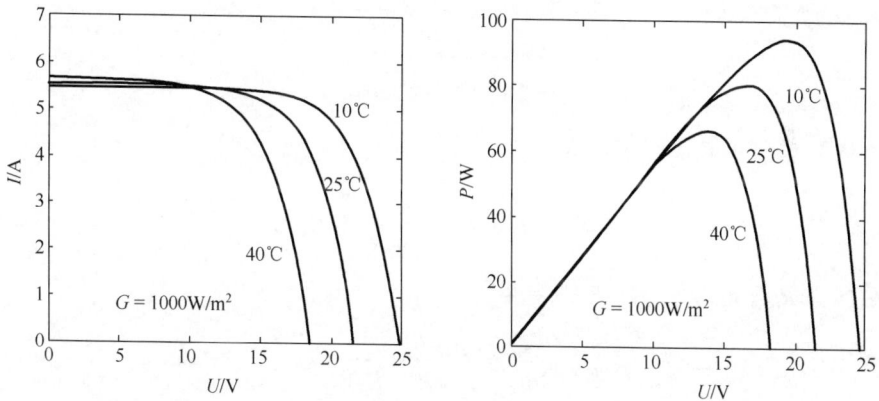

图 2.3 光照强度相同而温度不同条件下的 $U\text{-}I$ 曲线和 $U\text{-}P$ 曲线仿真图

由图 2.2 中曲线族可知，当温度一定时，开路电压 U_{oc} 随光照强度的变化不明显；短路电流 I_{sc} 随着光照强度的增强而变大；同时最大功率点功率 P_{mp} 也随着光照强度的增强而变大。

由图 2.3 中曲线族可知，当光照强度一定时，短路电流 I_{sc} 随温度的变化不明显；开路电压 U_{oc} 随着温度的增加而变小；同时最大功率点功率 P_{mp} 也随着温度的增加而变小。

从上面的分析可知，影响光伏电池输出特性的主要因素是光照强度和温度。因此在后面进行最大功率点跟踪的研究时，要充分考虑光照强度和温度的变化给光伏充电控制器带来的影响，从而设计出在光照强度和温度变化的情况下，也能很快地跟踪到最大功率点的光伏充电控制系统。

2.2 光伏电池最大功率点跟踪算法

2.2.1 最大功率点跟踪原理

在光伏发电系统中，为了提高光伏电池的利用率，应使光伏电池工作在最大功率输出状态，以最大限度地将光能转换为电能。利用控制方法实现光伏电池的最大功率输出的过程被称为最大功率点跟踪[5]。其简化电路原理如图 2.4 所示，图中 U_i 为电压源电压（即光伏电池的输出电压），R_i 为光伏电池的内阻，R_o 为负载电阻。

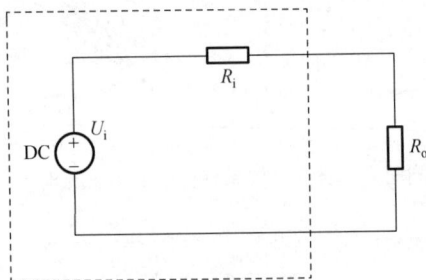

图 2.4 简单线性电路

负载 R_o 消耗的功率可表示为

$$P_{R_o} = I^2 R_o = \left(\frac{U_i}{R_i + R_o} \right)^2 R_o \tag{2.10}$$

式中，U_i，R_i 都是常数，对 R_o 求导可得

$$\frac{\mathrm{d}P_{R_o}}{\mathrm{d}R_o} = U_i^2 \frac{R_i - R_o}{(R_i + R_o)^3} \tag{2.11}$$

令 $\frac{\mathrm{d}P_{R_o}}{\mathrm{d}R_o} = 0$，即当 $R_o = R_i$ 时，P_{R_o} 为最大值。

由上述推导可知，对于光伏电池内阻不变的线性电路，从理论上讲，可以通过调节负载阻抗，改变光伏电池的功率输出。当负载阻抗与光伏电池内阻相等时，光伏电池可以输出最大功率。但实际上，光伏电池的内阻随光强度、温度不断变化，要实时保持最大功率输出，负载电阻必须相应发生同等变化。前面已指出，外接电路的输入阻抗（光伏电池的负载阻抗）是很难实时调整的。解决方法是通过调整光伏电池的输出电流来等效改变负载阻抗，从而实现光伏电池的最大功率点跟踪。

2.2.2 DC/DC 变换电路

目前光伏阵列的 MPPT 控制一般都是在光伏电池和逆变器之间增加一个 DC/DC

变换器，通过控制 DC/DC 变换器的输入电阻来实现 MPPT 控制。虽然光伏电池和 DC/DC 变换电路都是非线性电路，但是在极短的时间内，可以认为两者都是线性电路，因此调节 DC/DC 变换电路中功率开关管的导通时间（即 PWM 波的占空比），就改变了 DC/DC 变换电路的输入电流，从而等效改变了其输入电阻，使 DC/DC 变换电路的等效输入电阻始终和光伏电池内阻相等，就可以使光伏电池获得最大功率输出，从而实现 MPPT 控制[6,7]。实现光伏电池最大功率点跟踪的 DC/DC 变换电路拓扑结构有不同类型的 DC/DC 变换器，但是其工作原理都是通过控制功率开关管，把一种直流电压变换成另一种直流电压。比较常用的 DC/DC 变换电路包括 Buck 电路（降压）、Boost 电路（升压）、Buck-Boost 电路（升降压）[8,9]。

　　这三种 DC/DC 变换电路中，由于 Buck 电路的输入端在断续状态下工作，必须加入储能电容才能处于最佳工作状态。而加入储能电容后，储能电容始终处于充电状态，在大功率情况下，对其工作可靠性尤其不利。同时由于储能电容通常为电解电容，Buck 电路无法在高频率的情况下工作。而 Buck-Boost 电路结构比较复杂，成本较高。相比之下 Boost 电路具有简单的拓扑结构和控制方法，且成本低，从变换器的效率角度讲，Boost 电路效率较高。有研究结果表明：只有在占空比为 1 时，Buck 电路才会获得和 Boost 电路相同的转换效率，并且 Boost 电路的转换效率受占空比影响较小。Boost 电路的输入端电感值较大并且电流连续，动态性能相对于其他拓扑有明显优势[10]。因此本章选择采用 Boost 电路来实现 MPPT 控制。其原理电路结构如图 2.5 所示，下面详细介绍 Boost 升压变换电路的工作原理。

　　图 2.5 中 D 为快恢复二极管，可以作为防反充电二极管，即当光照强度变小或者为夜晚时，防止蓄电池对光伏电池反充电，从而造成对源端电源的损坏。L 为输入侧升压电感；Q 为全控型开关（IGBT），其控制方式为 PWM 控制，但是它的占空比不可以过大，不允许在占空比 D=1 的情况下工作。在电流连续的情况下，当 Q

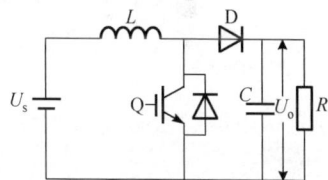

图 2.5　Boost 电路结构图

导通，D 截止时，电源 U_s 向升压电感 L 充电（以磁能形式存储），负载 R 由电容 C 供电，此时 $U_L=U_s$；当 Q 截止，电感电流减小，释放能量，由于电感电流不能突变，产生感应电动势，感应电动势左负右正，从而使二极管 D 导通，并与电源一起经过二极管向负载供电，则负载能得到比电源电压 U_s 高的直流电压 U_o，同时向电容充电，此时 $U_L=U_o-U_s$；其具体工作过程如图 2.6(a)、(b)所示。

　　当电路工作在稳态时，设功率开关管 Q 的工作周期为 T，此时 Q 处于通态的时间为 $t=0\sim t_{on}$，此阶段电源电压 U_s 给升压电感充电，电感电流 i_L 呈线性增长，升压电感储存的能量为 $U_s i_L t_{on}$；当开关管 Q 从 t_{on} 到 T 期间关断时，电感释放的能量为 $(U_o-U_s)i_L t_{off}$，根据能量守恒定律可得

$$U_s i_L t_{on} = (U_o - U_s)i_L t_{off} \tag{2.12}$$

由此可得

$$U_{o} = \frac{1}{1-D}U_{s} \qquad (2.13)$$

式中，$D = \dfrac{t_{on}}{t_{on}+t_{off}} = \dfrac{t_{on}}{T}$，称为 PWM 信号的占空比，且 $0 < D < 1$，因此负载的输出电压值恒大于电源电压值。由于 Boost 电路不能空载，故占空比不可以选择过大，一般不超过 0.9，比较适用于光伏电池输出电压低而蓄电池电压高的场合[11]。

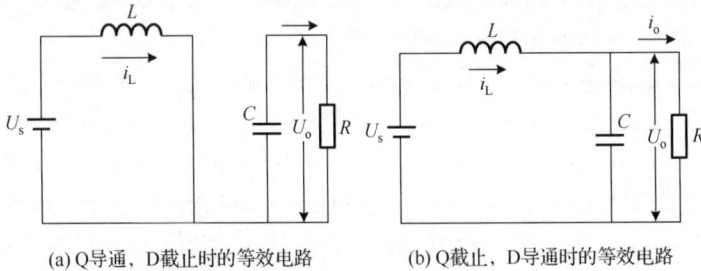

(a) Q导通，D截止时的等效电路　　　　　(b) Q截止，D导通时的等效电路

图 2.6　Boost 电路不同开关状态下的等效电路

根据式（2.11）得出的结论，在 Boost 电路中光伏控制系统进行最大功率点跟踪时，光伏电池工作在最大功率点的条件是

$$R_{i} = R'_{o} = \frac{(1-D)U_{o}}{I_{o}/(1-D)} = (1-D)^{2}R_{o} \qquad (2.14)$$

即光伏电池的内阻 R_{i} 等于 $(1-D)^{2}$ 倍的负载 R_{o} 时，光伏发电系统工作在最大功率输出状态。

2.2.3　典型 MPPT 控制方法简介

目前，国内外提出的 MPPT 方法很多，典型的有定电压跟踪法（constant voltage tracking，CVT）[12,13]、扰动观察法（perturbation and observation，P&O）[14,15]和电导增量法（incremental conductance，INC）[16,17]。下面对这几种典型的 MPPT 算法的工作原理及特点进行分析和比较。

1. 定电压跟踪法

如图 2.7 所示，当温度保持不变时，在不同的光照强度下，光伏电池的 U-I 曲线上最大功率点 P_{mp} 几乎分布在一条垂直线的两侧，这说明光伏电池最大功率点电压为一个固定电压值 U_{m}，这就大大减少了 MPPT 的控制设计。因此，CVT 控制法原理是：将光伏电池的输出电压钳位在该电压处，也就是将 MPPT 控制简化为稳压控制，从而形成 CVT 的 MPPT 控制，此时光伏电池在整个工作过程中将近似工作在最大功率点处。

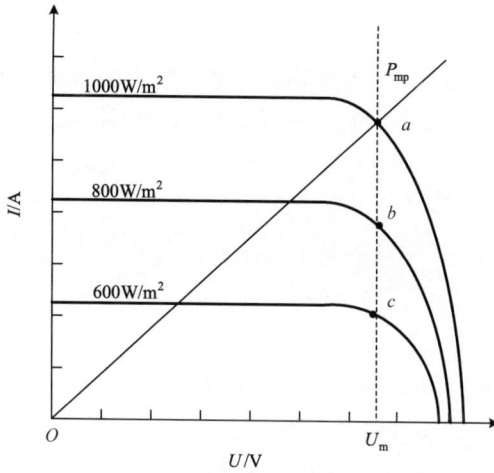

图 2.7　光伏电池的伏安特性及其工作点

2. 扰动观察法

扰动观察法实际上采用了步进搜索的策略，即将当前的功率与前一时刻的功率进行比较，如果当前的功率大于前一时刻的功率，则说明寻找的方向是正确的；如果当前的功率小于前一时刻的功率，则说明寻找的方向错误，应改变寻找的方向，如此反复寻找和比较，直到找到最大功率点，从而实现自动寻优控制。

扰动观察法按照每次扰动的电压变化量是否固定，可分为定步长扰动观察法和变步长扰动观察法两类，定步长扰动观察法的流程图如图 2.8 所示。

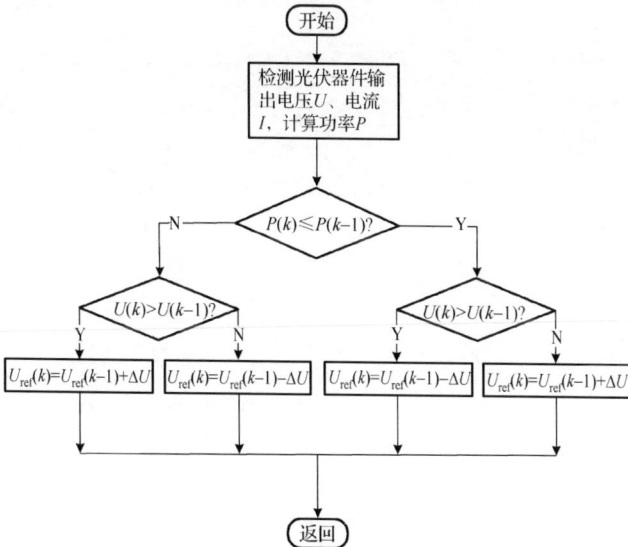

图 2.8　定步长扰动观察法流程图

3. 电导增量法

电导增量法是通过研究光伏电池的输出功率与输出电压变化率的关系，而提出的相应 MPPT 算法；对 dP/dU 定量分析，可以得到相应的最大功率点判据。光伏电池的输出功率为

$$P = UI \tag{2.15}$$

将式（2.15）两边对光伏电池的输出电压 U 求导，可得

$$\frac{\mathrm{d}P}{\mathrm{d}U} = I + U\frac{\mathrm{d}I}{\mathrm{d}U} \tag{2.16}$$

光伏电池 P-U 特性的 dP/dU 变化的特征，如图 2.9 所示。当 dP/dU=0 时，光伏电池的输出功率为最大值。因此可得出工作点位于最大工作点是满足以下关系：

$$\frac{\mathrm{d}I}{\mathrm{d}U} = -\frac{I}{U} \tag{2.17}$$

在实际中用 $\Delta I/\Delta U$ 近似代替 dP/dU，则使用电导增量法进行最大功率点跟踪时判据如下：

$$
\begin{cases}
\dfrac{\Delta I}{\Delta U} = -\dfrac{I}{U}, & \text{最大功率点} \\[2mm]
\dfrac{\Delta I}{\Delta U} > -\dfrac{I}{U}, & \text{最大功率点左边} \\[2mm]
\dfrac{\Delta I}{\Delta U} < -\dfrac{I}{U}, & \text{最大功率点右边}
\end{cases}
\tag{2.18}
$$

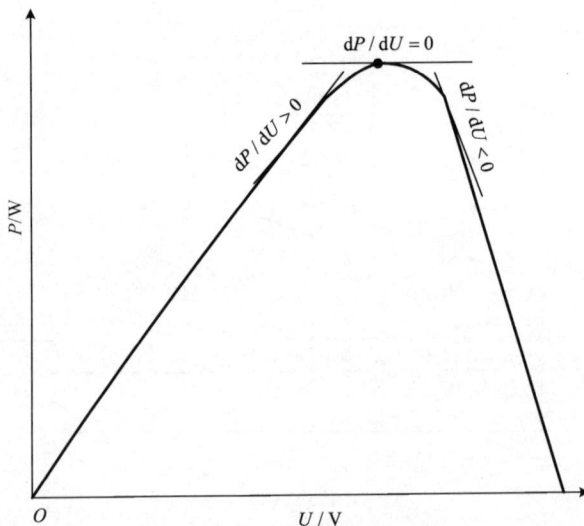

图 2.9　光伏电池 P-U 特性的 dP/dU 变化的特征

利用电导增量法来实现最大功率点跟踪有定步长法和变步长法。图 2.10 为定步长电导增量法的流程图。

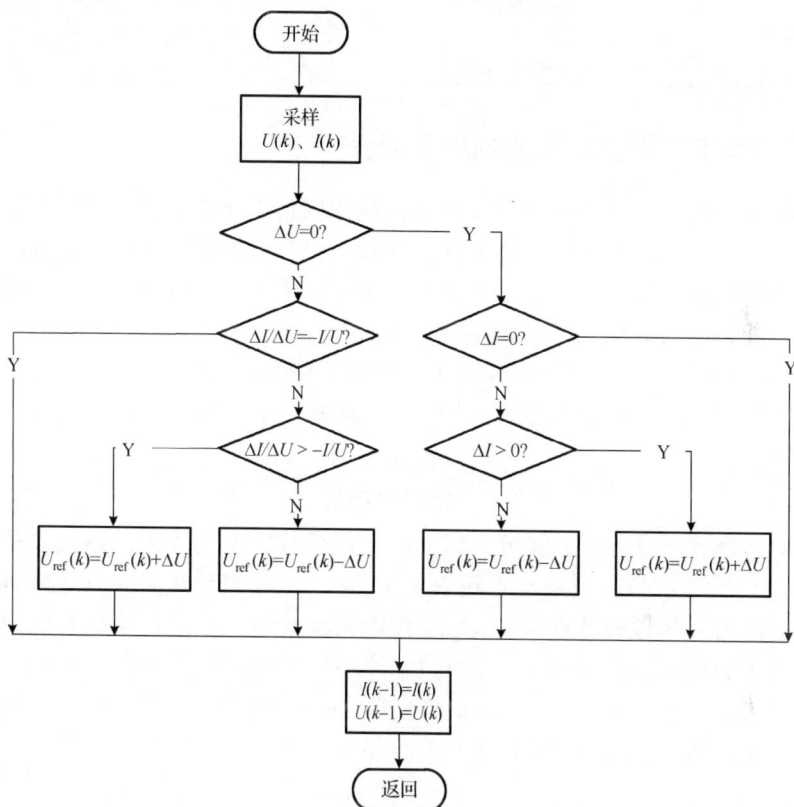

图 2.10 定步长电导增量法流程图

4. 最大功率跟踪控制方法的比较

通过以上几种控制方法的论述，可以看出每种控制方法都有自身独特的优点，同时也都存在一些不足。在实际应用中[18-20]，需要考虑所处地方的环境及系统自身的要求等众多因素，选择最适合的最大功率跟踪控制方法，灵活运用，从而实现光伏电池的最大功率点跟踪。上述各种方法的性能详见表 2.2。

表 2.2 常见 MPPT 方法优缺点比较

控制方法	优点	缺点
定电压跟踪法	简单易实现，良好的稳定性	MPPT 精度差，转换效率较低
扰动观察法	控制实现较简单； 跟踪速度相对较快； 能较准确跟踪最大功率点	最大功率点附近存在振荡； 无法兼顾控制精度与响应速度； 光照强度剧烈变化时出现误判断

控制方法	优点	缺点
电导增量法	跟踪速度较快； 动态性能好； 转换效率最高	采样精度要求高； 控制过程复杂，运算量大； 实现控制困难，控制成本高

2.2.4 改进型变步长扰动观察 MPPT 算法

由于定步长扰动观察法在外界条件变化较快的情况下会出现误判[21-27]，从而偏离最大功率点；并且当到达最大功率点附近时，会出现振荡现象。为了解决上述问题，在大量试验的基础上，本节对传统的扰动观察法做了进一步改进，提出了一种改进型的变步长扰动观察法[28]。由图 2.9 可知，当采样周期较小时，输出电压变化量 ΔU 很小，实际系统中用 $\Delta P(k)/\Delta U(k)$ 近似代替 $dP(k)/dU(k)$。

功率系数 P_r 定义为光伏组件各点输出功率变化量与输出电压变化量的比值的绝对值，即

$$P_r=|\Delta P(k)/\Delta U(k)|$$

当功率系数 $P_r > P_{th}$ 时，说明系统工作点离最大功率点较远，系统以较大步长 $P_r U_{step1}$ 跟踪最大功率点；当功率系数 $P_r \leq P_{th}$ 时，则说明系统工作点越来越接近最大功率点，此时系统以较小步长 $P_r U_{step2}$ 跟踪最大功率点，这样就能有效地抑制系统在最大功率点附近的振荡现象。其中 U_{step1}、U_{step2} 为固定步长变化量，且为定值；P_{th} 表示功率系数阈值，是一个重要的调整参数，其值也是决定系统能否较灵活地跟踪到光伏电池最大功率点输出和适应天气突变情况的关键。由图 2.11 可知：

$$P_{th} = \tan \theta = \frac{\Delta P'}{U_{step1}} \tag{2.19}$$

式中，θ 定义为阈值角；通过 $U_{MPP} \pm U_{step1}$ 分别得到 U_1、U_2，其中 U_{MPP} 定义为最大功率点电压，从而得到对应的功率 P_1、P_2；式（2.19）中 $\Delta P'$ 由式（2.20）给出：

$$\Delta P' = P_{MPP} - P_1 = P_{MPP} - P_2 \tag{2.20}$$

由 2.1.2 节研究的光伏电池输出特性可知光伏电池输出电流 I 和光照强度呈线性关系，而 $\Delta P'$ 又和 I 呈线性关系，U_{step1} 为定值。由式（2.19）可知，阈值角的正切值 $\tan \theta$，即功率系数阈值 P_{th} 和 I_{pv} 呈线性关系，故 P_{th} 的值能够随着光照强度的改变而自动调整，从而使得系统可以有效地适应天气突变的情况。

其次，当 $\Delta P/\Delta U=0$ 时，说明系统工作在最大功率点，则直接返回；当 $\Delta P(k)/\Delta U(k)>0$ 时，说明系统工作在最大功率点左边，此时符号系数 $M=1$，系统保持增大参考电压的扰动方式；当 $\Delta P(k)/\Delta U(k)<0$ 时，说明系统工作在最大功率点右边，此时符号系数 $M=-1$，系统保持减小参考电压的扰动方式。

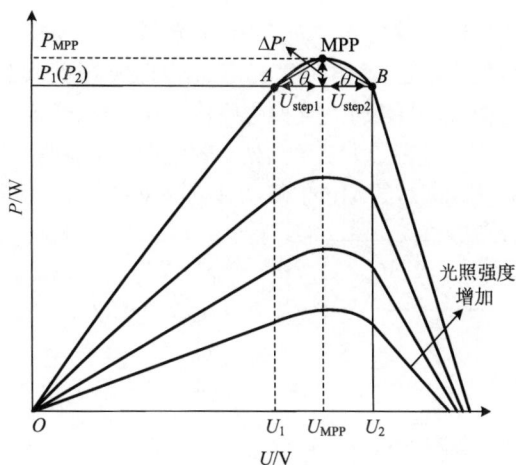

图 2.11　不同光照强度下光伏特性曲线

2.2.5　基于 Boost 电路改进型扰动观察的 MPPT 算法的 MATLAB/Simulink 建模与仿真

图 2.12 为基于 Boost 电路实现改进型扰动观察的 MPPT 控制算法系统仿真模型。图 2.13(a)为光伏电池的输出电压 U_{pv} 和输出电流 I_{pv} 的仿真结果图。从图中可以看到，U_{pv} 从开路电压开始逐渐减小，而 I_{pv} 随之开始逐渐变大；初始阶段，系统工作在离最大功率点较远的地方，调节的步长比较大，为 U_{step1}（U_{step1}=5V），U_{pv} 和 I_{pv} 变化也较大，当功率系数 $P_r > P_{th}$ 时，系统工作在离最大功率点较近的地方，调节步长变为小步

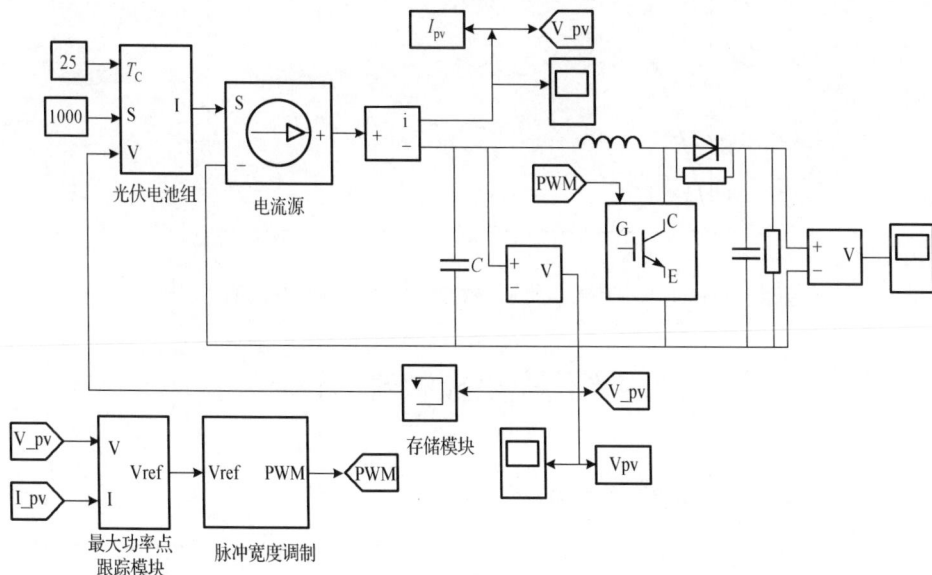

图 2.12　基于 Boost 电路改进型扰动观察的 MPPT 控制系统仿真模型

长 U_{step2}（U_{step2}=0.5V），U_{pv} 和 I_{pv} 变化较小，之后一直在最大功率点附近做较小的波动。由图 2.13(b)可以看到，最后光伏电池的输出功率稳定在 79.69W 附近，这与表 2.1 中给出的光伏电池最大功率输出非常接近。图 2.14 为光照强度从 800~1000W/m² 变化时，系统依然能够较快地跟踪到最大功率点，且在最大功率点处有效地抑制了振荡现象，从而验证了本节提出的基于改进型变步长扰动观察的 MPPT 算法具有快速的动态响应和良好的稳态性能。

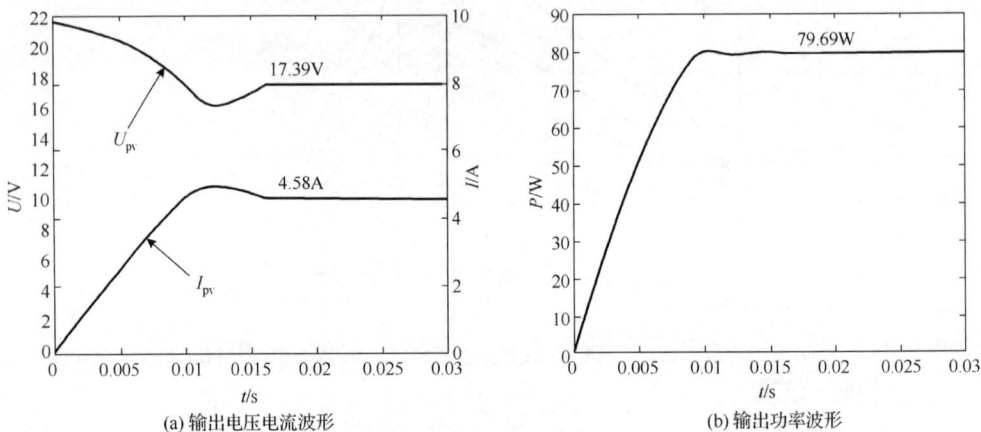

(a) 输出电压电流波形　　　　　　　　　　　　　　　　(b) 输出功率波形

图 2.13　改进型扰动观察的 MPPT 算法光伏电池仿真波形

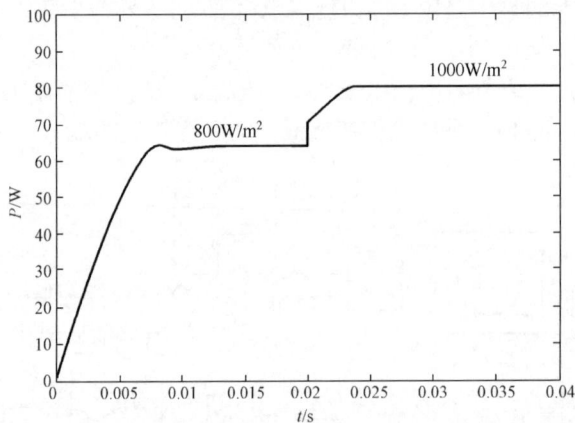

图 2.14　改进型扰动观察的 MPPT 算法光照强度变化时的仿真图

2.3　光伏充电控制器的设计

2.3.1　光伏充电控制器的主体设计方案

本节设计了一台 24V/4A 的光伏充电控制器样机，其主体设计框图如图 2.15 所示。该充电控制器采用 STM32 作为核心控制单元，并通过控制 Boost 变换器来实现 MPPT

控制。其中 MPPT 控制采用 2.2.5 节研究的改进型变步长扰动观察法，利用电流霍尔传感器获取光伏电池输出电流 I_{pv}，采用电阻分压电路采样电压值 U_{pv} 和 U_B。该光伏充电控制器的充电方式为多模式充电法[29,30]。

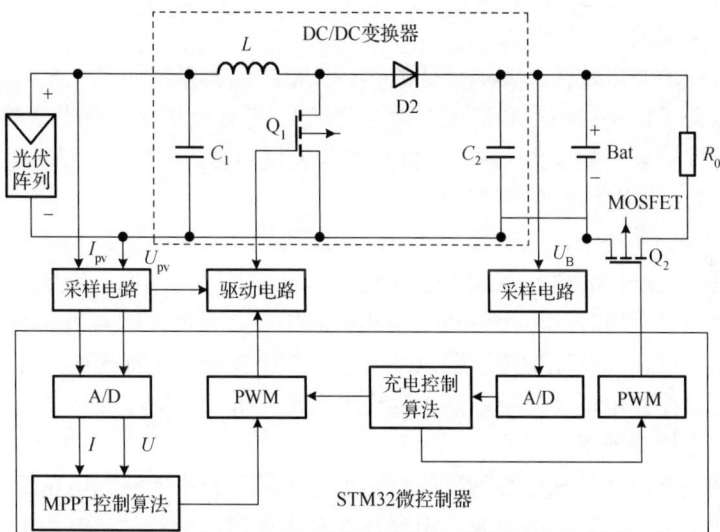

图 2.15　光伏充电控制器主体设计框图

2.3.2　蓄电池的充电特性及充电方法

在最低出气率的前提下，蓄电池可接受的麦斯最佳充电曲线，如图 2.16 所示。实验表明，如果充电电流按这条曲线变化，就可以大大缩短充电时间，并且对蓄电池的容量和寿命没有不利的影响。

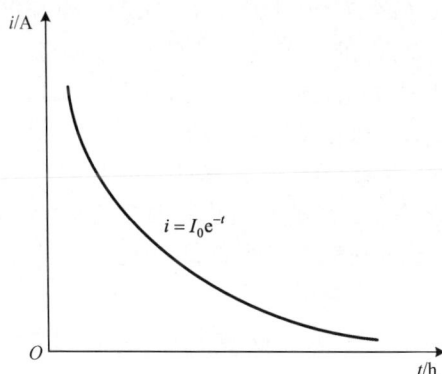

图 2.16　最佳充电曲线图

由图 2.16 可以看出：初始阶段充电电流很大[31]，但是接下来电流衰减很快，主要是因为蓄电池在充电过程中产生了极化现象；在密封式蓄电池充电过程中，内部产生氢气和氧气，由于氧气不能被及时吸收，便堆积在正极板（正极板产生氧气），使电池内部压力不断增大，电池温度上升，同时缩小了正极板的面积，从而导致内阻上升，出现所谓的极化现象。

根据蓄电池的充电特性，本节设计的光伏充电控制器采用多模式充电法，这种充电方法充分综合了快速充电法和恒压充电法的优点，有效地优化了蓄电池的充电管理，使蓄电池既能保持较高的电量，同时又能延长其使用寿命。其主要包括三种充电状态：MPPT 快充状态、均充状态和浮充状态。

在 MPPT 快充状态下，通过最大功率点跟踪找到光伏电池的最大功率点，以恒定的大电流对蓄电池进行充电。在 MPPT 快速充电这段时间里，电池电量迅速地恢复。当达到某一过充电压值时，停止 MPPT 快充模式结束，充电控制器进入均充状态。

在均充状态下，光伏充电控制器以某一恒定的电压给蓄电池充电。此时充电电压保持恒定不变，而充电电流持续下降。当充电电流下降到足够小时，说明蓄电池已经充满，光伏充电控制器进入浮充状态。

在浮充状态下，光伏充电控制器的输出电压下降到较小的浮充电压值，这时充电电流也只有几十毫安，该状态主要是用来补充蓄电池的内损耗。当电池电压低于浮充电压的一个临界值时，光伏充电控制器马上转入 MPPT 快充状态，从而重新开始上述充电过程。

2.3.3 蓄电池充电控制程序设计及 PWM 控制信号测试

根据蓄电池的特点，利用微控制器 STM32 的 PWM 功能控制 Boost 电路对蓄电池进行充电控制管理。当光伏板电压 U_{pv}>10V 时（针对单个标称电压 24V 的蓄电池），进入白天处理程序，否则进入晚上处理程序。通过判断采样的电池电压来判断进入充电的状态；当蓄电池电压 U_B<27.2V 时进入快充状态，即 MPPT 过程，以最大功率给蓄电池充电；当 U_B 达到 28.8V 时，结束快充进入均充状态，在此状态以 28.8V 电压给蓄电池恒压充电，并持续 10min 时间。均充 10min 以后自动转入浮充状态。浮充电也是采用恒压充电的方式，采用 27.2V 电压进行充电。进入浮充阶段说明蓄电池已经充满电了，此时的充电只是补充电池的内损耗。在控制器工作的阶段（除晚上），几乎大部分时间是在浮充状态下。浮充过程中检测到连续一段时间内电池电压都低于26.4V 时，说明电池电量已经损耗得差不多了，使上述充电过程重新开始。晚上处理程序中，主要是判断蓄电池电压是否低于 21.6V，即是否处于过放状态。如果过放，则通过微控制器 STM32 的控制开关管 Q_2 断开负载，从而保护蓄电池。蓄电池充电控制软件流程如图 2.17 所示。

　　图 2.18 为快充、均充、浮充控制过程的 PWM 波形,快充时的 PWM 波形,占空比为 86.7%,此时开关管基本上处于导通状态,该状态以大电流对蓄电池充电;均充状态下的 PWM 波形,占空比为 50%;浮充状态下的 PWM 波形,占空比为 14.8%,该状态下充电电流最小。从测试波形可知,随着电压的上升,PWM 信号的占空比逐渐变小,充电电流也逐渐变小,并且 PWM 信号的频率始终保持在 2kHz 不变。

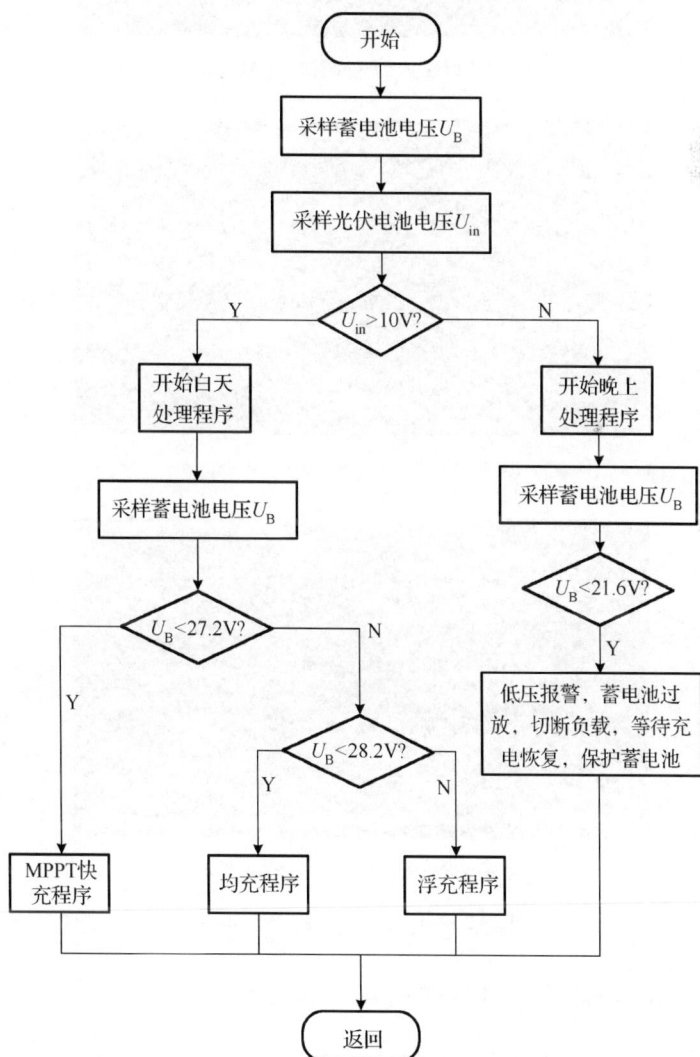

图 2.17　蓄电池充电控制软件流程图

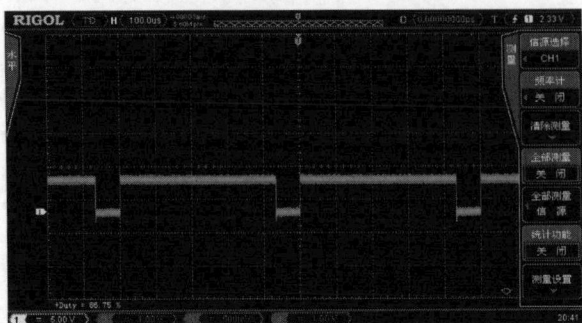

(a) 快充时占空比为 86.7%的 PWM 波形

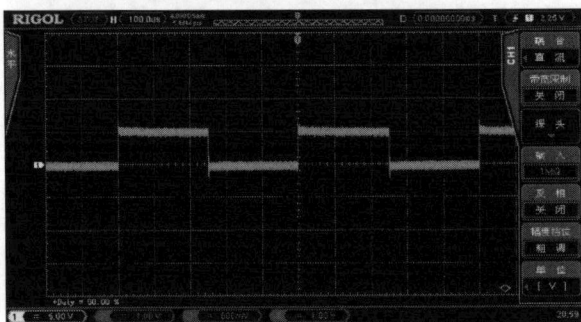

(b) 均充时占空比为 50%的 PWM 波形

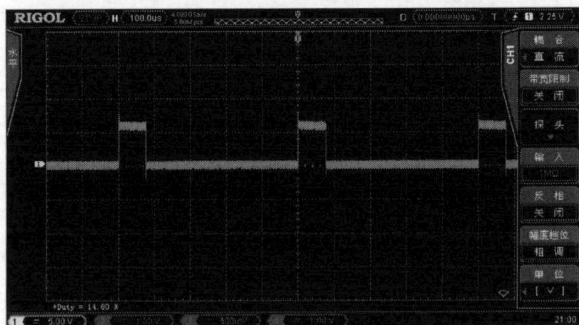

(c) 浮充时占空比为 14.8%的 PWM 波形

图 2.18　充电控制过程 PWM 波形

2.3.4　光伏充电控制器的 MPPT 效率测试及分析

　　实验中的光伏阵列采用菊水皇家科技有限公司生产的 PVS1000 系列太阳能电池阵列模拟器来代替，设置模拟器光伏电池的开路电压 $U_{oc}=22\text{V}$，短路电流 $I_{sc}=5.0\text{A}$，最大功率点电压 $U_{mp}=17.2\text{V}$，最大功率点电流 $I_{mp}=4.5\text{A}$，最大功率为 76.4W。

图 2.19 为光伏电池阵列模拟器测出的光伏充电控制器 MPPT 效率图。由图可知，光伏充电控制器的输出功率为 76.2W，而设置的最大功率输出为 76.4W，只有 0.2W 的误差，其 MPPT 效率达到了 99.94%；结果显示，本书提出的改进型扰动观察的 MPPT 算法能快速、有效地跟踪最大功率点，并且系统能稳定地工作在最大功率点处，验证了其正确性。

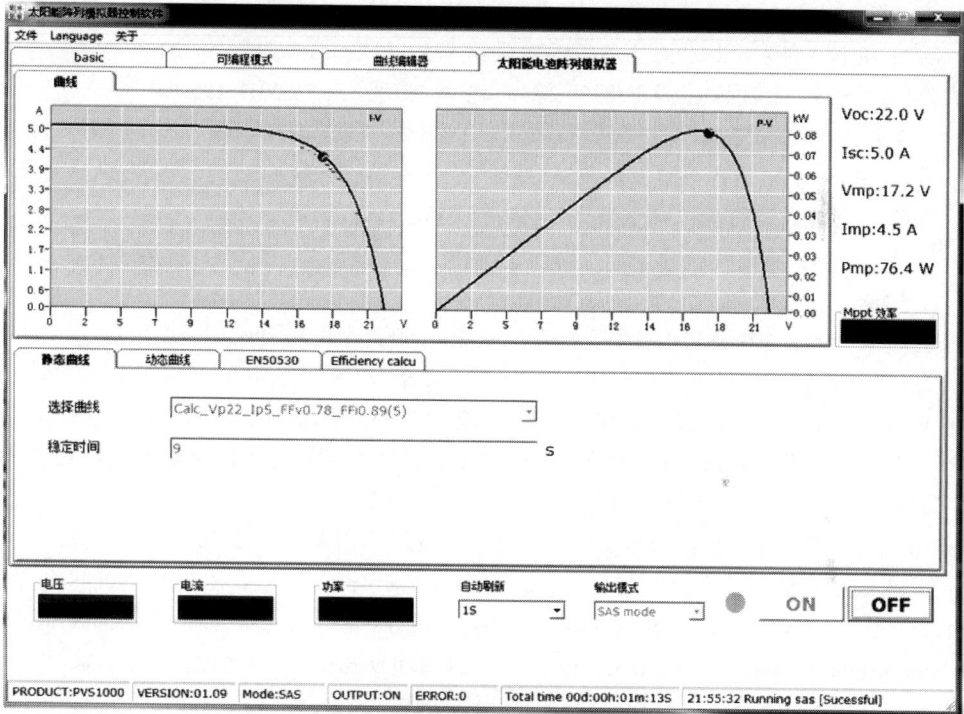

图 2.19 光伏充电控制器 MPPT 效率图

2.4 本 章 小 结

本章主要针对 MPPT 技术进行了深入的研究。首先，建立了太阳能光伏电池的等效模型，在 MATLAB/Simulink 仿真平台建立仿真模型，对光伏电池的输出特性进行了研究；其次，详细阐述了 MPPT 控制技术的原理，介绍了几种典型 MPPT 控制技术和 Boost 变换电路的原理，并提出了一种改进型变步长扰动观察的 MPPT 算法，在 MATLAB/Simulink 仿真平台上建立了基于 Boost 电路改进型扰动观察的 MPPT 算法的仿真模型，验证了算法的可行性；再次，对蓄电池的充电特性和充电方法进行了研究；最后，根据以上研究给出了光伏充电控制器的主体设计方案和相关程序设计流程并对光伏充电控制器样机进行测试，验证了光伏充电控制器设计的可行性。

参 考 文 献

[1] 张兴, 曹仁贤. 太阳能光伏发电及其控制. 北京: 机械工业出版社, 2011: 41-46.

[2] 赵争鸣, 刘建政, 孙晓瑛, 等. 太阳能光伏发电及其应用. 北京: 科学出版社, 2005: 1-8.

[3] 余良辉. 光伏发电最大功率跟踪技术及并网系统研究. 南京: 南京理工大学, 2013.

[4] 钟杰. 光伏并网逆变器 MPPT 及双闭环控制技术研究. 成都: 西南交通大学, 2013.

[5] 张兴, 曹仁贤. 太阳能光伏发电及其控制. 北京: 机械工业出版社, 2011: 195-198.

[6] 陈爱龙, 胡天友, 于慧君, 等. 光伏充电系统的设计与研制. 实验室研究与探索, 2011, 6: 15-17, 74.

[7] 张璇. 基于 MPPT 的 DC/DC 变换器设计及光伏模块并联研究. 哈尔滨: 哈尔滨工业大学, 2010.

[8] 杨婷婷. 独立光伏发电系统控制研究. 南京: 南京邮电大学, 2013.

[9] 李丹, 俞万能, 郑为民. 一种光伏发电 DC-DC 变换器. 集美大学学报(自然科学版), 2013, 4: 278-284.

[10] 汪令祥. 光伏发电用 DC/DC 变换器的研究. 合肥: 合肥工业大学, 2006.

[11] 孙伟杰, 王武, 杨富文. PWM 型 DC-DC 开关变换器研究综述. 低压电器, 2006, 2: 36-40, 46.

[12] 黄克亚. 光伏系统最大功率点跟踪实现算法比较研究. 科技风, 2010, 12: 196, 210.

[13] 余世杰, 何慧若, 曹仁贤. 光伏水泵系统中 CVT 及 MPPT 的控制比较. 太阳能学报, 1998, 4: 51-55.

[14] 张兴, 曹仁贤. 太阳能光伏发电及其控制. 北京: 机械工业出版社, 2011: 202.

[15] 龙腾飞, 丁宣浩, 蔡如华. MPPT 的三点比较法与登山法比较分析. 大众科技, 2007, 2: 48-50, 74.

[16] Mei Q, Shan M, Liu L, et al. A novel improved variable step-size incremental-resistance MPPT method for PV systems. IEEE Transactions on Industrial Electronics, 2011, 58(6): 2427-2434.

[17] Maity J, Mitra S K, Majee J, et al. Development of an efficient photovoltaic MPPT controller. Power and Energy in NERIST (ICPEN), 2012: 1-4.

[18] 周林, 武剑, 栗秋华, 等. 光伏阵列最大功率点跟踪控制方法综述. 高电压技术, 2008, 6: 1145-1154.

[19] 郭勇, 孙超, 陈新. 光伏系统中最大功率点跟踪方法的研究. 电力电子技术, 2009, 11: 21-23.

[20] 李思, 孙建平. 光伏发电的最大功率跟踪算法比较. 中国高新技术企业, 2008, 15: 45.

[21] Aashoor F A O, Robinson F V P. A variable step size perturb and observe algorithm for photovoltaic maximum power point tracking. Universities Power Engineering Conference (UPEC), 2012: 1-6.

[22] Kollimalla S K, Mishra M K. Adaptive perturb & observe MPPT algorithm for photovoltaic system. Power and Energy Conference at Illinois (PECI), 2013: 42-47.

[23] Yang Y, Blaabjerg F. A modified P&O MPPT algorithm for single-phase PV systems based on deadbeat control. The Let International Conference on Power Electronics, Machines and Drives, 2012.

[24] Singh N N, Singh S P, Singh D, et al. An efficient control on photovoltaic energy conversion system using modified perturb and observe technique for stand alone applications. Electrical, Electronics and

2012 IEEE Students' Conference on Computer Science (SCEECS), 2012: 1-4.

[25] Alqarni M, Darwish M K. Maximum power point tracking for photovoltaic system: Modified perturb and observe algorithm. Universities Power Engineering Conference (UPEC), 2012: 1-4.

[26] Femia N, Petrone G, Spagnuolo G, et al. Optimization of perturb and observe maximum power point tracking method. IEEE Transactions on Power Electronics, 2005, 20(4): 963-973.

[27] Montoya D G, Paja C A R, Petrone G. Design method of the perturb and observe controller parameters for photovoltaic applications. 2012 IEEE 4th Colombian Workshop on Circuits and Systems (CWCAS), 2012: 1-6.

[28] 陈亚欢, 罗晓曙, 廖志贤, 等. 独立光伏系统充电控制器的研究与设计. 计算机测量与控制, 2014, 22(6): 1806-1808.

[29] 王玮茹, 张建成. 优化的五阶段蓄电池充电方法研究. 电源技术, 2012, 36(10): 1496-1499.

[30] 朱建渠, 谢东, 曹太强. 光伏发电系统中蓄电池充电的数字控制研究. 电力电子技术, 2011, 45(3): 67-69.

[31] 陈爱龙. 光伏发电系统 MPPT 技术的研究与实现. 成都: 电子科技大学, 2011.

第3章　单相光伏离网逆变器的工作原理与控制方法

3.1　单相光伏离网逆变器的结构与工作状态分析

　　逆变器是一种由半导体器件组成的电力调整装置，主要用于把直流电力转换成交流电力。光伏发电逆变器一般由直流升压回路和逆变桥式回路构成。升压回路把光伏阵列的直流电压升压到逆变器输出控制所需的直流电压；逆变桥式回路则把升压后的直流电压转换成常用频率的交流电压。逆变器主要由晶体管等开关元件构成，通过有规则地让开关元件重复开-关（on-off），使直流输入变成交流输出。当然，这样单纯地由开和关回路产生的逆变器输出波形并不实用，一般需要采用正弦脉宽调制（sinusoidal pulse width modulation，SPWM），使靠近正弦波两端的电压宽度变窄，正弦波中央的电压宽度变宽，并在半周期内始终让开关元件按一定频率朝一个方向动作，这样形成一个脉冲波列（拟正弦波），然后让脉冲波通过滤波器形成正弦波。光伏发电逆变器分为离网逆变器和并网逆变器，本章主要阐述离网逆变器的拓扑结构和工作原理，并网逆变器的结构和工作原理将在第4章介绍。

3.1.1　单相光伏离网逆变器的主回路拓扑结构

　　全桥电路是一种常见的逆变器拓扑[1-3]，单相全桥工频隔离逆变器主回路拓扑结构如图 3.1 所示，图中输入部分由光伏阵列和滤波电容 C_1 组成；升压 DC/DC 变换器采用 Boost 变换电路，由 IGBT 管 M_0、电感 L 和二极管 D_0 组成，负责完成 MPPT 控制；DC/AC 逆变电路由全桥式电路构成；输出部分包括交流滤波电路、工频变压器和负载。

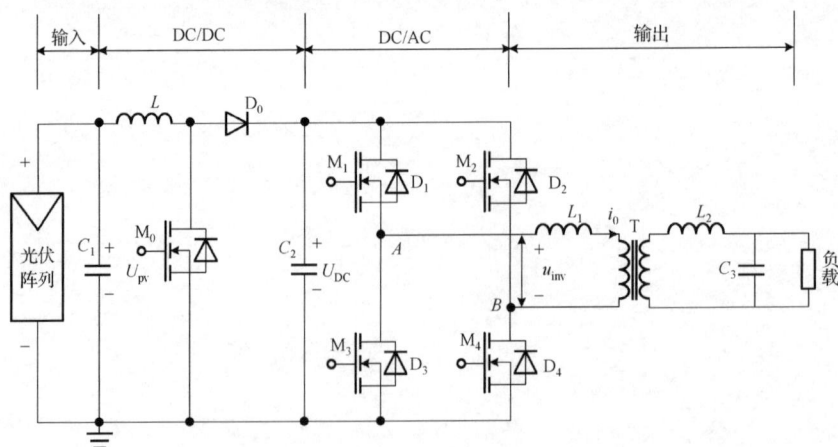

图 3.1　单相光伏离网逆变器主回路拓扑结构图

3.1.2　单相全桥光伏离网逆变器工作状态分析

根据单相全桥光伏并网逆变器输出电流的方向及功率开关管的导通顺序，可以将逆变器工作过程分为两大部分：负载电流为正的区间和负载电流为负的区间。在负载电流为正的区间，包括模式 1 和模式 2；在负载电流为负的区间，包括模式 3 和模式 4。因此，在整个正弦波周期的工作过程包含如下 4 种不同开关模式下逆变器工作状态。为便于分析，将图 3.1 中的 Boost 变换电路省略。

1. 模式 1

图 3.2 为模式 1 的工作回路。在此模式下，功率开关管 M_1 和 M_4 导通，M_2 和 M_3 截止。直流电压源 U_{DC}、功率开关管 M_1、M_4 以及滤波电感 L_1 和交流负载构成一个工作回路。回路中的 A 点电位等于直流电压源 U_{DC} 的正极电位，B 点电位等于直流电压源 U_{DC} 的负极电位，此时电感中的 i_0 电流不断增大，电感电流方向由左向右。因此，该模式下光伏离网逆变器的输出电压等于直流母线电压，即 $u_{inv} = u_{AB} = U_{DC}$。

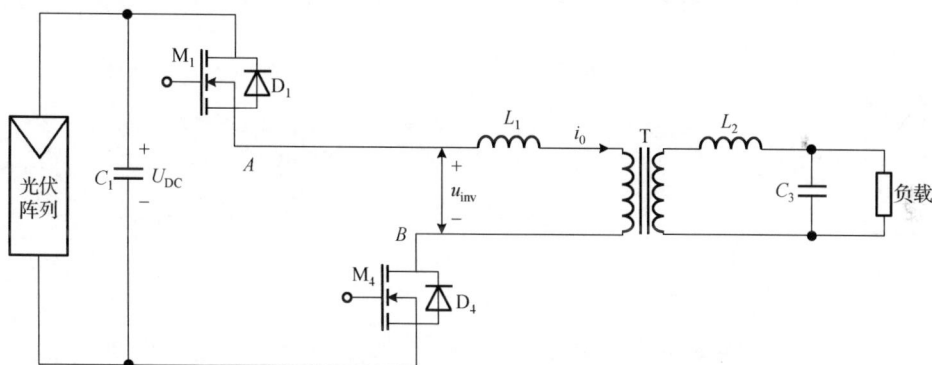

图 3.2　模式 1（功率开关管 M_1 和 M_4 导通的工作回路）

2. 模式 2

图 3.3 为模式 2 的工作回路，此时功率开关管 M_1 和反向二极管 D_2 导通，M_2,M_3,M_4 截止，交流侧电感 L_1、功率开关管 M_1 和 D_2 组成续流回路，A、B 两点电位相同，相当于短路，故 $u_{inv} = u_{AB} = 0$。此时电感 L_1 给负载提供电流输出，电感电流 i_0 不断减小，由于电感 L_1 中的电流不能发生突变，电感电流保持模式 1 中的由左向右方向。

3. 模式 3

图 3.4 为模式 3 的工作回路。此时功率开关管 M_2 和 M_3 导通，直流电压源 U_{DC}、导通的开关管 M_2、M_3 以及滤波电感 L_1 和负载构成一个工作回路。A 点电位等于直流电压源 U_{DC} 的负极电位，B 点电位等于直流电压源 U_{DC} 的正极电位，此时电感电流 i_0

反向增大，且电流方向由右向左。因此，在这个开关管状态下，光伏离网逆变器的输出电压等于直流母线电压，其值为负数，即 $u_{inv} = u_{AB} = -U_{DC}$。

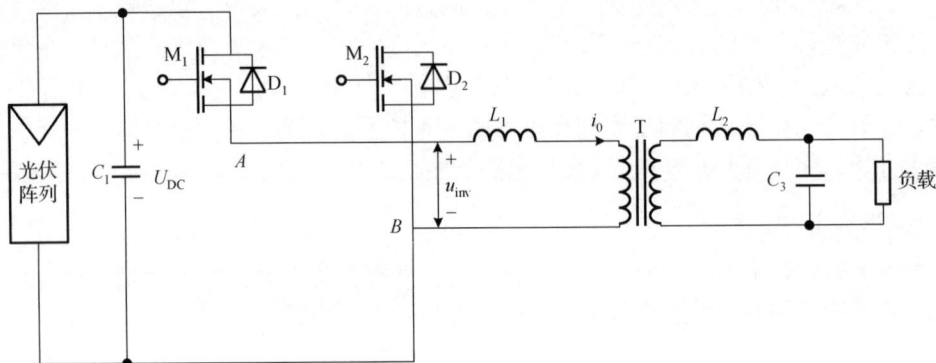

图 3.3　模式 2（功率开关管 M_1 和 D_2 导通的工作回路）

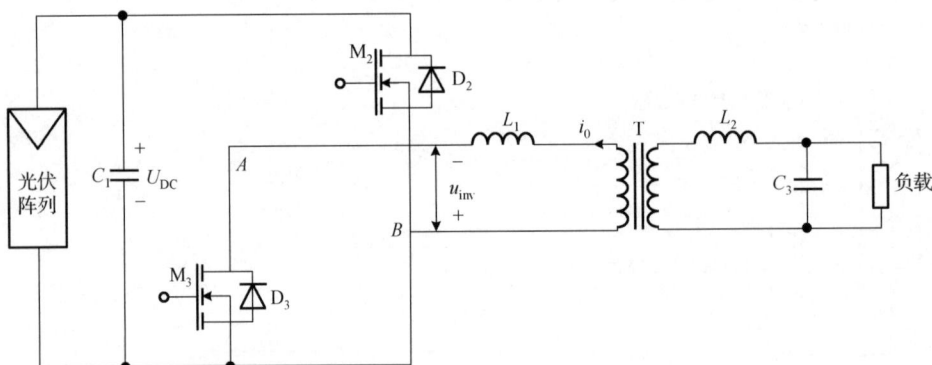

图 3.4　模式 3（功率开关管 M_2，M_3 导通的工作回路）

4. 模式 4

图 3.5 表示模式 4 的工作回路。功率开关管 M_3 和反向二极管 D_4 导通，交流侧电感 L_1、功率器开关管 M_3 和二极管 D_4 组成续流回路，此时 A、B 两点电位相同，相当于短路，即 $u_{inv} = u_{AB} = 0$。此时电感给负载提供电流输出，电感电流 i_0 不断减小，由于电感 L_1 中的电流不能发生突变，故电感电流保持模式 3 中的由右向左方向。

由图 3.6 可知，单相桥式逆变器电路输出电压 u_{inv} 的波形为正、负幅值相等的矩形波，其值为直流母线电压 U_{DC}；电感电流 i_0 在整个正弦波周期工作过程中的 4 种开关模式下的波形如图 3.6 所示，电流 i_0 基波的相位滞后于输出电压 u_{inv} 的基波。通过改变驱动脉冲的频率，即可改变两组桥臂上功率开关管 $M_1 \sim M_4$ 的开关变换频率，使直流电变成交流电，从而完成 DC/AC 变换。

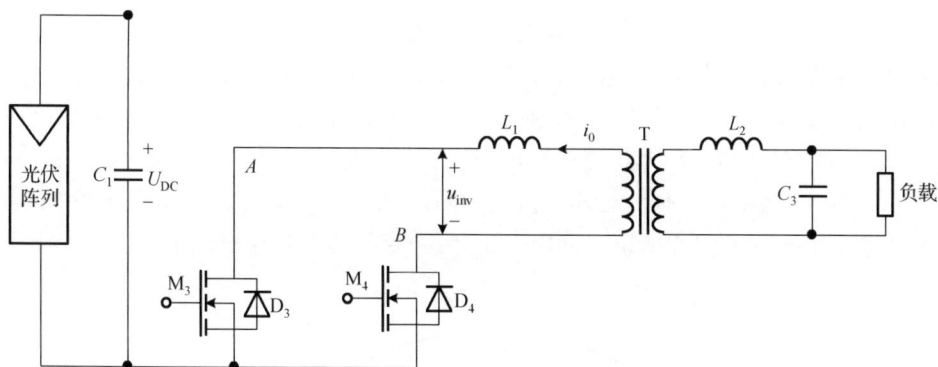

图 3.5　模式 4（功率开关管 M_3 和 D_4 导通的工作回路）

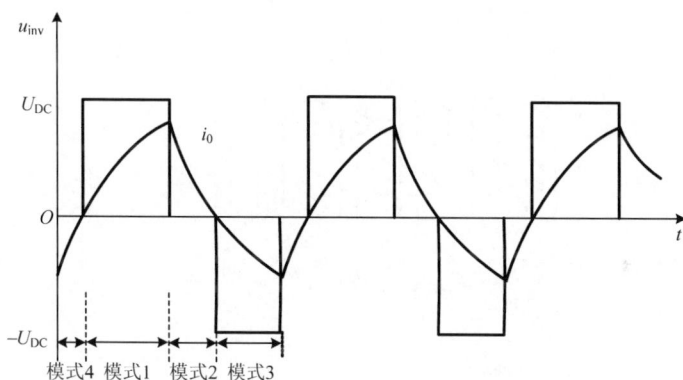

图 3.6　单相全桥式逆变器电路的工作波形

3.2　单相光伏离网逆变器的控制策略分析

3.2.1　SPWM 控制的基本原理

光伏离网逆变器控制采用 SPWM 方式。一个连续函数可以由无穷多个离散函数代替，再经过滤波即可将连续函数数字化，因此可以用多个不同面积的矩形脉冲来代替正弦波[4]。SPWM 调制是将直流电压转化为电压脉冲阵列，通过控制脉冲宽度和周期，来实现变压变频的目的，具体原理如图 3.7 所示。实际控制过程中，SPWM 调制会受到一定硬件条件的影响，包括：功率开关管开关频率的限制，微控制单元（MCU）采样与计算速度的制约，功率开关器件响应速度和开关损耗的制约，调制度的制约等。

单极性 SPWM 波一般采用正弦波作为调制信号 u_r、三角波作为载波信号 u_c 来形成，在 u_r 和 u_c 的交点时刻控制 IGBT 的通断。其中载波 u_c 在 u_r 的正半周为正极性的三角波，在 u_r 的负半周为负极性的三角波。在 u_r 为正半周，功率管 M_1 保持导通，M_3 保持断开，M_2 和 M_4 交替导通；当 $u_r > u_c$ 时，M_4 导通，M_2 关断，此时有 $u_{inv} = u_o = U_{DC}$；当 $u_r < u_c$ 时，M_2 导通，M_4 关断，此时有 $u_{inv} = u_o = 0$。在 u_r 为负半周，M_3 功率管保持导通，M_1 保持断开，M_2 和 M_4 交替导通，当 $u_r < u_c$ 时，M_2 导通，M_4 关断，此时有 $u_{inv} = u_o = -U_{DC}$；当 $u_r > u_c$ 时，M_4 导通，M_2 关断，此时有 $u_{inv} = u_o = 0$。从而可得 SPWM 波形 u_o，具体控制如图 3.8 所示。其中，u_{of} 为逆变器的等效输出正弦波。

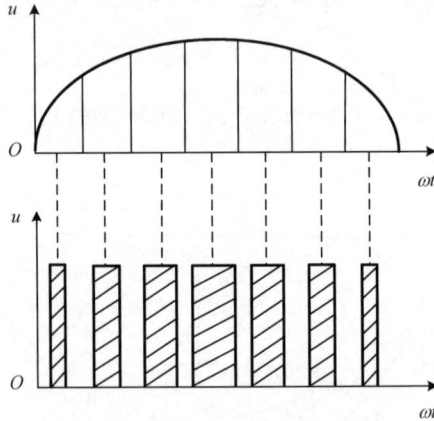

图 3.7　SPWM 波等效正弦半波原理

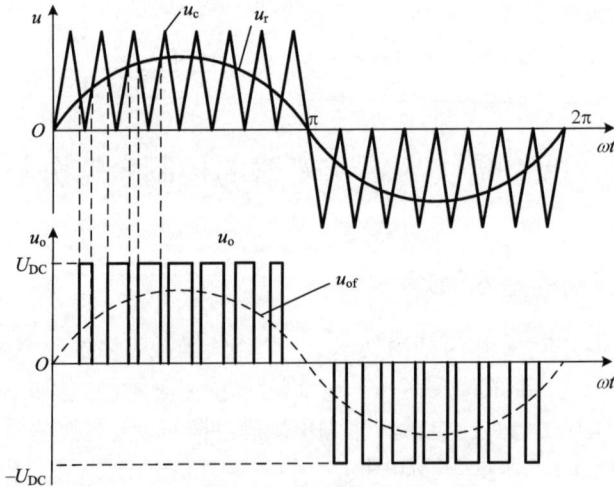

图 3.8　单极性 SPWM 控制方式波形

还有一种 SPWM 双极性调制方式如图 3.9 所示，从其原理图可以看出，与单极性调制不同的是，每个调制波基波周期都有正、负、零三个电平。

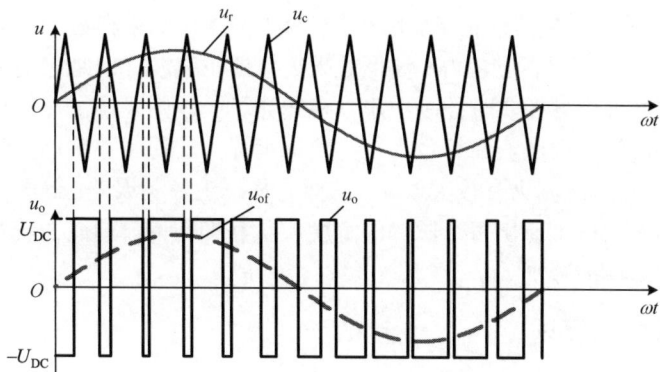

图 3.9　双极性 SPWM 调制方式

上述正弦波形成过程要求三角载波的峰值要大于正弦波的峰值,因此调制度 M 需满足下列关系式:

$$M \leqslant \frac{V_{\text{sin}}}{V_{\text{carrier}}} \tag{3.1}$$

式中, V_{sin} 表示正弦波的峰值; V_{carrier} 表示三角波的峰值。在理想情况下, M 在 $0\sim1$ 变化能够调节输出电压的幅值。SPWM 调制方式如图 3.10 所示。

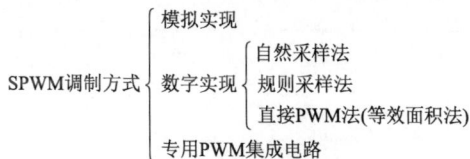

图 3.10　SPWM 调制方式

随着电力电子技术的不断发展,模拟电路产生 SPWM 的方法由于实现电路复杂,同时精度较差,已经被数字调制方式取代。常用的的数字 SPWM 波调制方法有自然采样法、对称规则采样法、不对称的规则采样法、等效面积法[5,6]等。

根据 SPWM 波调制的特点,全桥逆变器逆变电路的功率开关管在一个周期内要开关 N 次。为了使 SPWM 波调制后,产生的波形接近期望的正弦波,则要使 N 值尽可能大。但是受控制芯片计算速度和精度的限制,同时为了避免过多的开关损耗,一般功率开关管的工作频率在 $10\sim50$kHz 即可。

虽然位于逆变器 H 桥同一桥臂上两个开关管的 PWM 信号极性是相反的,但是实际应用中,功率开关管开通和关断的过程中有短暂的延迟,关断时间略大于开通时间,为了防止 H 桥上下两个开关管同时导通,就需要设置一小段时间让两个开关管均关闭,这个时间即为死区时间。死区时间过长会降低逆变器输出波形的质量,一般取 $800\sim1000$ns 即可。

　　生成 SPWM 波形产生方法很多，包括自然采样法、规则采样法和等面积中心算法等[5,6]。自然采样法所得到的 SPWM 波形效果很接近正弦波，但是它要求解复杂的超越方程，计算量过大，且在实时控制中难以在线计算；规则采样法在工程上是比较实用的方法，相比自然采样法，计算量大，为简化运算，实现了数字化控制，但是其产生的 SPWM 波形与正弦波仍有较大误差，从而容易产生控制误差；等面积中心算法可根据已知数据和正弦值推算出每个脉冲的宽度，且其抑制谐波的能力较好，是数字化实时控制中最为简单的算法。

3.2.2　等面积中心算法

　　把一个正弦半波分成 N 等份，第 k 等份的正弦曲线与时间轴 t 所围成平面为 F，将平面 F 分成等面积的两平面 $F1$ 和 $F2$，$F1$ 和 $F2$ 垂直交界线为平面 F 的面积中心线，其横坐标为 ϕ，将 $\phi(k)$ 作为第 k 等份的正弦曲线所对应的矩形脉冲与时间轴 t 所围平面面积中心的横坐标，平面 F 的面积与所对应的矩形脉冲的面积相等，即称为面积中心等效算法[7]，如图 3.11 所示。

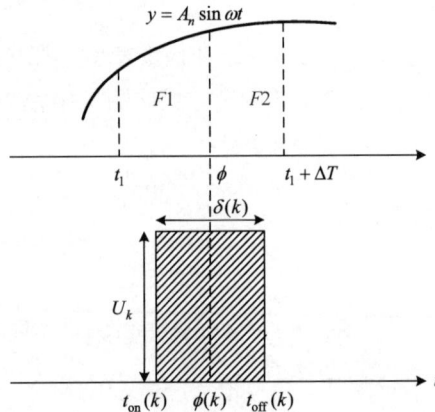

图 3.11　等面积中心 SPWM 算法

　　第 k 等份正弦曲线与时间轴 t 所围成平面的面积为 S_k：

$$S_k = A_n \int_{(k-1)\pi/\omega N}^{k\pi/\omega N} \sin \omega t \, dt \tag{3.2}$$

对应第 k 个 PWM 脉冲面积为 S_{k1}：

$$S_{k1} = \delta(k) U_k \tag{3.3}$$

式中，$\delta(k)$ 为第 k 个脉冲宽度；U_k 为直流电源的电压。由于 $S_k = S_{k1}$，得

$$A_n \int_{(k-1)\pi/\omega N}^{k\pi/\omega N} \sin \omega t \, dt = \delta(k) U_k \tag{3.4}$$

再根据面积中心等效原理，可得

$$\int_{(k-1)\pi/\omega N}^{\phi_k} A_n \sin \omega t \mathrm{d}t = \int_{\phi_k}^{k\pi/\omega N} A_n \sin \omega t \mathrm{d}t \qquad （3.5）$$

求解式（3.4）和式（3.5），可得脉冲宽度 $\delta(k)$，横坐标 $\phi(k)$ 以及开关点时刻 $t_{\mathrm{on}}(k)$、$t_{\mathrm{off}}(k)$：

$$\delta(k) = \frac{A_n}{\omega U_k}\left[\cos\frac{(k-1)\pi}{N} - \cos\frac{k\pi}{N}\right] \qquad （3.6）$$

$$\phi(k) = \arccos\left[\frac{1}{2}\cdot\left(\cos\frac{(k-1)\pi}{N} + \cos\frac{k\pi}{N}\right)\right] \qquad （3.7）$$

$$t_{\mathrm{on}}(k) = \phi(k) - \frac{\delta(k)}{2} \qquad （3.8）$$

$$t_{\mathrm{off}}(k) = \phi(k) + \frac{\delta(k)}{2} \qquad （3.9）$$

3.2.3 双闭环 PI 稳压控制方法

双闭环控制一般指的是内外环控制，而对于本章研究的电压型逆变器而言，内环一般是电流环，外环一般是电压环。其工作原理为[8]：电压外环将基准正弦波信号 u_{ref} 与逆变器输出反馈电压 u_{of} 相比较产生的误差信号 e，经过 PI 调节后得到 i_{ref} 作为电流内环的参考值，从而达到稳压的目的。由于电感电流是负载电流和电容电流之和，能够较好反映出逆变系统的动态性能，具有良好的响应速度。因此，电流内环对输出滤波电感电流进行调节控制，使之接近参考电流 i_{ref}。电流内环由输出电流的瞬时值和控制信号进行比较，产生的误差经过 PI 调节后与三角载波信号比较，来控制开关功率管的通断，从而提高系统的动态性能。双闭环 PI 稳压控制方法结构图如图 3.12 所示。

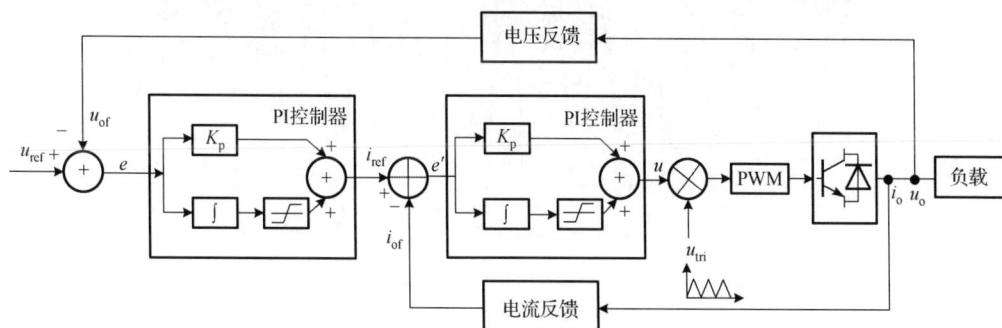

图 3.12　双闭环 PI 稳压控制方法结构图

3.2.4　电压、电流双闭环 PI 稳压控制方法仿真

图 3.13 为电压、电流双闭环 PI 稳压控制方法仿真系统图，图 3.14 是仿真结果，可知经过双闭环 PI 稳压控制的逆变器，其输出电压的峰峰值为 310V，有效值为219.8V，在误差范围之内，验证了该稳压控制策略的可行性。

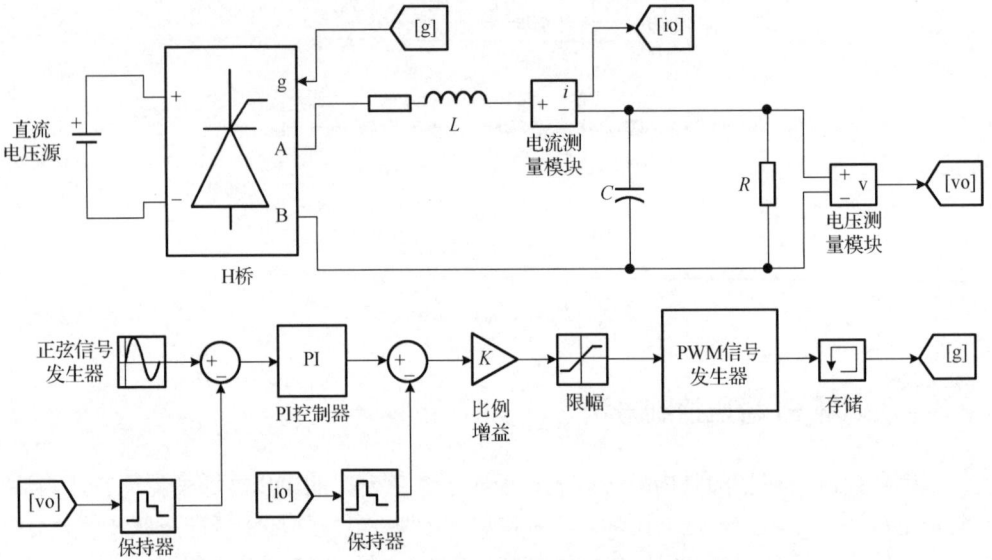

图 3.13　电压、电流双闭环 PI 稳压控制方法仿真图

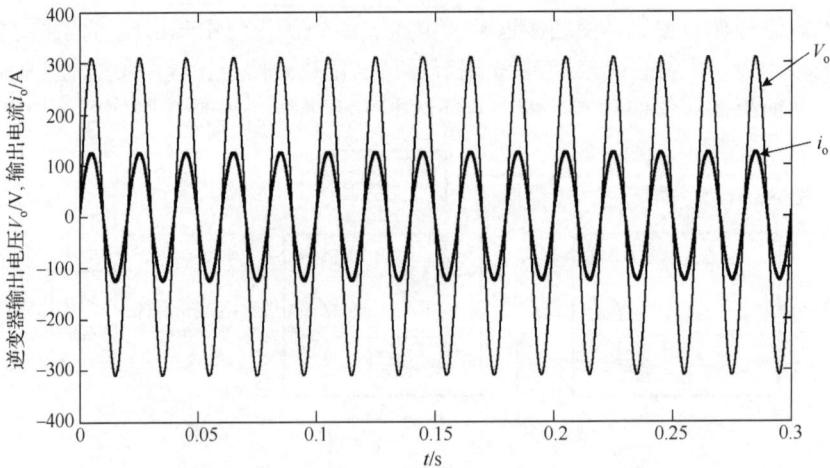

图 3.14　电压、电流双闭环 PI 稳压控制效果图

3.3　本章小结

本章首先给出了单相全桥光伏离网逆变器的主回路拓扑结构,通过研究全桥电路功率开关的导通和关断,详细分析其工作状态;其次,着重研究了离网逆变器的控制策略,阐述了 SPWM 控制的基本原理,并对等面积中心 SPWM 算法进行详细的理论分析和公式推导;最后,研究了电压、电流双闭环 PI 稳压控制策略,并在理论研究的基础上建立了 MATLAB/Simulink 仿真模型,验证了电压、电流双闭环 PI 稳压控制策略的可行性。

参 考 文 献

[1] Xiao H, Liu X, Lan K. Optimised full-bridge transformerless photovoltaic grid-connected inverter with low conduction loss and low leakage current. IET Power Electronics, 2014, 7 (4): 1008-1015.

[2] Kinnares V, Hothongkham P. Circuit analysis and modeling of a phase-shifted pulsewidth modulation full-bridge-inverter-fed ozone generator with constant applied electrode voltage. IEEE Transactions on Power Electronics, 2010, 25 (7): 1739-1752.

[3] 张犁, 孙农, 邢岩. 高效率五电平双降压式全桥并网逆变器. 中国电机工程学报, 2012, 32 (12): 29-34.

[4] 闫朝阳, 张纯江, 邬伟扬, 等. 单相高频链矩阵逆变器解结耦 SPWM 策略及实现. 电工技术学报, 2012, 27 (2): 59-67.

[5] 陈增禄, 毛惠丰, 周炳根, 等. SPWM 数字化自然采样法的理论及应用研究. 中国电机工程学报, 2005, 25 (1): 32-37.

[6] Ciobotaru M, Teodorescu R, Blaabjerg F. Control of single-stage single-phase PV inverter. 2005 Euro-Pean Conference on Power Electronics and Applications, 2005: 1-10.

[7] 钱慧芳, 毛惠丰, 陈增禄. SPWM 面积中心等效法研究. 电气应用, 2005, 24 (3): 103-105.

[8] 张兴, 曹仁贤. 太阳能光伏发电及其控制. 北京: 机械工业出版社, 2011: 223.

第 4 章 　光伏并网逆变器的同步控制方法

第 1 章已对光伏并网发电系统做了简介。由图 1.5 可知，光伏并网发电系统也包括最大功率点跟踪和逆变器电路（DC/AC）。但光伏并网发电系统与离网发电系统的最大差别是：需要设计专用逆变器，使逆变器的输出电流与公共电网电压同步，以保证输出的电力满足电网对电压、电流波形、频率、幅度等性能指标的要求，同时并网逆变器还要控制并网功率，使向电网传送的功率和光伏阵列所发出的最大功率电能相平衡。

光伏并网发电能够并行使用市电和太阳能光伏发电作为本地交流负载的电源，降低了整个系统的负载断电率，对公用电网起到调峰的作用。更重要的是：以电网为储能装置，不需要蓄电池，省掉了蓄电池蓄能和释放的过程，可以充分利用光伏阵列所产生的电力，不仅减小了能量的损耗，而且大大降低了系统的建设和维护成本。

在光伏并网发电系统中，光伏并网逆变器电流同步控制的关键是通过采样逆变器的输出电流、电压以及公共电网电压进行反馈控制，使逆变器输出电流 i_o 的相位和频率与电网电压 u_g 的相位和频率同步，以达到并网同步输出的目的。本章主要研究光伏并网发电的同步方法与技术。

4.1 　光伏并网逆变器同步控制方法研究进展简介

光伏并网逆变器是光伏并网发电系统中的关键设备，它是光伏阵列与公共电网之间的连接桥梁，其内部控制算法的优劣对系统性能将产生重大影响。随着接入公共电网的光伏并网逆变器的数量不断增多，控制算法性能较差的光伏并网逆变器可能会导致整个电网的不稳定甚至引发电网故障。为此，在世界各国制定的光伏并网逆变器并网标准中，对光伏并网逆变器的各项指标均提出了严格的要求。为了使光伏并网逆变器能够达到并网标准的要求，其同步控制方法的研究设计显得尤其重要。因此，近年来，国内外许多专家和学者对并网逆变器的同步控制方法展开了深入系统的研究。当前，光伏并网发电逆变器同步控制研究热点已由电压控制方法变为研究电流控制方法[1,2]。因为光伏逆变器的输出电压被电网电压钳位，所以主要对并网电流进行控制，使并网电流形状尽量为标准正弦波并与电网电压同频同相，即 $\Delta\phi = 0$，也就是功率因数 PF=$\cos(\Delta\phi)$ 为 1[3]。若电压、电流间的相位差 $\Delta\phi$ 不等于 0，则功率因数小于 1。

在电流跟踪同步控制方面，Kui-Jun L 等基于扰动估计设计了一种电流预测控制器[4]，其方法是将电网电压看做系统主要的扰动源，对逆变器的输出电压和电流进行采样，从而对电网电压扰动进行估计，然后利用锁相环（phase-locked loop，PLL）对有功功率进行估计而获得电网电压的相位，实验结果验证了该算法的可行性。但是系统中的电网电压和相位均通过估计获得，在系统运行过程中需要大量的运算，同时存在一定程度上的误差。Espi 等在传统的电流差拍控制的基础上，设计了一种电流跟踪算法[5]。该算法在无差拍控制器上并联一个误差累积环节，该方法使得系统的可靠性和快速性得到了很好的折中，实验结果表明：该系统性能良好。Junyent-Ferre 等研究了一种并网同步控制参考电流的计算方法[6]，该方法可以很好地适应不同的电网电压变动，实验结果表明：该方法可以产生一个可靠的并网同步控制参考电流。Khajehoddin 等针对可再生能源的电压型并网逆变器（voltage source converters，VSC），设计了一种基于 *dq* 坐标变换的电流控制方法[7]，其原理是将 *abc* 坐标系上的电压电流变换到 *dq* 旋转坐标系上，并基于 L 和 LCL 滤波器设计解耦控制方法，设计三相电压型并网逆变器的电流同步控制方法。仿真和实验结果表明：该方法具有良好的启动时瞬态响应。Suul 等基于空间向量控制原理研究一种电流滞环控制算法[8]，其原理是利用同步参考坐标系（synchronous reference frame，SRF），设计了电流跟踪同步控制器，该方法具有响应速度快的优点，但是电流滞环控制导致功率开关管开关频率不固定，将给输出滤波器的设计带来一些的困难。

在相位同步控制方面，Rodríguez 等设计了一种相位同步控制方法[9]，其原理是基于广义积分设计一种频率跟踪控制算法，在 *αβ* 静止坐标系上实现相位的同步控制，模拟和实验结果显示：该方法可以很好地适应电网电压不平衡的工作状态。da Silva 等研究了一种基于修正同步参考坐标系（modified synchronous reference frame，MSRF）的锁相环[10]，与传统的同步参考坐标系相比，该方法使用单位向量作为旋转矢量，可应用在基于矢量控制的三相逆变器系统中。研究和实验结果表明：该方法比传统的 PLL 具有更好的瞬态响应性能。Gonzalez-Espin 等设计一种具有相位抖动抑制的相位同步控制方法[11]，该方法的原理是基于自适应同步参考坐标系（adaptive SRF-PLL）对电网扰动进行估计，进而抑制相位抖动，该算法在定点型数字信号处理器（fixed-point DSP）上实现，实验结果显示该控制方法在电网电压受到较大污染的场合也可以正常工作。Freijedo 等基于超前补偿控制方法，利用 PI 控制器研究一种相位同步控制方法，该方法极大地简化了三相并网逆变器的相位同步控制，但是 PI 控制器难以实现零稳态误差系统。总之，目前国内外的科学工作者在并网光伏逆变器的输出电流与公共电网电压同步研究方面取得了一批有价值的成果，但各种同步方法还需要进一步优化。下面主要介绍本书完成的有关同步算法及仿真结果，为了便于读者理解各种同步控制算法，先简要介绍有关的控制理论，如 PID 控制、PR 控制、模糊控制及神经网络控制等。

4.2　光伏并网逆变器的电流滞环同步控制方法及仿真结果

4.2.1　电流滞环同步控制方法

在光伏并网逆变器的电流跟踪同步控制中，滞环控制是一种常见的非线性控制方法，近年来被广泛研究[12]，其控制结构简单、响应速度快，同时易于实现。图 4.1 是滞环电流跟踪同步控制的方框图，对光伏并网逆变器输出电流 i_o 进行采样后作为反馈量，同时对电网电压进行采样，并结合 MPPT 模块所确定的最大功率点电流计算出当前逆变器输出的参考电流 i_{ref}。将 i_o 与参考电流 i_{ref} 进行比较，得到实际输出电流和参考电流的误差信号 e。误差信号 e 作为滞环控制器的输入，最后滞环控制器输出功率开关管的 PWM 控制信号，使光伏并网逆变器输出电流 i_o 跟踪参考电流 i_{ref}。

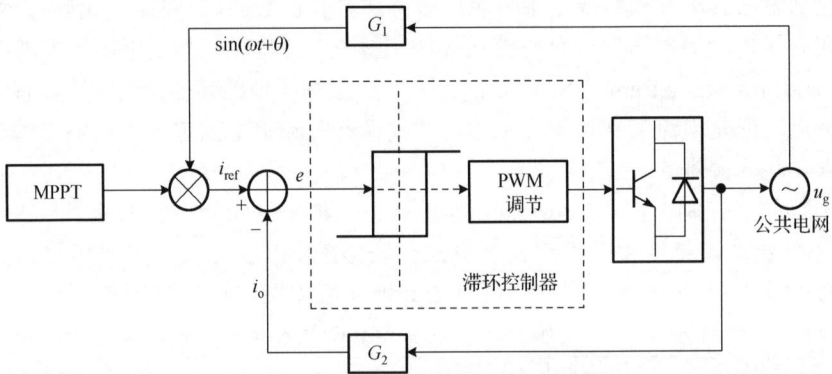

图 4.1　滞环电流跟踪同步控制框图

图 4.2 是滞环电流跟踪控制原理示意图。由图可知，滞环控制器将光伏并网逆变器的输出电流与参考电流的误差限制在一个固定范围内，即 $|i_{ref}-i_o| \leqslant h/2$（$h$ 为滞环宽度）。当光伏并网逆变器工作在第 3 章介绍的模式 1 或模式 3 时，输出电流 i_o 一直增大，当输出电流 i_o 到达滞环上限值后光伏并网逆变器工作在第 3 章介绍的模式 2 或模式 4，输出电流 i_o 开始减小，减小到滞环下限值后又进入模式 1 或模式 3。因此，采用滞环电流跟踪控制方法，逆变器输出具有固定的电流纹波。虽然滞环控制方法具有响应快、稳定性好、结构简单等优点，但是由于光伏并网逆变器输出电流误差的不规则性，导致开关频率具有不固定性，给输出滤波器的设计带来困难[13]。在实际系统中，输出电流误差往往大于滞环宽度，因此，滞环电流跟踪同步控制方法的输出精度较低。

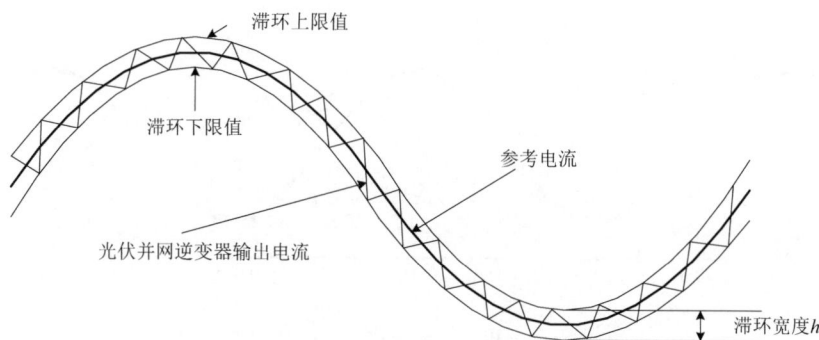

图 4.2　滞环电流同步控制过程示意图

4.2.2　电流滞环同步控制仿真结果

仿真实验时，公共交流电网的参数取为频率为 50Hz、电压有效值为 220V，逆变器输出功率容量为 3kW 左右，开关频率上限为 16kHz，并采用 Powergui 工具对输出信号进行分析。仿真参数取为：输出电感取 2mH，在 MATLAB/Simulink 平台上建立基于电流滞环控制的同步控制方法仿真结果（仿真模型图略）。其中图 4.3 是基于电流滞环控制的同步方法仿真输出电压、电流波形图。图中，电网电压 u_g 有效值是 220V，频率为 50Hz，正弦波参考电流 i_{ref} 峰值是 20A，其频率和相位与电网电压相同。由图可见，光伏并网逆变器输出电流 i_o 跟踪参考电流 i_{ref}，其频率、相位与参考电流 i_{ref} 的频率、相位相等，幅值与 i_{ref} 的幅值基本相等。

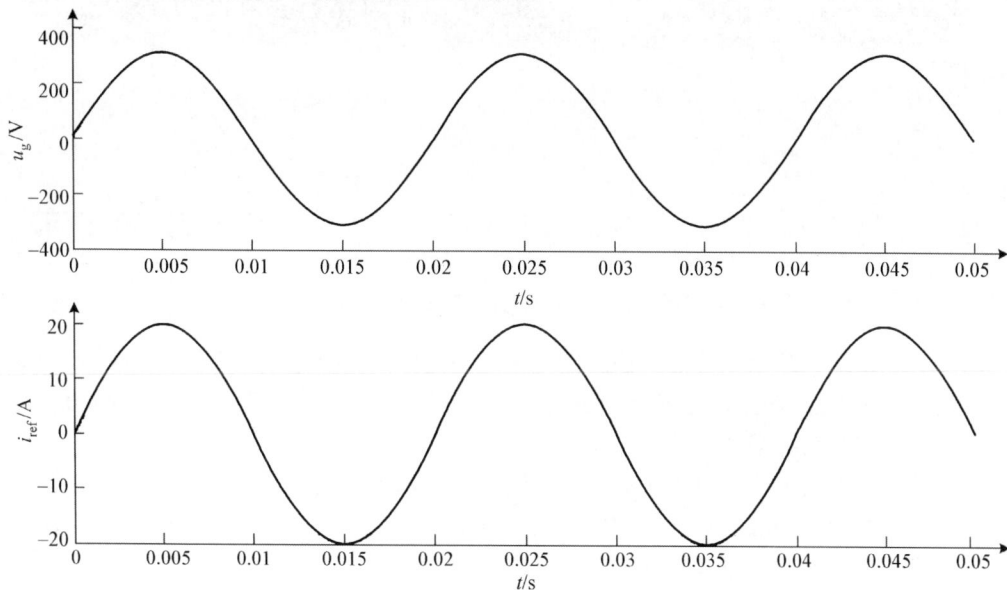

图 4.3　电流滞环同步控制的电压、电流波形图

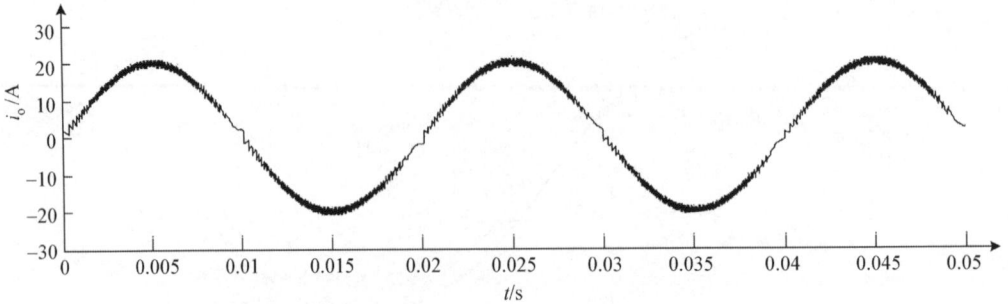

图 4.3　电流滞环同步控制的电压、电流波形图（续）

图 4.4 是采用基于电流滞环控制并网逆变器输出电流的差信号 i_e 的波形图。图中显示，输出电流误差在–2.5～2.5A，误差范围主要落在–1～1A 以内。

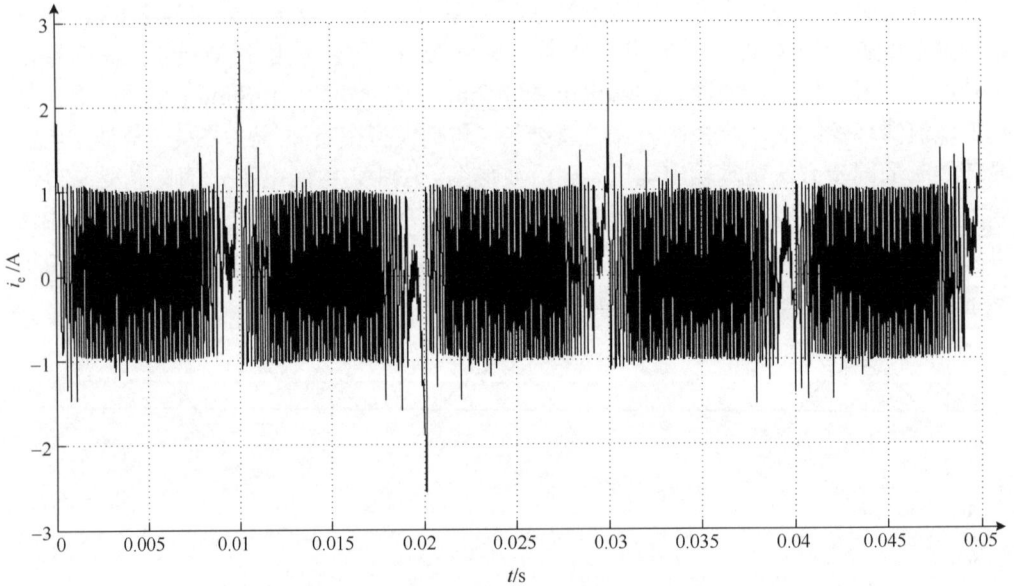

图 4.4　基于电流滞环同步控制的电流输出误差信号

图 4.5 显示了基于电流滞环控制的同步控制方法的电流谐波分布情况，输出电流基波频率为 50Hz，基波成分峰值为 20.04A，其输出总谐波失真度（THD）为 4.02%，可以满足国家并网标准要求（<5%）。

以上仿真结果表明：电流滞环同步控制方法基本上能实现并网逆变器的输出电流和电网电压的同步控制。该同步控制方法的特点是控制结构简单、响应速度快，但并网逆变器的输出电流谐波有些偏大。

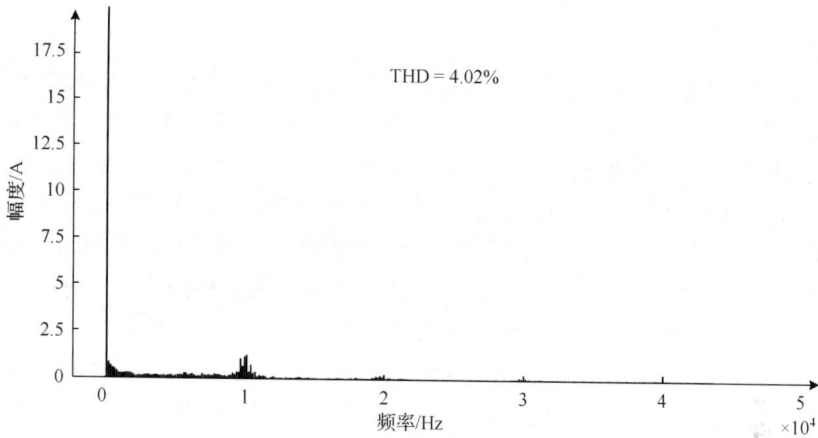

图 4.5　基于电流滞环同步控制的输出电流谐波

4.3　基于 PI 控制器及改进方法的光伏并网逆变器的

同步及仿真结果

　　PI 控制方法问世至今，已经有了七十多年的历史，因其结构简单、稳定性好、工作可靠、调整方便，已经在工程领域得到广泛的应用，是目前最成熟的控制理论和方法。在光伏并网逆变器的电流同步控制中，PI 控制方法得到了广泛的应用。采用 PI 控制方法，可以将开关频率设置成一个固定值，输出电流纹波频率等于开关频率。由于是固定的频率，因此输出滤波器的设计相对容易，但 PI 控制有其固有缺点，就是只有控制系统在产生误差后才进行调节以消除误差，是一种滞后控制。虽然没有稳态误差，但动态过程肯定存在误差。下面首先介绍比例环节和积分环节的特性。

　　1. 比例环节特性

　　比例环节成比例地反映控制系统的偏差信号 $e(t)$，偏差信号 $e(t)$ 产生后，控制器即刻产生控制作用，以减小偏差。比例控制器的增益 K_p 越大，控制作用越强，动态响应越快，消除误差的能力越强。但由于实际系统存在惯性，当控制输出 $u(t)$ 变化后，实际输出 $y(t)$ 值的变化还需滞后一段时间才会发生变化，因此比例作用太强会引起系统不稳定。比例控制器的增益大小确定原则是：首先定量计算，然后根据系统响应情况现场调试最终确定。通常比例控制器的增益由大向小调，达到最快响应又无超调的目标，此时增益 K_p 为最佳控制参数。但仅用比例控制器，系统输出存在稳态误差（steady-state error）。需要特别指出，过大的开环比例系数不仅会使系统的超调量增大，而且会使系统稳定裕度变小，甚至不稳定。

2. 积分环节特性

积分控制器的输出与输入误差信号的积分成正比关系，主要用于消除静差（稳态误差）。积分作用的强弱取决于积分时间常数 T_i，T_i 越大，积分作用越弱，反之则越强。由于比例控制作用只能减少稳态误差，不能消除稳态误差，为了消除稳态误差必须对偏差信号 $e(t)$ 引入积分作用，使输出 $y(t)$ 值改变（增大或减小），直到误差信号为零时，被控的 $y(t)$ 值最后与给定值一致。但由于实际被控系统是有惯性的，控制输出 $u(t)$ 变化后，$y(t)$ 值不会立刻变化，需等待一段时间才发生变化，因此积分的快、慢必须与实际系统的惯性相匹配，惯性大、积分时间常数 T_i 应该取大一些，使积分作用减弱，反之亦然。如果积分作用太强，积分输出变化过快，则会产生积分超调和振荡现象。通常积分控制器的参数 T_i 也是由大往小调，根据系统响应情况，参数 T_i 的确定原则是既能达到快速消除稳态误差，又不引起振荡为最佳。如果采用比例+积分（PI）复合控制器，则可以使系统在进入稳态后无稳态误差，能克服单独使用积分控制消除误差时反应不灵敏的缺点，但积分控制器的加入会影响系统的稳定性，使系统的稳定裕度减小。

使用 PI 控制器，可以用数字或模拟的方法对光伏并网逆变器的输出电压、电流等进行控制。模拟控制时，控制算法由电阻、电容、电感和集成运算放大器等元件来实现。当算法需要改动时，要对硬件电路的电阻、电容、电感和集成运算放大器等元件进行改动，同时，随着运行时间的增加，某些元器件的参数可能会发生变化，系统灵活性和可靠性较差。使用数字方法时，控制算法通过软件编程实现。需要对算法进行改动时，只需修改程序代码，不需对硬件电路进行改动，因此灵活性很高。算法程序一旦固定在微处理器中，算法结构及性能不会发生变化，而且在微处理器中可以方便地实现各种数字滤波算法，使得系统的可靠性大大提高。

4.3.1　基于 PI 控制器的电流同步控制方法及其改进

在光伏并网逆变器的电流跟踪同步控制中，通常对逆变器输出电流 i_o 进行采样作为反馈量。对电网电压进行采样，并结合 MPPT 模块所确定的最大功率点电流计算出当前逆变器输出的参考电流 i_{ref}。将 i_o 与参考电流 i_{ref} 进行比较，得到实际输出电流和参考电流的误差信号 e，误差信号 e 经过 PI 调节后输出控制电压信号 u，该控制电压信号与三角波电压 u_{tri} 进行比较后输出 PWM 信号，驱动开关管工作，最终使光伏并网逆变器输出电流跟踪参考电流。由于参考电流与电网电压同频同相，则光伏并网逆变器输出电流与电网电压同频同相，实现光伏并网发电[14]。基于 PI 控制器的电流跟踪同步控制方法结构图如图 4.6 所示。

由图 4.6 可知，光伏并网逆变器的实际输出电流 i_o 与参考电流 i_{ref} 的误差 e 经过 PI 控制器后产生控制电压信号 u。也就是说控制信号来源是误差信号，因此需要有较大的输出误差 e，系统才会产生明显的调节作用，这导致系统的响应速度较慢，系统稳态误差较大。为此，对这种经典控制结构进行了如下改进。

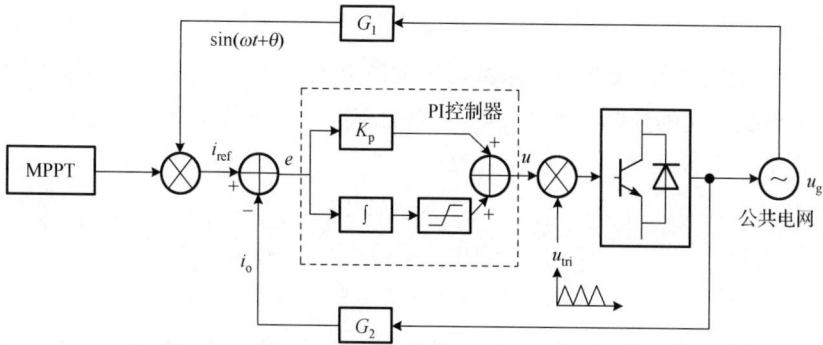

图 4.6　基于 PI 控制器的电流跟踪同步控制方法结构图

由于光伏并网逆变器的控制目的是使其输出电流以公共电网的电压相位和频率注入电网中，控制电压信号 u 与电网电压 u_g 具有很强的关联性，所以电网电压 u_g 可以作为控制电压信号 u 的成分之一，由此得到经改进后的 PI 控制结构如图 4.7 所示。

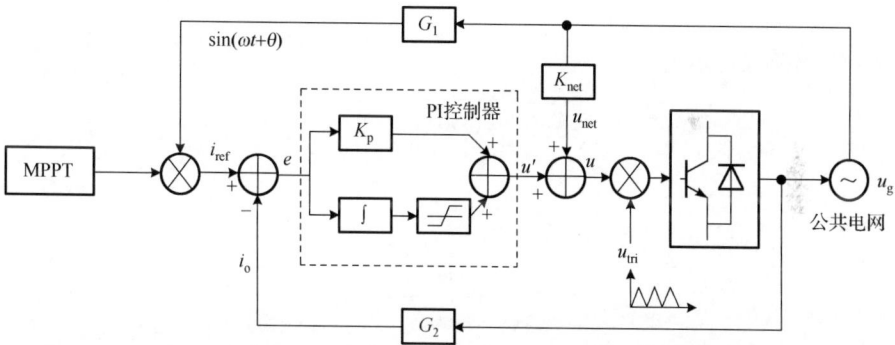

图 4.7　改进的 PI 控制逆变器电流跟踪同步控制方法结构图

由图 4.7 可知，控制电压信号包含 PI 控制器的输出和电网电压的扰动信号两部分。由图可知，在 PI 控制项不存在时，电网扰动信号 u_{net} 仍能使控制电压信号 u 接近正弦波输出。因此，对于控制电压信号 u 的产生，电网电压扰动项 u_{net} 是主要的贡献者，而 PI 控制器作为其中的调节环节，其作用是尽量消除光伏并网逆变器输出电流的稳态误差，使输出电流 i_o 逼近参考电流 i_{ref}。

前述提到，采用数字方法实现的 PI 控制算法，具有灵活性好、可靠性高等优点。在连续域中，对于图 4.7 所示基于改进 PI 控制器的电流跟踪同步控制方法的结构，其控制电压信号输出的表达式为

$$u(t) = K_p e(t) + K_i \int_{\tau=0}^{t} e(\tau) \mathrm{d}\tau + K_{net} u_g(t) \tag{4.1}$$

式中，t 是时间变量；$u(t)$ 表示控制电压信号；$e(t)$ 表示光伏并网逆变器输出电流与参

考电流的误差信号；τ 表示积分变量；K_p 表示比例增益系数；K_i 表示积分增益系数；K_{net} 表示电网电压扰动的测量增益系数。下面给出式（4.1）的数字控制递推算法。

为了实现数字化的控制，将式（4.1）中的变量进行离散化得

$$\begin{cases} t \to k \\ u(t) \to u(k) \\ e(t) \to e(k) \\ u_g(t) \to u_g(k) \end{cases} \tag{4.2}$$

对于积分项，其离散化后表现为累积的形式。离散化的电流误差信号序列 $e(k)(k = 0,1,2\cdots)$ 如图 4.8 所示，图中 T_s 表示采样时间间隔，以时间 t 为横轴，误差信号 $e(t)$ 为纵轴，对于 $(k-1),(k)$ 用直线将两个误差值对应的坐标点连接，$S(k)$ 表示误差值大小的竖直线段及横坐标所包围的面积。当 T_s 足够小时，可以认为在两个采样点 $(k-1,k)$ 间，连续误差信号 $e(t)$ 的积分与 $S(k)$ 相等，$S(k)$ 的值为

$$S(k) = \frac{e(k-1) + e(k)}{2} \cdot T_s \tag{4.3}$$

则积分项的离散表达示为

$$\left[K_i \int_{\tau=0}^{t} e(\tau)\mathrm{d}\tau \right]_D$$

$$= K_i \sum_{n=1}^{k} S(n)$$

$$= K_i \sum_{n=1}^{k} \frac{e(n-1) + e(n)}{2} \cdot T_s$$

$$= \frac{K_i \cdot T_s}{2} \sum_{n=1}^{k} [e(n-1) + e(n)] \tag{4.4}$$

取 $K_i' = \dfrac{K_i \cdot T_s}{2}$ 作为离散形式的积分增益系数，则积分项为 $K_i' \sum\limits_{n=1}^{k} [e(n-1) + e(n)]$。

比例项的离散形式为

$$[K_p e(t)]_D = K_p e(k) \tag{4.5}$$

由式（4.3）、式（4.4）和式（4.5）得改进 PI 控制器输出的控制电压信号离散形式为

$$u(k) = K_p e(k) + K_i' \sum_{n=1}^{k} [e(n-1) + e(n)] + u_{net}(k) \tag{4.6}$$

由式（4.6）可知，使用数字方法实现光伏并网逆变器的电流跟踪同步控制，其实现方法是先通过采样输出电流 $i_o(k)$ 和电网扰动信号 $u_{net}(k)$，将 $i_o(k)$ 与参考电流 $i_{ref}(k)$

比较，得到误差值 $e(k)$，然后对 $e(k)$ 进行累积和，最后计算控制电压信号。在数字信号处理器内递推计算方法如下：

$$\begin{cases} e(k) = i_{\mathrm{o}}(k) - i_{\mathrm{o}}(k-1) \\ E_{\mathrm{sum}}(k) = E_{\mathrm{sum}}(k-1) + e(k) \\ u(k) = K_{\mathrm{p}}e(k) + K_{\mathrm{i}}'E_{\mathrm{sum}}(k) + u_{\mathrm{net}}(k) \end{cases} \tag{4.7}$$

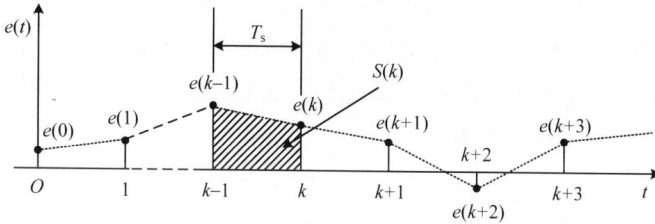

图 4.8　误差信号序列示意图

4.3.2　基于改进 PI 控制器的电流同步控制方法的控制结果

利用 MATLAB/Simulink 平台，建立基于 PI 控制的同步控制方法仿真模型（仿真图略）。公共电网的参数为 50Hz、220V 的交流电，逆变器输出功率容量为 3kW 左右，开关频率为固定值 16kHz，同样采用 Powergui 工具对输出电流信号进行分析。仿真时 PI 控制中输出电感取 2mH。

图 4.9 是采用基于 PI 控制的同步控制方法的光伏并网逆变器输出电压、电流波形图，图中电网电压 u_{g} 设置：有效值为 220V，频率为 50Hz。参考电流 i_{ref} 为峰值是 20A、频率和相位与电网电压相同的正弦波信号。图中显示，光伏并网逆变器输出电流 i_{o} 跟踪参考电流 i_{ref}，其频率、相位与参考电流 i_{ref} 的频率、相位相等，幅值与 i_{ref} 的幅值几乎一样，光伏并网逆变器实现同步输出。

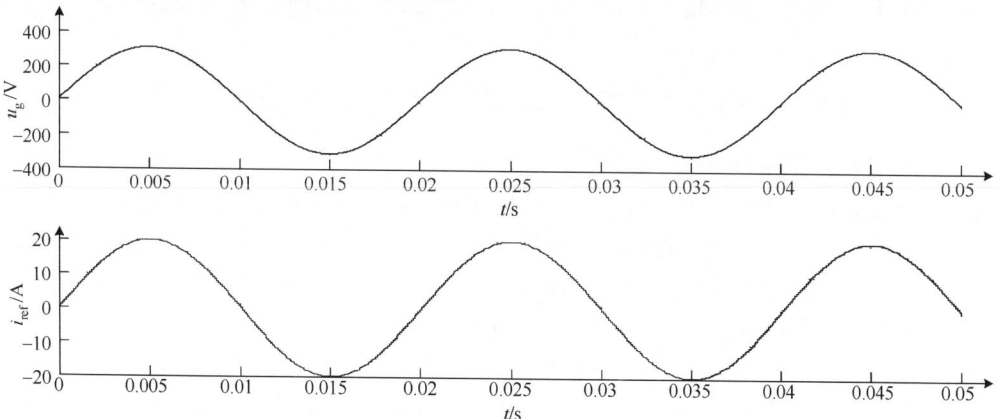

图 4.9　采用基于改进 PI 同步控制方法的光伏并网逆变器输出电压、电流波形图

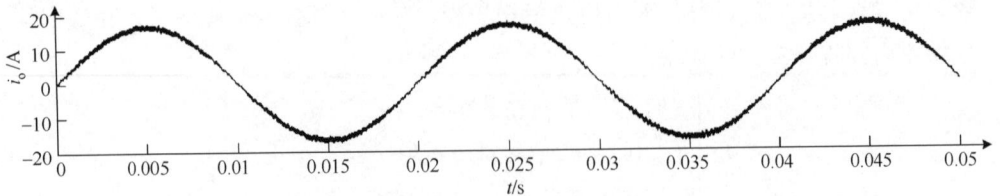

图 4.9　采用基于改进 PI 同步控制方法的光伏并网逆变器输出电压、电流波形图（续）

图 4.10 是采用基于 PI 控制的同步控制方法的光伏并网逆变器输出电流谐波分布图,输出电流基波频率为 50Hz,基波成分峰值为 16.7A,其输出总谐波失真度为 2.81%,可以满足国家并网标准要求（<5%）。

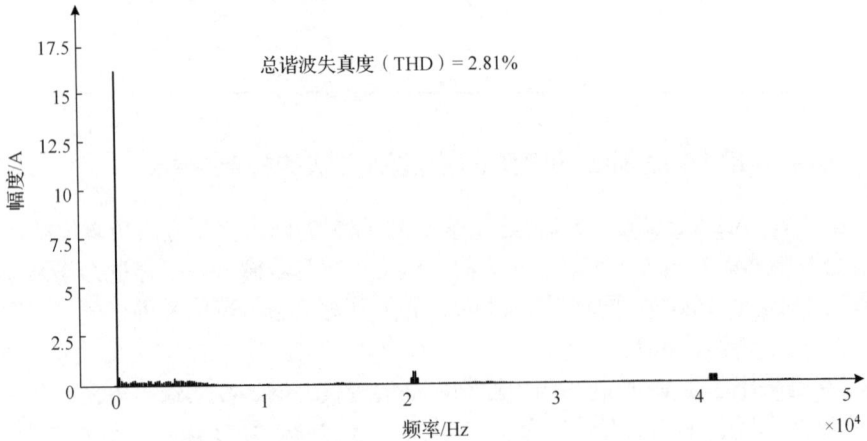

图 4.10　采用基于改进 PI 同步控制方法的光伏并网逆变器输出电流谐波分布图

4.4　基于预测控制的光伏并网电流跟踪同步改进算法

4.4.1　单相光伏并网逆变器输出回路方程建立及其离散化

对于光伏并网发电系统,光伏并网逆变器输出端跟公共电网相连,控制过程中所需要的参数如电网电压幅值、频率、相位等是通过对电网输出信号的采集获得的,当电网没有输出电压的时候,按照并网标准,逆变器不应工作,因此光伏并网逆变器是一种有源逆变器,公共电网就是其有源负载。光伏并网逆变器的输出电流质量是一个重要的参数,其输出电流应是一个与电网电压幅值、频率、相位同步的正弦波信号。光伏并网逆变器并网运行的简化电路如图 4.11 所示。图中,u_{inv} 为逆变器输出电压,u_g 为公共电网电压,R_L 为线路等效电阻,L 为串联的耦合电感,i_o 为逆变器注入电网的电流。

实际系统中，线路等效电阻 R_L 通常很小，为方便分析，假设线路损耗可以忽略，则光伏并网逆变器输出电压、电流信号矢量关系如图 4.12 所示。由于耦合电感 L 的存在，光伏并网逆变器的输出电压 u_{inv} 与电网电压 u_g 存在相位差 α，系统控制的结果应使其输出的电流 i_o 与电网电压 u_g 相位相同，幅度由电感 L 两端电压 u_L 决定。

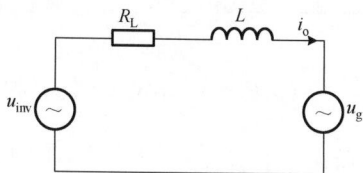

图 4.11　光伏并网逆变器并网运行简化电路　　图 4.12　光伏并网逆变器输出电压、电流信号矢量关系图

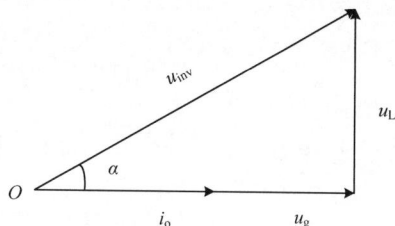

光伏并网逆变器电流跟踪同步控制的关键是通过采样逆变器的输出电流、电压以及公共电网电压进行反馈控制，使逆变器输出电流 i_o 的相位和频率与电网电压 u_g 的相位和频率同步，以达到并网同步输出的目的。

由图 4.11 光伏并网逆变器的简化模型可知，输出电流 $i_o(t)$ 实际上是输出电感的电流，其大小主要由逆变器输出电压 $u_{inv}(t)$ 和公共电网电压 $u_g(t)$ 决定。根据电路理论，对单相光伏并网逆变器的输出回路可建立如下微分方程：

$$L\frac{\mathrm{d}i_o(t)}{\mathrm{d}t}+R_L\cdot i_o(t)+u_g(t)-u_{inv}(t)=0 \tag{4.8}$$

式中，L 为输出电感；R_L 为线路等效电阻。解式（4.8）微分方程，得

$$i_o(t)=i_o(t_0)\cdot \mathrm{e}^{\frac{-R_L}{L}(t-t_0)}+\frac{1}{L}\int_{t_0}^{t}\mathrm{e}^{\frac{R_L}{L}(t-\tau)}\cdot[u_{inv}(\tau)-u_g(\tau)]\mathrm{d}\tau \tag{4.9}$$

对式（4.9）进行离散化，可假设采样周期为 T_s，令 $t=(k+1)T_s$，$t_0=kT_s$，$i_o(k)=i_o(kT_s)$，得

$$i_o(k+1)=i_o(k)\cdot \mathrm{e}^{\frac{-R_L}{L}T_s}+\frac{1}{L}\int_{kT_s}^{(k+1)T_s}\mathrm{e}^{-\frac{R_L}{L}[(k+1)T_s-\tau]}\cdot[u_{inv}(\tau)-u_g(\tau)]\mathrm{d}\tau \tag{4.10}$$

在一个开关周期 T_s 内，$u_{inv}(t)$ 的值由直流侧电压和 PWM 脉冲宽度决定，由于直流电压是恒定值，而在一个开关周期内 PWM 脉冲宽度已经确定，因此可认为 $u_{inv}(t)$ 在一个开关周期 T_s 内是恒定值，有

$$\int_{kT_s}^{(k+1)T_s}u_{inv}(\tau)\mathrm{d}\tau=u_{inv}(k)\cdot T_s \tag{4.11}$$

由于光伏并网逆变器功率开关管的开关频率（$\geqslant$10kHz）远高于公共电网的频率

（50/60Hz），因此在一个开关周期 T_s 内可以认为电网电压是线性变化的，即在 $[kT_s,(k+1)T_s]$ 时间内公共电网电压的平均值为

$$\overline{u_g}(k)=\frac{u_g(k)+u_g(k+1)}{2} \tag{4.12}$$

所以有

$$\int_{kT_s}^{(k+1)T_s}u_g(\tau)\mathrm{d}\tau=\overline{u_g}(k)\cdot T_s=\frac{u_g(k)+u_g(k+1)}{2}\cdot T_s \tag{4.13}$$

由于 $R_L\ll L$，即 $\mathrm{e}^{-\frac{R_L}{L}[(k+1)T_s-\tau]}\approx1$，将式（4.11）、式（4.13）代入式（4.10）得

$$i_o(k+1)=i_o(k)\cdot\mathrm{e}^{\frac{-R_L}{L}T_s}+\frac{T_s}{L}\cdot[u_{inv}(k)-\overline{u_g}(k)] \tag{4.14}$$

实际系统中线路及电感等效电阻 R_L 通常被设计成很小，其值接近 0，因此 $\mathrm{e}^{\frac{-R_L}{L}T_s}\approx1$，式（4.14）可表示为

$$i_o(k+1)=i_o(k)+\frac{T_s}{L}\cdot[u_{inv}(k)-\overline{u_g}(k)] \tag{4.15}$$

为了便于设计，理想的模型通常假定采样、计算及控制信号转换是在一个时间点 kT 完成。然而实际系统中，采样、计算及控制信号转换需要一定的时间 T_d，为了研究真实系统的性质，这里讨论考虑时间 T_d 的情况。一般地，$T_d<T_s$。理想情况下在 kT_s 时刻的采样变成实际系统中在 (kT_s-T_d) 处的采样，令 $i_{od}(t)=i_o(t-T_d)$，$u_{gd}(t)=u_g(t-T_d)$，式（4.9）变为

$$i_{od}(t)=i_o(t_0)\cdot\mathrm{e}^{\frac{-R_L}{L}(t-T_d-t_0)}+\frac{1}{L}\int_{t_0}^{t-T_d}\mathrm{e}^{\frac{R_L}{L}(t-T_d-\tau)}\cdot[u_{inv}(\tau)-u_g(\tau)]\mathrm{d}\tau \tag{4.16}$$

令 $t=(k+1)T_s$，$t_0=kT_s-T_d$，$i_{od}(k)=i_{od}(kT_s)$，$\dfrac{R_L}{L}\approx0$，得式（4.16）的离散形式为

$$
\begin{aligned}
&i_{od}(k+1)\\
&=i_{od}(k)+\frac{1}{L}\int_{kT_s-T_d}^{(k+1)T_s-T_d}[u_{inv}(\tau)-u_g(\tau)]\mathrm{d}\tau\\
&=i_{od}(k)+\frac{1}{L}\int_{kT_s-T_d}^{(k+1)T_s-T_d}u_{inv}(\tau)\mathrm{d}\tau-\frac{1}{L}\int_{kT_s-T_d}^{(k+1)T_s-T_d}u_g(\tau)\mathrm{d}\tau\\
&=i_{od}(k)+\frac{1}{L}\int_{kT_s-T_d}^{(k+1)T_s-T_d}u_{inv}(\tau)\mathrm{d}\tau-\frac{1}{L}\int_{kT_s-T_d}^{(k+1)T_s-T_d}u_g(\tau)\mathrm{d}\tau\\
&=i_{od}(k)+\frac{1}{L}\int_{kT_s-T_d}^{kT_s}u_{inv}(\tau)\mathrm{d}t+\frac{1}{L}\int_{kT_s}^{(k+1)T_s-T_d}u_{inv}(\tau)\mathrm{d}\tau-\frac{1}{L}\int_{kT_s}^{(k+1)T_s}u_{gd}(\tau)\mathrm{d}\tau\\
&=i_{od}(k)+\frac{1}{L}[T_d\cdot u_{inv}(k-1)+(T_s-T_d)\cdot u_{inv}(k)]-\frac{1}{L}\cdot T_s\cdot\overline{u_{gd}}(k)\\
&=i_{od}(k)+\frac{T_s}{L}\left[\frac{T_d}{T_s}\cdot u_{inv}(k-1)+\left(1-\frac{T_d}{T_s}\right)\cdot u_{inv}(k)-\overline{u_{gd}}(k)\right]
\end{aligned}
\tag{4.17}
$$

令 $\mu = \dfrac{T_d}{T_s}$，则式（4.17）表示为

$$i_{od}(k+1) = i_{od}(k) + \frac{T_s}{L}[\mu \cdot u_{inv}(k-1) + (1-\mu) \cdot u_{inv}(k) - \overline{u_{gd}}(k)] \qquad (4.18)$$

式中，$0 < \mu < 1$。

4.4.2　控制算法设计及其改进

基于数字信号处理器设计控制算法，常规的电流跟踪预测控制方法通常需要两个开关周期来完成控制[15]，其原理是利用前一个开关周期的采样值对下一个周期的电网电压及输出电流进行前向预测。由前述光伏并网逆变器的数学模型可知，u_{inv} 作为控制变量，i_o 作为系统输出。假定开关频率为固定值，则 T_s 为常量。由式（4.15）得

$$u_{inv}(k) = \frac{L}{T_s}[i_o(k+1) - i_o(k)] + \overline{u_g}(k) \qquad (4.19)$$

为了使 $(k+1)T_s$ 时刻的输出电流 $i_o(k+1)$ 等于参考电流 $i_{ref}(k+1)$，算法需要在 $(k+1)T_s$ 时刻之前进行控制，即 $[kT_s, (k+1)T_s]$ 时间间隔内光伏并网逆变器的输出电压 $u_{inv}(k)$ 需要在 kT_s 时刻计算出来，并在 $[kT_s, (k+1)T_s]$ 时间内输出 $u_{inv}(k)$。由于采样后的计算、控制信号转换等操作需要一定的时间 T_d，因此该操作在 $[(k-1)T_s, kT_s]$ 时间内进行。如图 4.13 所示，这意味着此时的 $i_o(k)$、$u_g(k)$、$u_g(k+1)$、$\overline{u_g}(k)$ 均为未知数，这些信号需要控制器进行预测，以便计算出控制变量 $u_{inv}(k)$，并在 kT_s 时刻进行控制。

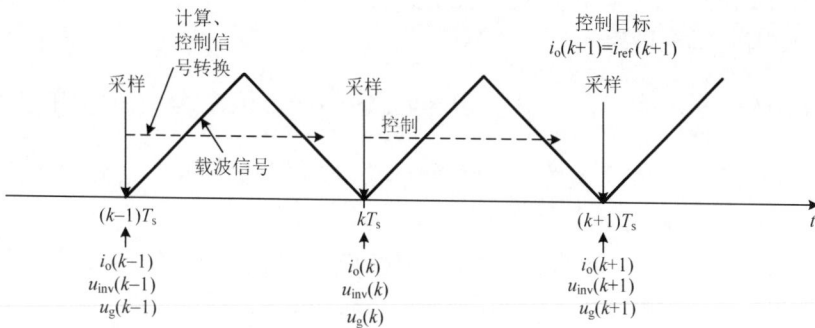

图 4.13　常规的电流跟踪预测控制方法采样及计算示意图

如前所述，由于光伏并网逆变器的功率管开关频率（≥10kHz）远远高于公共电网交流电频率（50/60Hz），因此在一个开关周期内可以认为电网电压是线性变化的，并可以假设电网电压在 $[(k-1)T_s, kT_s]$ 时间间隔内的变化量与 $[kT_s, (k+1)T_s]$ 时间间隔内的变化量相等，则可以建立以下差分方程：

$$u_g(k) - u_g(k-1) = u_g(k-1) - u_g(k-2) \tag{4.20}$$

$$u_g(k+1) - u_g(k) = u_g(k) - u_g(k-1) \tag{4.21}$$

$$u_g(k) = u_g(k-1) + [u_g(k) - u_g(k-1)] \tag{4.22}$$

$$u_g(k+1) = u_g(k) + [u_g(k+1) - u_g(k)] \tag{4.23}$$

$$\overline{u_g}(k) = \frac{u_g(k) + u_g(k+1)}{2} \tag{4.24}$$

整理式（4.20）～式（4.24）得

$$\overline{u_g}(k) = \frac{5u_g(k-1) + 3u_g(k-2)}{2} \tag{4.25}$$

由式（4.25）可知，未知量 $\overline{u_g}(k)$ 可以通过历史数据 $u_g(k-1)$ 和 $u_g(k-2)$ 进行前向预测得来。同理，未知量 $i_o(k)$ 可以通过 $i_o(k-1)$、$u_g(k-1)$ 和 $u_g(k-2)$ 计算得来，其方法是已知量 $i_o(k-1)$ 加上一个增量 $\Delta i_o(k-1,k)$ 即可得到 $i_o(k)$。推算过程如下：

$$i_o(k) = i_o(k-1) + \Delta i_o(k-1,k) \tag{4.26}$$

$$u_{inv}(k-1) = \frac{L}{T_s}\Delta i_o(k-1,k) + \overline{u_g}(k-1) \tag{4.27}$$

$$\overline{u_g}(k-1) = \frac{u_g(k-1) + u_g(k)}{2} \tag{4.28}$$

联立式（4.19）、式（4.20）、式（4.22）、式（4.26）～式（4.28），得光伏并网逆变器需要控制输出的电压为

$$u_{inv}(k) = \frac{11}{2}u_g(k-1) - \frac{5}{2}u_g(k-2) - 2u_{inv}(k-1) + \frac{L}{T_s}[i_o(k+1) - i_o(k-1)] \tag{4.29}$$

式中，令 $i_o(k+1) = i_{ref}(k+1)$，则光伏并网逆变器在 kT_s 时刻输出电压 $u_{inv}(k)$，使时间点 $(k+1)T_s$ 输出的电流 $i_o(k+1)$ 等于参考电流 $i_{ref}(k+1)$。

由上述推导可知，由于计算、控制信号转换需要一定的时间 T_d，因此常规的光伏并网逆变器电流跟踪预测控制方法需用两个开关周期来完成控制。以下讨论一种改进的电流跟踪预测控制方法，目标是在一个开关周期完成控制，并消除采样、计算、控制信号转换时间延迟 T_d 的影响。

图 4.14 是改进的电流跟踪同步控制方法采样及控制示意图，与常规方法不同的是，在 kT_s 时刻采样点之前增加一个采样点 $(kT_s - T_d)$。

设在 $(kT_s - T_d)$ 时刻采样得到的光伏并网逆变器输出电流为 $i_{od}(k)$，电网电压为 $u_{gd}(k)$。由式（4.18）得

$$u_{inv}(k) = \frac{L}{(1-\mu) \cdot T_s}[i_{od}(k+1) - i_{od}(k)] + \frac{\overline{u_{gd}}(k)}{1-\mu} - \frac{\mu}{1-\mu} \cdot u_{inv}(k-1) \qquad （4.30）$$

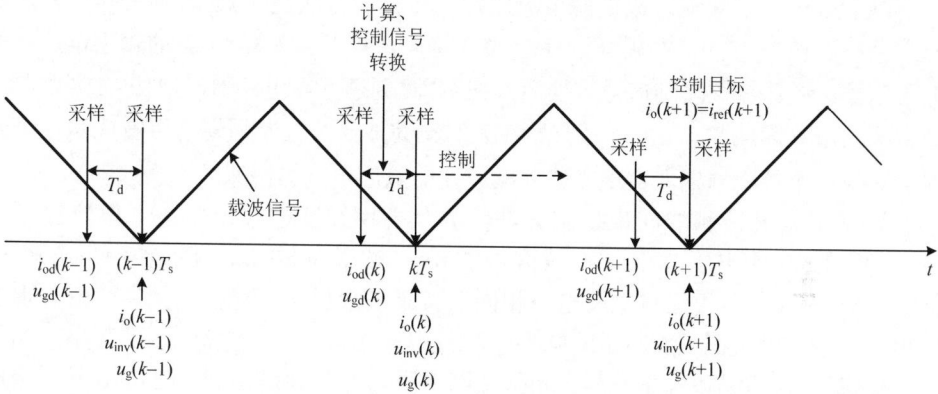

图 4.14　改进的电流跟踪同步控制方法采样及控制示意图

假设从采样点 $(kT_s - T_d)$ 到采样点 kT_s，输出电流的变化量为 $\Delta i_{od}(k)$，电网电压的变化量为 $\Delta u_{gd}(k)$，由于时间延迟 T_d 很小，通常远小于开关周期 T_s，电网电压和逆变器输出电流频率（正弦波 50/60Hz）远低于功率开关管的开关频率（≥10kHz），因此可以认为：在一个开关周期内是线性变化的，相邻两个开关周期的变化量相等，即

$$\begin{cases} \Delta i_{od}(k) = \Delta i_{od}(k-1) \\ \Delta u_{gd}(k) = \Delta u_{gd}(k-1) \\ u_g(k+1) - u_g(k) = u_g(k) - u_g(k-1) \end{cases} \qquad （4.31）$$

相当于在 $(kT_s - T_d)$ 时刻可以得到 kT_s 时刻的采样值：

$$\begin{cases} i_o(k) = i_{od}(k) + \Delta i_{od}(k) = i_{od}(k) + \Delta i_{od}(k-1) \\ u_g(k) = u_{gd}(k) + \Delta u_{gd}(k) = u_{gd}(k) + \Delta u_{gd}(k-1) \end{cases} \qquad （4.32）$$

此时，T_d 等效为不存在，即 $\mu = \dfrac{T_d}{T_s} = 0$，式（4.30）变为

$$u_{inv}(k) = \frac{L}{T_s}[i_o(k+1) - i_o(k)] + \overline{u_g}(k) \qquad （4.33）$$

令 $i_{ref}(k+1) = i_o(k+1)$，得

$$u_{inv}(k) = \frac{L}{T_s}\big[i_{ref}(k+1) - i_o(k)\big] + \overline{u_g}(k) \qquad （4.34）$$

式中，$\overline{u_g}(k) = \dfrac{3u_g(k) - u_g(k-1)}{2}$；$u_{inv}(k)$ 为 kT_s 时刻之后光伏并网逆变器需要输出的电压值；$i_{ref}(k+1)$ 为 $(k+1)T_s$ 时刻的期望输出电流。

由以上讨论可以知道，改进的电流跟踪同步控制方法是在 kT_s 时刻采样点之前增加一个采样点 $(kT_s - T_d)$，在采样点 $(kT_s - T_d)$ 可以计算得到采样点 kT_s 的输出电流和电网电压信号，经计算、控制信号转换后，在 kT_s 时刻进行输出控制，到 $(k+1)T_s$ 时刻，控制目标达成。因此从 $(kT_s - T_d)$ 到 $(k+1)T_s$ 时刻完成一个控制周期，可看成是单个开关周期对应一个控制周期，实现光伏并网逆变器输出电流的快速同步跟踪。

采用基于电流预测的同步控制方法的光伏并网逆变器输出电压、电流波形如图 4.15 所示，电网电压 u_g 设置有效值为 220V，频率为 50Hz。正弦波参考电流 i_{ref} 峰值是 20A，频率和相位与电网电压相同。实验波形显示，光伏并网逆变器实现了输出电流 i_o 对参考电流 i_{ref} 的跟踪同步，其频率、相位与参考电流 i_{ref} 的频率、相位相等，幅值与 i_{ref} 的幅值几乎一样，光伏并网逆变器实现并网控制。图 4.16 是采用电流预测控制的光伏并网逆变器输出电流谐波分布图，输出电流基波频率为 50Hz，基波成分峰值为 20.02A，其输出总谐波失真度为 1.12%，可以满足国家并网标准（<5%）要求。

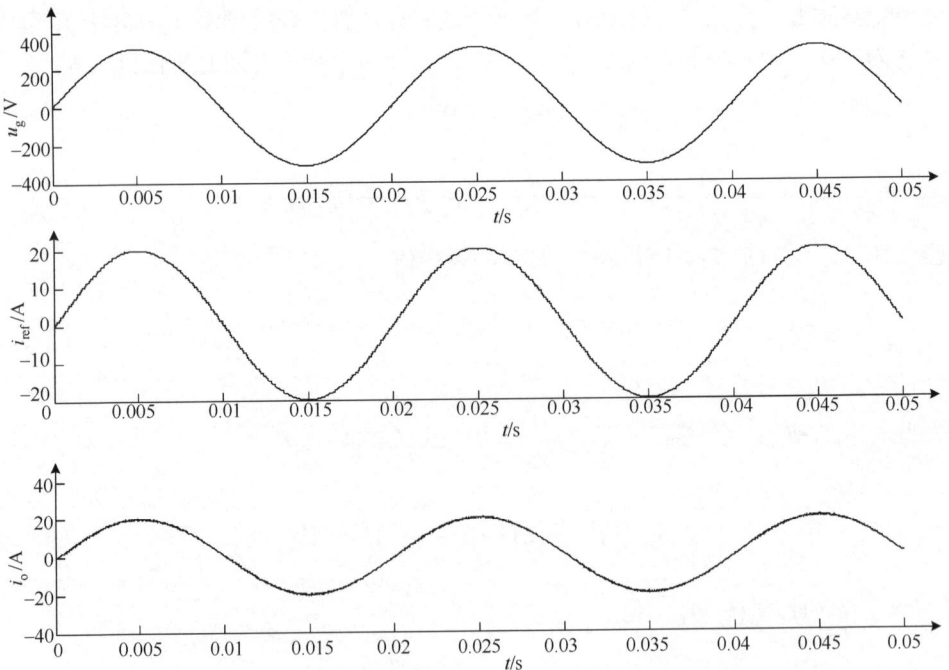

图 4.15　基于电流预测控制的同步控制方法输出电压、电流波形图

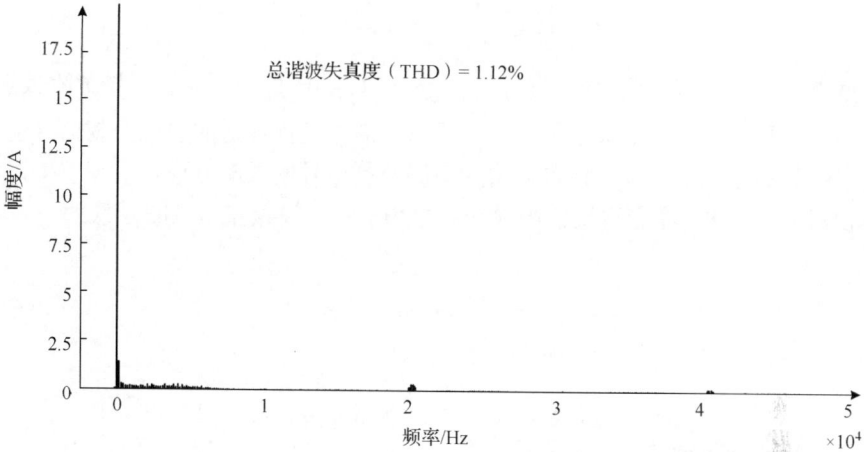

图 4.16　采用电流预测控制的光伏并网逆变器输出电流谐波分布图

4.5　基于滤波反步法的单相光伏并网逆变器控制系统

4.5.1　基于传统反步法的单相光伏并网逆变器控制系统

近来，有部分学者对反步法用于光伏并网逆变器控制进行了研究[16,17]，对于数学模型相对简单的 L 型滤波，反步法简单易于实现，但对于 LCL 型滤波，其数学模型较为复杂，反步法求解过程中有反复的求导过程。下面介绍基于 LCL 滤波的反步法设计过程。

首先定义误差如下：

$$\begin{cases} e_1 = x_1 - \alpha_1 \\ e_2 = x_2 - \alpha_2 \\ e_3 = x_3 - \alpha_3 \end{cases} \tag{4.35}$$

式中，α_1、α_2、α_3 为虚拟控制信号，令 α_1 满足：

$$\alpha_1 = i_{ref} \tag{4.36}$$

式中，i_{ref} 为 x_1 的参考信号，即输出电流 i_g 的参考信号，i_{ref} 是与电网电压 u_g 同频、同相的正弦波，其幅值为 MPPT 获取最大功率点时对应电流大小。当 e_1 趋于零时，达到逆变器输出电流 i_g 与电网电压 u_g 同频、同相的目的。为使得 e_1、e_2、e_3 收敛于零，定义李雅普诺夫函数 V_1 为

$$V_1 = \frac{1}{2}e_1^2 + \frac{1}{2}e_2^2 + \frac{1}{2}e_3^2 \tag{4.37}$$

对式（4.37）两边求导，则李雅普诺夫函数 V_1 的导数为

$$\dot{V}_1 = e_1\dot{e}_1 + e_2\dot{e}_2 + e_3\dot{e}_3 \tag{4.38}$$

根据李雅普诺夫第二稳定性定理，当 $V_1>0$，$\dot{V}_1<0$ 时，e_1、e_2、e_3 指数收敛于零。由于定义的李雅普诺夫函数大于零成立，所以只需要设置合适的虚拟控制信号使得李雅普诺夫函数的导数小于零，便可以得到最终控制信号的求解方程。

为使得式（4.38）李雅普诺夫函数的导数小于零，设误差信号的导数为

$$\begin{cases} \dot{e}_1 = -k_1 e_1 + A e_2 \\ \dot{e}_2 = -k_2 e_2 - A e_1 + B e_3 \\ \dot{e}_3 = -k_3 e_3 - B e_3 \end{cases} \tag{4.39}$$

式中，k_1、k_2、k_3 为大于零的常数；A、B 为系统常系数。将式（4.39）中误差 e_1、e_2、e_3 导数的表达式代入到式（4.38）得

$$\begin{aligned} \dot{V}_1 &= e_1\dot{e}_1 + e_2\dot{e}_2 + e_3\dot{e}_3 \\ &= e_1(-k_1 e_1 + A e_2) + e_2(-k_2 e_2 - A e_1 + B e_3) + e_3(-k_3 e_3 - B e_2) \\ &= -k_1 e_1^2 - k_2 e_2^2 - k_3 e_3^2 \end{aligned} \tag{4.40}$$

由式（4.40）可以看出李雅普诺夫函数的导数小于零成立，因此在式（4.39）条件下，e_1、e_2、e_3 指数收敛于零。下面根据式（4.39）计算虚拟控制信号和输出控制信号的求解表达式。

对式（4.35）中误差 e_1、e_2、e_3 求导得

$$\begin{cases} \dot{e}_1 = \dot{x}_1 - \dot{\alpha}_1 \\ \dot{e}_2 = \dot{x}_2 - \dot{\alpha}_2 \\ \dot{e}_3 = \dot{x}_3 - \dot{\alpha}_3 \end{cases} \tag{4.41}$$

令 $f_1 = -R_g x_1 / L_g - V_g / L_g$，$f_2 = -x_1 / C_f$，$f_3 = -R_f x_3 / L_f - x_2 / L_f$，单相光伏并网逆变器电路数学模型[18]可简写为

$$\begin{cases} \dot{x}_1 = A x_2 + f_1 \\ \dot{x}_2 = B x_3 + f_2 \\ \dot{x}_3 = C u + f_3 \end{cases} \tag{4.42}$$

式中，u 为控制信号。将式（4.42）代入到式（4.41）中得

$$\begin{cases} \dot{e}_1 = A x_2 + f_1 - \dot{\alpha}_1 \\ \dot{e}_2 = B x_3 + f_2 - \dot{\alpha}_2 \\ \dot{e}_3 = C u + f_3 - \dot{\alpha}_3 \end{cases} \tag{4.43}$$

比较式（4.39）和式（4.43），得到虚拟控制信号求解方程为

$$\begin{cases} \alpha_1 = i_{\text{ref}} \\ \alpha_2 = \dfrac{1}{A}(-k_1 e_1 + \dot{\alpha}_1 - f_1) \\ \alpha_3 = \dfrac{1}{B}(-k_2 e_2 + \dot{\alpha}_2 - f_2 - A e_1) \end{cases} \tag{4.44}$$

输出控制信号求解方程为

$$u = \frac{1}{C}(-k_3 e_3 + \dot{\alpha}_3 - f_3 - B e_2) \tag{4.45}$$

根据式（4.45）得出的控制信号，再经过控制器处理便可以得到 SPWM 波，实现并网电流与电网电压同步的目的。由式（4.44）和式（4.45）可以看出，要得到输出控制信号 u，需对虚拟控制信号逐步求导得到 $\dot{\alpha}_1$、$\dot{\alpha}_2$ 和 $\dot{\alpha}_3$ 的值，这样不仅会导致计算烦琐，而且会加大信号高频噪声的影响。为避免直接对虚拟控制信号 α_i（i=1, 2, 3）求导，本书采用滤波方式得到虚拟控制信号的导数值。

4.5.2　滤波反步法设计

定义如下二阶低通滤波器[19]：

$$\begin{bmatrix} \dot{\alpha}_{ic} \\ \ddot{\alpha}_{ic} \end{bmatrix} = \begin{bmatrix} 0 & 1 \\ -\omega_n^2 & -2\zeta\omega_n \end{bmatrix} \begin{bmatrix} \alpha_{ic} \\ \dot{\alpha}_{ic} \end{bmatrix} + \begin{bmatrix} 0 \\ \omega_n^2 \end{bmatrix} \alpha_i \tag{4.46}$$

式中，$\zeta(0 < \zeta \leqslant 1)$ 和 ω_n 分别为滤波器的阻尼比和自然频率。为方便分析，将式（4.46）二阶低通滤波器用结构框图表示，如图 4.17 所示。

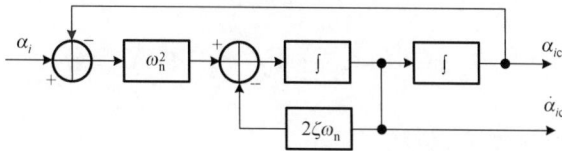

图 4.17　二阶低通滤波器结构

由图 4.17 可得输入 α_i 到输出 α_{ic} 的传递函数为

$$H(s) = \frac{\omega_n^2}{s^2 + 2\zeta\omega_n s + \omega_n^2} \tag{4.47}$$

图 4.17 的二阶滤波器可以输出滤波后信号 α_{ic} 及其导数 $\dot{\alpha}_{ic}$，而 $\dot{\alpha}_{ic}$ 是通过积分得到的。从式（4.47）可以看出，只要输入 α_i 的频率范围远小于 ω_n，那么输入 α_i 几乎可以无衰减通过滤波器，因此误差 $|\alpha_{ic} - \alpha_i|$ 可以很小，这样就将求导过程转化为积分过程，大幅减少了测量噪声的影响。但若 ω_n 选取过大则会加大光伏并网系统高频噪声的影响，因此 ω_n 需要根据 α_i 的频率范围选取一个合适的值。下面介绍滤波反步法的设计过程[20]。

由于加入了二阶低通滤波器，需重新定义误差：

$$\begin{cases} \tilde{e}_1 = x_1 - \alpha_{1c} \\ \tilde{e}_2 = x_2 - \alpha_{2c} \\ \tilde{e}_3 = x_3 - \alpha_{3c} \end{cases} \tag{4.48}$$

同时定义补偿误差：

$$\begin{cases} v_1 = \tilde{e}_1 - \xi_1 \\ v_2 = \tilde{e}_2 - \xi_2 \\ v_3 = \tilde{e}_3 \end{cases} \tag{4.49}$$

式中

$$\dot{\xi}_1 = -k_1\xi_1 + A(\alpha_{2c} - \alpha_2) + A\xi_2 \tag{4.50}$$

$$\dot{\xi}_2 = -k_2\xi_2 + B(\alpha_{3c} - \alpha_3) \tag{4.51}$$

且 $\xi_1(0) = 0$，$\xi_2(0) = 0$。

反步法中将虚拟控制信号求解方程（4.44）改写为

$$\begin{cases} \alpha_1 = i_{ref} \\ \alpha_2 = \dfrac{1}{A}(-k_1\tilde{e}_1 + \dot{\alpha}_{1c} - f_1) \\ \alpha_3 = \dfrac{1}{B}(-k_2\tilde{e}_2 + \dot{\alpha}_{2c} - f_2 - Av_1) \end{cases} \tag{4.52}$$

控制信号求解方程（4.45）改写为

$$u = \frac{1}{C}(-k_3\tilde{e}_3 + \dot{\alpha}_{3c} - f_3 - Bv_2) \tag{4.53}$$

4.5.3　滤波反步法稳定性分析

对于式（4.52）和式（4.53）得出的虚拟控制信号和输出控制信号，需要保证误差 $\tilde{e}_i$ 趋于零，才能达到并网电流和电网电压同步的目的。下面根据李雅普诺夫第二稳定性定理分析基于滤波反步法控制的并网逆变器的稳定性。

定义李雅普诺夫函数 V_2 为

$$V_2 = \frac{1}{2}v_1^2 + \frac{1}{2}v_2^2 + \frac{1}{2}v_3^2 \tag{4.54}$$

对等式（4.54）两边求导，则李雅普诺夫函数 V_2 的导数为

$$\dot{V}_2 = v_1\dot{v}_1 + v_2\dot{v}_2 + v_3\dot{v}_3 \tag{4.55}$$

为证明李雅普诺夫函数 V_2 的导数小于零，对等式（4.49）两边求导，得到补偿误差的导数为

$$\begin{cases} \dot{v}_1 = \dot{\tilde{e}}_1 - \dot{\xi}_1 \\ \dot{v}_2 = \dot{\tilde{e}}_2 - \dot{\xi}_2 \\ \dot{v}_3 = \dot{\tilde{e}}_3 \end{cases} \tag{4.56}$$

对式（4.48）误差求导，则误差的导数为

$$\begin{cases} \dot{\tilde{e}}_1 = \dot{x}_1 - \dot{\alpha}_{1c} \\ \dot{\tilde{e}}_2 = \dot{x}_2 - \dot{\alpha}_{2c} \\ \dot{\tilde{e}}_3 = \dot{x}_3 - \dot{\alpha}_{3c} \end{cases} \tag{4.57}$$

将式（4.42）代入到式（4.57）得

$$\begin{cases} \dot{\tilde{e}}_1 = Ax_2 + f_1 - \dot{\alpha}_{1c} \\ \dot{\tilde{e}}_2 = Bx_3 + f_2 - \dot{\alpha}_{2c} \\ \dot{\tilde{e}}_3 = Cu + f_3 - \dot{\alpha}_{3c} \end{cases} \tag{4.58}$$

变换式（4.58）为

$$\begin{cases} \dot{\tilde{e}}_1 = f_1 + A\alpha_2 - \dot{\alpha}_{1c} + A(\alpha_{2c} - \alpha_2) + A(x_2 - \alpha_{2c}) \\ \dot{\tilde{e}}_2 = f_2 + B\alpha_3 - \dot{\alpha}_{2c} + B(\alpha_{3c} - \alpha_3) + B(x_3 - \alpha_{3c}) \\ \dot{\tilde{e}}_3 = f_3 + Cu - \dot{\alpha}_{3c} \end{cases} \tag{4.59}$$

由式（4.52）和式（4.53）可得

$$\begin{cases} f_1 + A\alpha_2 - \dot{\alpha}_{1c} = -k_1\tilde{e}_1 \\ f_2 + B\alpha_3 - \dot{\alpha}_{2c} = -k_2\tilde{e}_2 + Av_1 \\ f_3 + Cu - \dot{\alpha}_{3c} = -k_3\tilde{e}_3 - Bv_2 \end{cases} \tag{4.60}$$

将式（4.60）和式（4.48）代入到式（4.59），则误差的导数为

$$\begin{cases} \dot{\tilde{e}}_1 = -k_1\tilde{e}_1 + A(\alpha_{2c} - \alpha_2) + A\tilde{e}_2 \\ \dot{\tilde{e}}_2 = -k_2\tilde{e}_2 + Av_1 + B(\alpha_{3c} - \alpha_3) + B\tilde{e}_3 \\ \dot{\tilde{e}}_3 = -k_3v_3 - Bv_2 \end{cases} \tag{4.61}$$

将式（4.50）、式（4.51）和式（4.61）代入到式（4.56），则补偿误差的导数可以表示如下：

$$\begin{aligned} \dot{v}_1 &= \dot{\tilde{e}}_1 - \dot{\xi}_1 \\ &= -k_1\tilde{e}_1 + A(\alpha_{2c} - \alpha_2) + A\tilde{e}_2 + k_1\xi_1 - A(\alpha_{2c} - \alpha_2) - A\xi_2 \\ &= -k_1(\tilde{e}_1 - \xi_1) + A(\tilde{e}_2 - \xi_2) \\ &= -k_1 v_1 + Av_2 \end{aligned} \tag{4.62}$$

$$\begin{aligned}
\dot{v}_2 &= \dot{\tilde{e}}_2 - \dot{\xi}_2 \\
&= -k_2\tilde{e}_2 - Av_1 + B(\alpha_{3c} - \alpha_3) + B\tilde{e}_3 + k_2\xi_2 - B(\alpha_{3c} - \alpha_3) \\
&= -k_2(\tilde{e}_2 - \xi_2) + B\tilde{e}_3 - Av_1 \\
&= -k_2v_2 + Bv_3 - Av_1
\end{aligned} \tag{4.63}$$

$$\begin{aligned}
\dot{v}_3 &= \dot{\tilde{e}}_3 \\
&= -k_3v_3 - Bv_2
\end{aligned} \tag{4.64}$$

将式（4.62）、式（4.63）和式（4.64）代入式（4.55），则李雅普诺夫函数 V_2 的导数可化为

$$\begin{aligned}
\dot{V}_2 &= v_1\dot{v}_1 + v_2\dot{v}_2 + v_3\dot{v}_3 \\
&= -k_1v_1^2 + Av_1v_2 - k_2v_2^2 + Bv_2v_3 - Av_1v_2 - k_3v_3^2 - Bv_2v_3 \\
&= -k_1v_1^2 - k_2v_2^2 - k_3v_3^3
\end{aligned} \tag{4.65}$$

由于 k_1、k_2、k_3 为大于零的常数，所以式（4.65）李雅普诺夫函数 V_2 的导数小于零成立，又式（4.54）定义的李雅普诺夫函数 V_2 大于零，所以补偿误差 v_i(i=1, 2, 3)指数收敛于零。

又由式（4.50）和式（4.51）以及初始条件 $\xi_1(0) = 0$，$\xi_2(0) = 0$ 可得

$$\xi_1 = Me^{-k_1t} - \frac{B(\alpha_{3c} - \alpha_3)}{(k_1 - k_2)k_2}e^{-k_2t} + \frac{k_2A(\alpha_{2c} - \alpha_2) + B(\alpha_{3c} - \alpha_3)}{k_1k_2} \tag{4.66}$$

$$\xi_2 = \frac{B(\alpha_{3c} - \alpha_3)}{k_2} - \frac{B(\alpha_{3c} - \alpha_3)}{k_2}e^{-k_2t} \tag{4.67}$$

式中，$k_1 \neq k_2$，且：

$$M = \frac{k_2A(\alpha_{2c} - \alpha_2) + B(\alpha_{3c} - \alpha_3)}{k_1k_2} - \frac{B(\alpha_{3c} - \alpha_3)}{(k_1 - k_2)k_2} \tag{4.68}$$

由二阶低通滤波器的设计可知，只要选择足够大的自然频率 ω_n，$|\alpha_{ic} - \alpha_i|$ 会足够小，又 e^{-k_it} 指数趋于零，所以式（4.66）和式（4.67）中 ξ_1 和 ξ_2 趋于零，又式（4.49）中补偿误差 $v_i(i = 1, 2, 3)$ 指数收敛于零，因此 $\tilde{e}_i(i = 1, 2, 3)$ 趋于零。

4.5.4　仿真实验结果与分析

为了比较反步法和滤波反步法并网控制方法的性能差异，本书采用 MATLAB 中 Simulink 仿真工具分别建立基于反步法的同步控制方法和基于滤波反步法的同步控制方法的仿真模型进行实验，并分析仿真的实验结果。

1）基于反步法的并网控制方法仿真

基于 MATLAB 平台进行仿真实验时，设置并网逆变器仿真系统参数如表 4.1 所示，

反步法控制中常数 k_1、k_2、k_3 分别取 8100、9500、8500，并用 Powergui 工具对仿真结果进行分析。

表 4.1　并网逆变系统参数

变量	值	变量	值
V_{dc}/V	400	L_g/mH	11.2
L_f/mH	5.6	R_g/Ω	0.1
R_f/Ω	0.1	V_g/V	$311\sin(100\pi t)$
$C_f/\mu F$	3	i_{ref}/A	$30\sin(100\pi t)$

图 4.18 为基于反步法控制的光伏并网逆变器的仿真结果，从图中可以看出电网电压和并网电流的频率和相位几乎一样，已经达到较好的同步效果，满足该功率下国家并网相位差小于 20° 的条件。从电流误差（即 i_g 与 i_{ref} 之差）波形可以看出电流误差在 $-2\sim+2A$ 范围内，电流误差约为 6.7%。图 4.19 显示了基于反步法控制的光伏并网逆变器输出并网电流谐波分布情况，并网电流的基波频率为 50Hz，其基波成分的峰值为 31.34A，输出总谐波失真度为 1.45%。从图中可以看出电流谐波分布很广，而且在 3150Hz 和 3250Hz 频率谐波所占比例达到 0.29%，很接近国家并网标准允许的最大比例 0.3%。表 4.2 显示了详细的电流谐波含量，从表中可以看出各次谐波的含量满足国家并网标准。

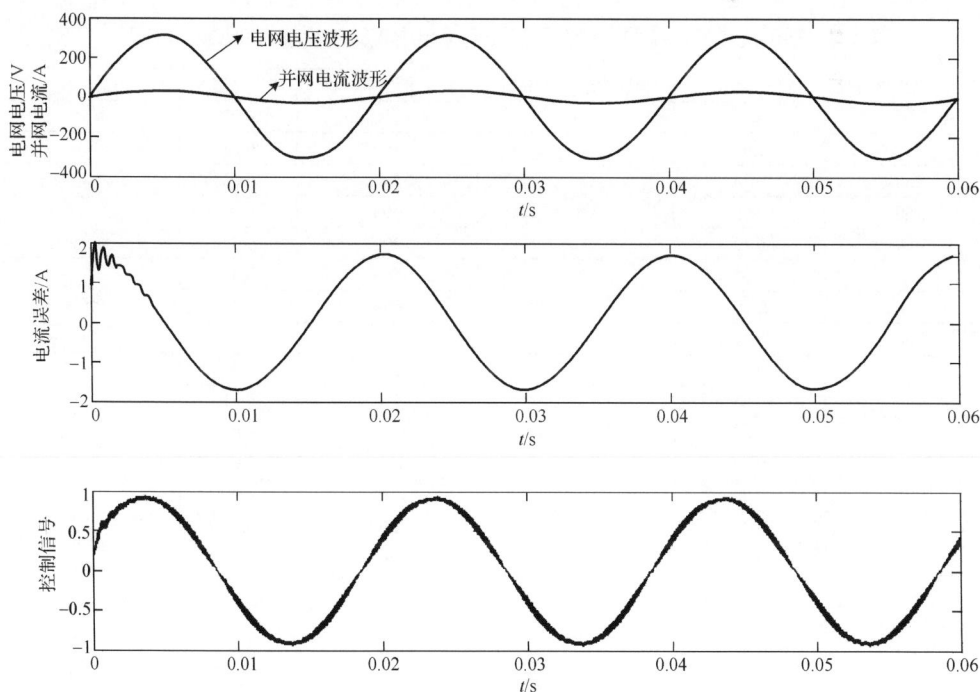

图 4.18　基于反步法控制的光伏并网逆变器的仿真波形

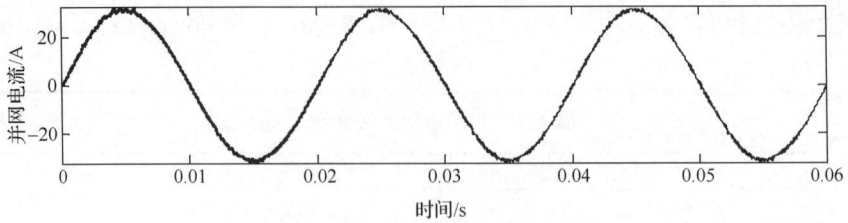

(a) 并网电流（挑选信号为3周期，FFT窗口(红色)为2周期）

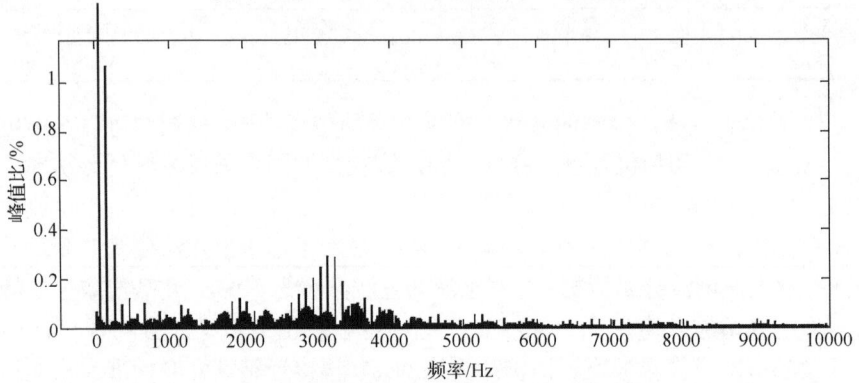

(b) 峰值比（基波(50Hz)峰值 = 31.34A, THD = 1.45%）

图 4.19　基于反步法控制的光伏并网逆变器输出电流谐波分布图（见彩图）

表 4.2　基于反步法控制的光伏并网逆变器输出电流谐波含量（THD=1.45%）

奇次谐波频率/Hz	所占比例/%	允许的最大比例/%	偶次谐波频率/Hz	所占比例/%	允许的最大比例/%
50（基波）	100	—	0（直流）	0.07	0.5
150	1.07		100	0.02	
250	0.34		200	0.02	1.0
350	0.09	4.0	300	0.02	
450	0.12		400	0.02	
550	0.05		500	0.04	
650	0.10	2.0	600	0.02	0.5
750	0.02		700	0.03	
850	0.06		800	0.03	
950	0.05	1.5	900	0.03	0.375
1050	0.04		1000	0.04	
1150	0.09		1100	0.02	
1250	0.08		1200	0.05	
1350	0.03	0.6	1300	0.04	0.15
1450	0.01		1400	0.01	
1550	0.01		1500	0.03	
1650	0.04		1600	0.02	
1750	0.07		1700	0.06	
1850	0.10	0.3	1800	0.05	0.075
1950	0.12		1900	0.02	

2）基于滤波反步法的并网控制方法仿真

基于 MATLAB 平台进行仿真实验，由于式（4.52）和式（4.53）中虚拟控制信号 $\alpha_i (i=1,2,3)$ 的频率成分主要是 50Hz，因此实验时取二阶低通滤波器模块中 ω_n 为 1000π，ξ 为 0.9 保证虚拟控制信号几乎无衰减通过滤波器。滤波反步法控制中常数 k_1、k_2、k_3 分别取 9500、10000、8000，并用 Powergui 工具对仿真结果进行分析。

图 4.20 为二阶低通滤波器的波特图，从图中可以看出角频率低于 1000rad/s 时，信号可以无衰减通过，因此可以确保 $|\alpha_{ic} - \alpha_i|$ 足够小。

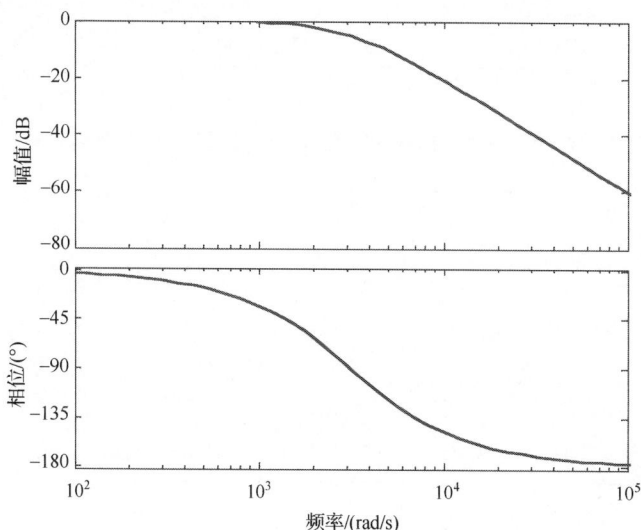

图 4.20　二阶低通滤波器波特图

图 4.21 为基于滤波反步法控制的光伏并网逆变器的仿真结果，从图中可以看出电网电压和并网电流几乎没有相位差，已经达到很好的同步效果，满足该功率下国家并网相位差小于 20° 的条件。从电流误差波形可以看出电流误差波形稳定后幅值在 $-0.5 \sim +0.5$A 范围内，电流误差约为 1.7%。图 4.22 显示了基于滤波反步法控制的光伏并网逆变器输出并网电流谐波分布情况，并网电流的基波频率为 50Hz，其基波成分的峰值为 30.31A，其输出总谐波失真度为 0.52%。表 4.3 显示了详细的电流谐波含量，从表中可以看出各次谐波的含量满足国家并网标准。

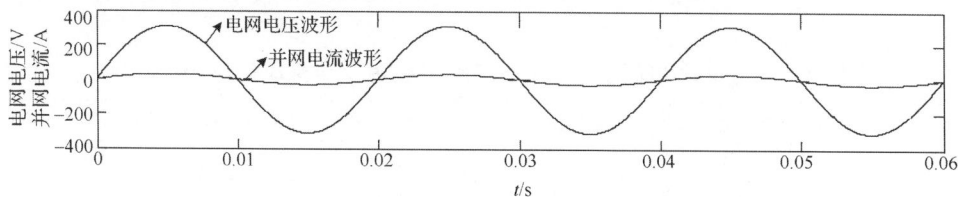

图 4.21　基于滤波反步法控制的光伏并网逆变器的仿真波形

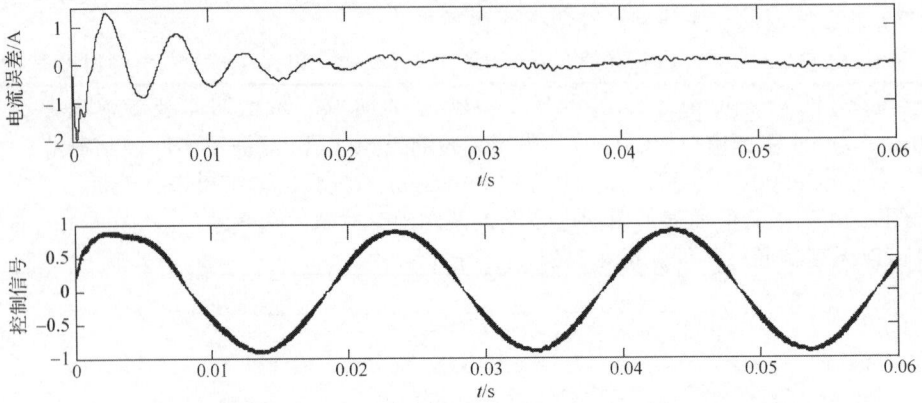

图 4.21 基于滤波反步法控制的光伏并网逆变器的仿真波形（续）

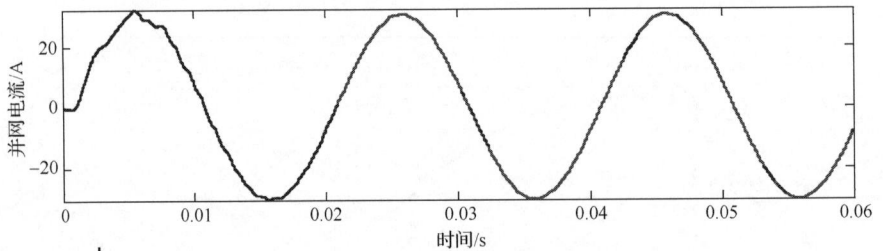

(a) 并网电流（挑选信号为3周期，FFT窗口(红色)为2周期）

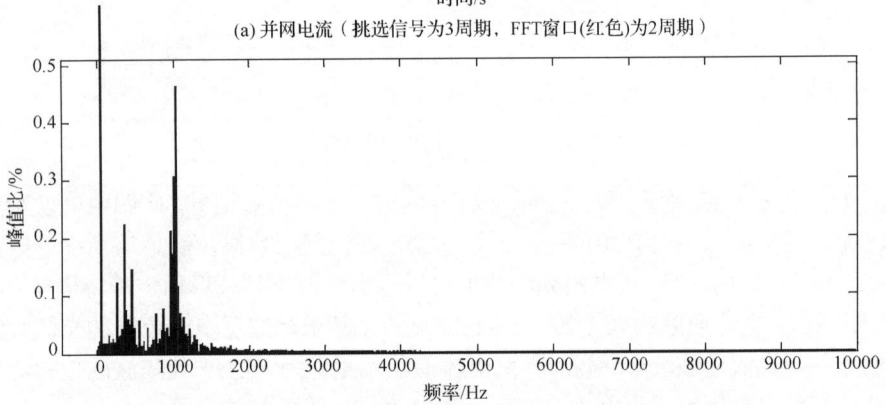

(b) 峰值比（基波(50Hz)峰值 = 30.31A, THD = 0.52%）

图 4.22 基于滤波反步法控制的光伏并网逆变器输出电流谐波分布图（见彩图）

表 4.3 基于滤波反步法控制的光伏并网逆变器输出电流谐波含量（THD=0.52%）

奇次谐波频率/Hz	所占比例/%	允许的最大比例/%	偶次谐波频率/Hz	所占比例/%	允许的最大比例/%
50（基波）	100	—	0（直流）	0.01	0.5
150	0.03	4.0	100	0.02	1.0
250	0.12		200	0.03	

续表

奇次谐波频率/Hz	所占比例/%	允许的最大比例/%	偶次谐波频率/Hz	所占比例/%	允许的最大比例/%
350	0.22	4.0	300	0.03	1.0
450	0.15		400	0.06	
550	0.06	2.0	500	0.02	0.5
650	0.04		600	0.02	
750	0.07		700	0.02	
850	0.08	1.5	800	0.03	0.375
950	0.21		900	0.04	
1050	0.47		1000	0.04	
1150	0.03	0.6	1100	0.05	0.15
1250	0.02		1200	0.04	
1350	0.02		1300	0.04	
1450	0.01		1400	0.01	
1550	0.01		1500	0.02	
1650	0.01		1600	0.01	
1750	0.01	0.3	1700	0.01	0.075
1850	0.01		1800	0.01	
1950	0.01		1900	0.01	

3）两种并网控制方法仿真结果对比及分析

对比图 4.18 和图 4.21，可以看出并网电流与电网电压的同步效果都较好，但电流误差的波形大不相同。在初始时刻两种并网控制方法的电流误差都比较大，随着时间 t 的增大，反步法电流误差趋于稳定的正弦波形，误差范围在[−2,2]A。而滤波反步法电流误差随时间的增大逐渐振荡减小，最终稳定在[−0.5,0.5]A，电流误差小于 1.7%。这是由于滤波反步法中的积分过程随时间增大逐渐滤去信号中的高频成分使得输出波形更光滑，以及式（4.66）、式（4.67）中 ξ_1 和 ξ_2 表达式的指数项随时间的增大会逐渐趋于零，使得电流误差更小。对比图 4.19 和图 4.22，可以看出反步法与滤波反步法并网电流 i_g 经 LCL 滤波后主要频率成分都是 50Hz 的基波，但反步法因含有递推求导过程，加大信号噪声影响，所以含有较多高频谐波成分，甚至在 3kHz 频率范围接近国家并网电流谐波标准。而滤波反步法经积分作用波形光滑，谐波成分主要集中在 2kHz 以内，THD 为 0.52%。表 4.4 为两种同步控制方法的仿真结果，从表中可以直观地看出滤波反步法比反步法的电流误差更小，电流总谐波失真度更小，具有更加优异的性能。因此，本书选择滤波反步法作为单相光伏并网逆变器的并网控制策略。

表 4.4　两种并网控制方法仿真结果

并网控制方法	电流误差/%	THD/%
反步法	6.7	1.45
滤波反步法	1.7	0.52

4.6　自适应滤波器和 PID 控制器相结合的光伏

并网发电系统的同步方法与装置

4.6.1　技术背景

　　相对于其他类型的发电系统,光伏并网发电系统是低频的、强的非线性系统。众所周知,我们日常所使用的市电电网并不是标准的正弦波,其中夹杂着各种噪声,且逆变器的输出电流中除了噪声还有各种谐波的存在[21],而这些都影响和制约着光伏并网的同步效果。

　　目前出现的光伏并网发电系统的逆变器与电网的同步方法是通过 PID 闭环控制来实现的,即将光伏并网发电系统输出电流或电压送入 PID 中进行差值运算,并将运算结果送入到 PWM 发生器中,通过 PWM 发生器产生相应的控制信号去控制逆变桥电路。在同步速度、鲁棒性和抗干扰性等方面性能还存在一些不足,从而影响了光伏并网发电系统的同步性能。因此,如何减少同步时间,提高光伏并网发电系统的抗干扰性和鲁棒性一直是业内关注和研究的重点。

4.6.2　自适应滤波器和 PID 控制器相结合的光伏并网发电系统同步装置

　　如图 4.23 所示,自适应滤波器和 PID 控制器相结合的光伏并网发电系统同步装置,由电压滤波单元、电流滤波单元、减法器、PID 控制器和 PWM 发生器组成。电压滤波单元包括分压电路、电压采样电路、电压模数转换电路和电压自适应 LMS 滤波器。分压电路的输入端连接在光伏并网发电系统的电网的输出端上,分压电路的输出端经电压采样电路连接电压模数转换电路的输入端,电压模数转换电路的输出端连接电压自适应 LMS 滤波器的输入端,电压自适应 LMS 滤波器的输出端形成电压滤波单元的输出端,与减法器的一个输入端相连。电压自适应 LMS 滤波器的输入信号矢量是一个时间序列,其元素由电网输出电压在不同时刻的取样值构成,每个时刻的取样值与标准参考信号 $d(n)$ 相减得到误差信号 $e(n)$,通过自适应不断调整 LMS 滤波的加权系数,最终使 $e(n)$ 的均方误差最小。

　　电流滤波单元包括电流传感器电路、电流采样电路、电流模数转换电路和电流自适应 LMS 滤波器。电流传感器电路的输入端连接在光伏并网发电系统的逆变器的输出端上,电流传感器电路的输出端经电流采样电路连接电流模数转换电路的输入端,电流模数转换电路的输出端连接电流自适应 LMS 滤波器的输入端,电流自适应 LMS 滤波器的输出端形成电流滤波单元的输出端,与减法器的另一个输入端相连。电流自适应 LMS 滤波器的输入信号矢量是一个时间序列,其元素由逆变器产生电流在不同时刻的取样值构成，每个时刻的取样值与标准参考信号 $b(n)$ 相减得到误差信号 $l(n)$，通过自适应不断调整 LMS 滤波的加权系数，最终使 $e(n)$ 的均方误差最小。

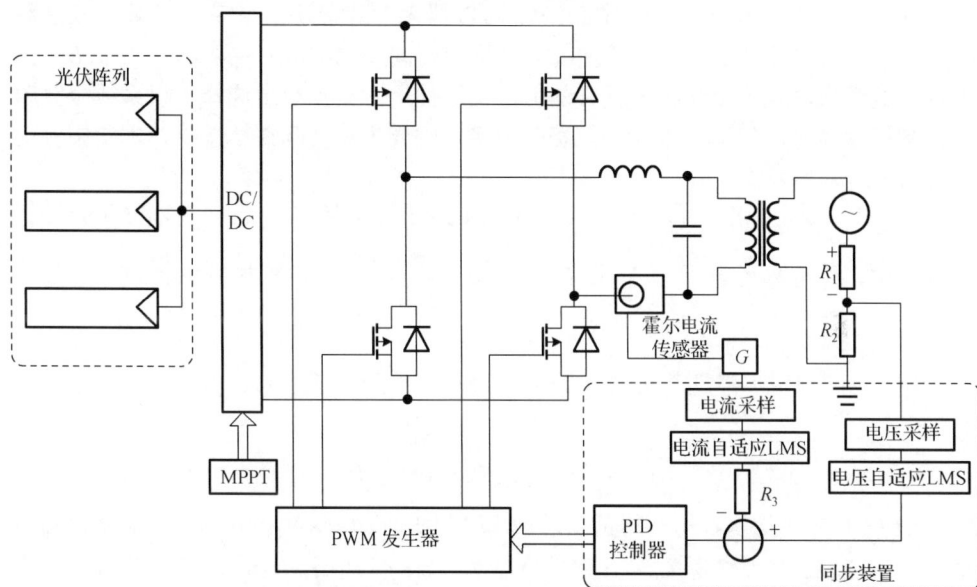

图 4.23　自适应滤波器和 PID 控制器相结合的光伏并网发电系统同步装置

减法器的输出端与 PID 控制器的输入端相连，PID 控制器的输出端经 PWM 发生器与逆变器的控制端相连，由 PID 控制器对 PWM 发生器产生相应的控制信号来控制逆变桥电路。

4.6.3　自适应滤波器和 PID 控制器相结合的光伏并网发电系统同步方法

基于上述同步装置所实现的光伏并网发电系统的同步方法，包括如下步骤。

步骤 1：分压电路对电网输出电压进行降压。

由于电网输出电压为 220V，电压值较高，因此需要采用分压电路将电网输出电压进行降压，获得峰值为 5V 左右的交流电压。

步骤 2：电压采样电路对降压后的电压信号进行电压离散采样。同时，电流传感器电路对逆变器产生的电流进行电流离散采样。

步骤 3：电压模数转换电路将模拟化的电压离散采样序列转换为数字化的电压离散采样序列信号。同时，电流模数转换电路将模拟化的电流离散采样序列转换为数字化的电流离散采样序列信号。

步骤 4：对数字化的电压离散采样序列进行电压自适应 LMS 滤波，滤除电压信号中的各种谐波。离散值 $\tilde{U}(n)$ 在经 A/D 转换输入到自适应 LMS 滤波器，在本控制方法优选实施例中，自适应 LMS 滤波器为 DSP 芯片，由它来计算加权系数 $w^*(n)$，$w^*(n)$

具体指的是 $w_k(n)$。同时，对数字化的电流离散采样序列进行电流自适应 LMS 滤波，滤除电流信号中的各种谐波。离散值 $\tilde{I}(n)$ 在经 A/D 转换输入到自适应 LMS 滤波器，在本控制方法优选实施例中，自适应 LMS 滤波器为 DSP 芯片，由它来计算加权系数 $v^*(n)$，$v^*(n)$ 具体指的是 $v_k(n)$。其中，n 为离散时间序列的序号；$k = 0,1,2,\cdots,L-1$，L 为权系数个数，是一个预先设置好的值，实际使用时根据要求选择，权系数个数越多，控制精度越好，但运算量大，耗费时间多，因此根据实际需要选择，本实施例优选 $L=100$。

步骤 4.1：设定标准参考电压 $d(n)$ 及初始的电压加权系数 $w(0)$。在本控制方法优选实施例中，标准参考电压为 $d(n) = U_{\text{ref}} = 5\sin\left(\dfrac{n\pi}{50}\right)$，初始电压加权系数 $w(0)$ 的值采用随机赋值。

步骤 4.2：利用下述迭代公式不断求出每次采样所对应的自适应 LMS 的加权系数，即

$$w(n+1) = w(n) + 2\mu e(n)\tilde{U}(n)$$

式中，$w(n+1)$ 为本次采样所对应的自适应 LMS 的加权系数，$w(n)$ 为上一次采样所对应的自适应 LMS 的加权系数，μ 为学习速率，$e(n) = d(n) - \tilde{U}(n)$，$d(n)$ 为标准参考电压，$\tilde{U}(n)$ 为上一次采样所对应的采样电压值。

步骤 4.3：对新的一组 $\tilde{U}(n)$ 进行加权相加运算，如此往复，得到最佳滤波信号 $y(n)$ 作为滤波后的电压信号输出，即

$$y(n) = \sum_{k=0}^{L-1} w_k(n)\tilde{U}(n-k)$$

式中，$w_k(n)$ 为第 k 个权系数第 n 次采样所对应的自适应 LMS 的加权系数，$\tilde{U}(n-k)$ 为第 $n-k$ 次采样所对应的采样电压值。

步骤 4.4：设定标准参考电流 $b(n)$ 及初始电流加权系数 $v(0)$。在本控制方法优选实施例中，标准参考电流为 $b(n) = I_{\text{ref}} = 5\sin\left(\dfrac{n\pi}{50}\right)$，$n$ 为离散时间序列的序号，初始电流加权系数 $w(0)$ 的值采用随机赋值。

步骤 4.5：利用下述迭代公式不断求出每次采样所对应的自适应 LMS 的加权系数，即

$$v(n+1) = v(n) + 2\mu l(n)\tilde{I}(n)$$

式中，$v(n+1)$ 为本次采样所对应的自适应 LMS 的加权系数，$v(n)$ 为上一次采样所对应的自适应 LMS 的加权系数，$l(n) = b(n) - \tilde{I}(n)$，$b(n)$ 为标准参考电流，$\tilde{I}(n)$ 为上一次采样所对应的采样电流值。

步骤 4.6：对新的一组 $\tilde{I}(n)$ 进行加权相加运算，如此往复，得到最佳滤波信号 $z(n)$ 作为滤波后的电流信号输出，即

$$z(n) = \sum_{k=0}^{L-1} v_k(n)\tilde{I}(n-k)$$

式中，$v_k(n)$ 为第 k 个权系数第 n 次采样所对应的自适应 LMS 的加权系数，$\tilde{I}(n-k)$ 第 $n-k$ 次采样所对应的采样电流值。

步骤 5：将电压自适应 LMS 滤波输出的滤除各种谐波后的电压信号 $y(n)$ 与电流自适应 LMS 滤波器输出的滤除各种谐波后的电流信号 $z(n)$ 送入减法器中进行相减。

步骤 6：电流信号与单位电阻 R_3 相乘后将与电压信号相减后所得的差值信号输入到 PID 控制器，由 PID 控制器对 PWM 发生器产生相应的脉冲调宽控制信号来控制逆变桥电路，使电网输出电压与逆变器产生电流的频率和相位达到同步。其中 PID 控制器和 PWM 发生器采用的是现有结构和方法。

下面再通过一个具体实例，对自适应滤波器和 PID 控制器相结合的光伏并网发电系统同步方法的原理进行说明。

由于本方法引入了电网电压的采样序列，在本控制方法优选实施例中，自适应 LMS 滤波的输入序列由 100 个采样组成。在实际应用中，可通过提高采样频率，使用更快运算速度的芯片来使该自适应装置性能达到使用要求，参见图 4.24，本控制方法的控制步骤如下。

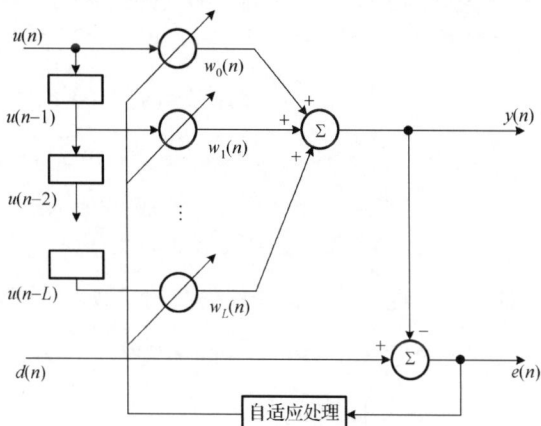

图 4.24　自适应滤波器原理

对电网电压进行分压，然后对其采样，采样频率 5000Hz，也就是一个电网周期采样 100 次，得到伴有噪声的电网电压的离散值序列 $\tilde{U}(n)$。100 个 $\tilde{U}(n)$ 的值经过加权系数 $w^*(n)$ 的加权后相加，得到输出信号 $y(n)$，即

$$y(n) = \sum_{k=0}^{99} w_k(n)\tilde{U}(n-k) \tag{4.69}$$

$y(n)$ 在与参考电压 $d(n)$ 相减之后得到 $e(n) = d(n) - y(n) = d(n) - w^{\mathrm{T}}(n)\tilde{U}(n)$。LMS 算法的判据是期望信号 $d(n)$ 与滤波器输出 $y(n)$ 之差 $e(n)$ 平方值误差最小，并且依据这个判据来修改权系数 $w_k(n)$。

对于最陡下降法，其均方误差为

$$\xi(n) = E[e^2(n)] = E[d^2(n)] + w^{\mathrm{T}}(n)E[\tilde{U}(n)\tilde{U}^{\mathrm{T}}(n)]w(n) - 2E[d(n)\tilde{U}^{\mathrm{T}}(n)]w(n) \quad (4.70)$$

式（4.70）表明，当 $\tilde{U}(n)$ 和 $d(n)$ 为平稳随机信号时，均方误差 ξ 是权矢量 w 的各分量的二次函数，设参考电压为 $d(n) = U_{\mathrm{ref}} = 5\sin\left(\dfrac{n\pi}{50}\right)$，$n \in [1,100]$。设 $R = E[\tilde{U}(n)\tilde{U}^{\mathrm{T}}(n)]$，$P = E[d(n)\tilde{U}^{\mathrm{T}}(n)]$，根据二次函数的性质，均方误差最小时其性能曲面梯度为 0，即得 $\nabla = 2Rw^* - 2P = 0$，即可知 $w^* = R^{-1}P$。

已知最陡下降法权矢量的迭代公式为

$$w(n+1) = w(n) - \mu\nabla(n) \quad (4.71)$$

式中，$\nabla(n) = \dfrac{\partial\xi(n)}{\partial w} = \left[\dfrac{\partial E[e^2(n)]}{\partial w_0} \cdot \dfrac{\partial E[e^2(n)]}{\partial w_1} \cdots \dfrac{\partial E[e^2(n)]}{\partial w_L}\right]^{\mathrm{T}}$。

由式（4.71）可知每次迭代都需要知道梯度值 $\nabla(n)$，这要通过计算 $e(n)\tilde{U}(n)$ 的期望值才能实现，因此求权矢量时要求很大计算量，尤其是在本控制方法中需要采样 100 次，即需要计算 100 阶实对称矩阵的逆矩阵，对装置的软硬件要求很高，故本控制方法采用 LMS 算法。LMS 算法的核心思想是计算梯度时，用平方误差代替均方误差，即

$$\nabla(n) \approx \hat{\nabla}(n) = \dfrac{\partial e^2(n)}{\partial w_0} = \left[\dfrac{\partial e^2(n)}{\partial w_0} \cdot \dfrac{\partial e^2(n)}{\partial w_1} \cdots \dfrac{\partial e^2(n)}{\partial w_L}\right]^{\mathrm{T}} \quad (4.72)$$

或者

$$\hat{\nabla}(n) = -2e(n)\tilde{U}(n) \quad (4.73)$$

可以利用 LMS 中的权矢量迭代法求最佳权矢量的近似值，即

$$w(n+1) = w(n) + 2\mu e(n)\tilde{U}(n) \quad (4.74)$$

式中，$e(n) = d(n) - y(n) = 5\sin\left(\dfrac{n\pi}{50}\right) - \tilde{U}(n)$。

这样在计算权矢量时就避免了矩阵求逆运算，大大减小了计算量，降低了对系统软硬件的要求。利用迭代公式（4.74）可以不断求出新的加权系数，再对新的一组 $\tilde{U}(n)$ 进行加权相加运算，如此往复，每一次采样加权后都产生一个新的 $e(n)$，由自适应处理器计算产生新的加权系数 $w^*(n)$。运行过程中，由于电网的电压中夹杂着噪声，其频率也有 ±0.5Hz 的误差，该方法可对噪声及累积误差作出适时反应，及时调整权系数，使其达到最佳滤波。

4.6.4　仿真实验结果与分析

为对本控制方法的效果加以验证，特对其构建了 MATLAB/Simulink 平台仿真，图 4.25～图 4.27 分别为电网中有白噪声时进行电流跟踪，稳态误差和 THD 的对比结果。图 4.28 为加入两处 LMS 滤波的系统对电网有突发脉冲噪声的同步效果。图 4.29 为对电网中有与电网同步和异步的周期性噪声时，加入两个自适应 LMS 滤波的系统的同步效果。

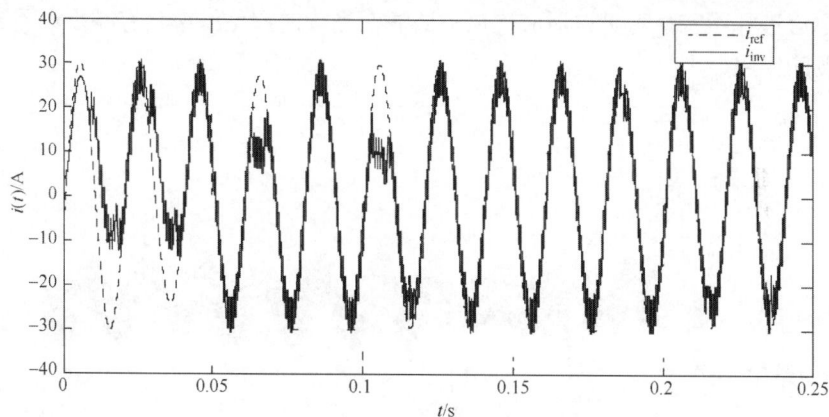

(a) 未加自适应LMS滤波

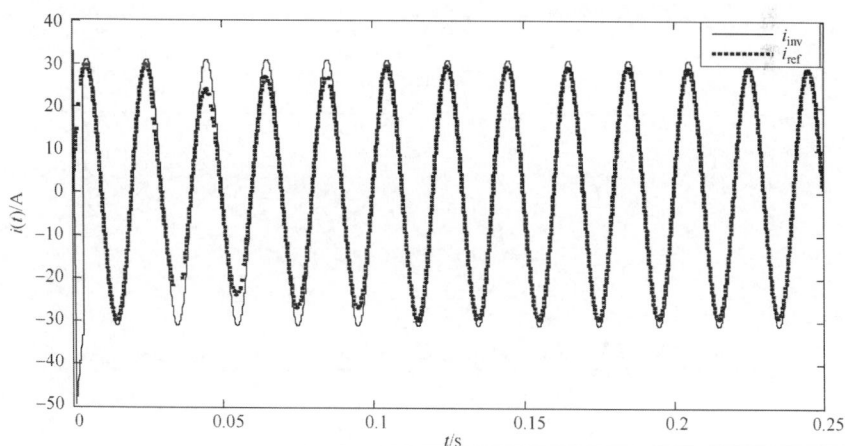

(b) 加入两个自适应LMS滤波

图 4.25　并网逆变器输出电流与参考电流的同步跟踪情况

图 4.25(a)为未加自适应 LMS 滤波，并网逆变器输出电流与参考电流同步跟踪情况；图 4.25(b)为加入两个自适应 LMS 滤波，并网逆变器输出电流与参考电流的同步跟踪情况。虚线 i_{ref} 为与电网输出电压同频、同相的参考电流，实线 i_{inv} 为逆变器产生电流，由图示可见，在未加入自适应 LMS 滤波器时，输出电流经过 0.12s 才达到同步，

同步时间较长，而且达到同步后的电流跟踪并不理想；而在加入两个自适应 LMS 滤波后 0.05s 就达到同步，并且同步后电流很好地对参考电流进行跟踪。

图 4.26 为电网加入白噪声的并网逆变器输出电流与参考电流的稳态误差分析图，定义误差 $e(t) = i_{ref}(t) - i_{inv}(t)$。图 4.26(a)为未加入自适应 LMS 滤波，采用 PID 控制时的稳态误差；图 4.26(b)为对并网逆变器产生电流和电网输出电压两处同时进行自适应 LMS 滤波，采用 PID 控制时的稳态误差。开始同步初期的误差明显减小，可以很快地对参考电流进行跟踪。可见自适应 LMS 滤波在光伏逆变系统中具有减少误差，提高同步速度的作用。

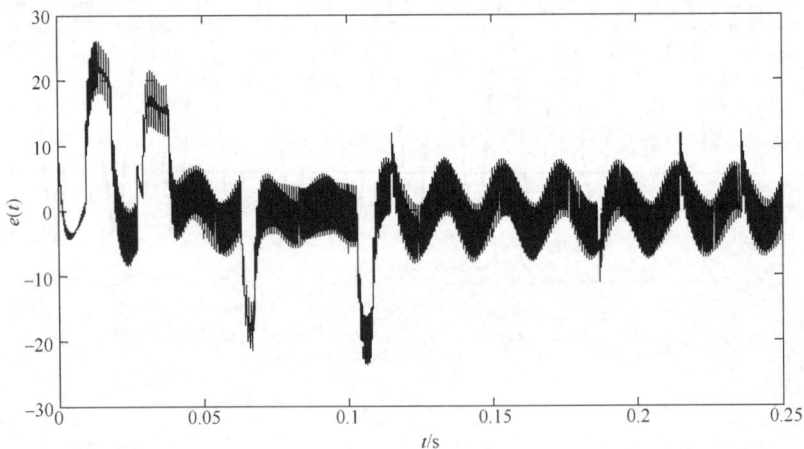

(a) 未加入自适应LMS滤波

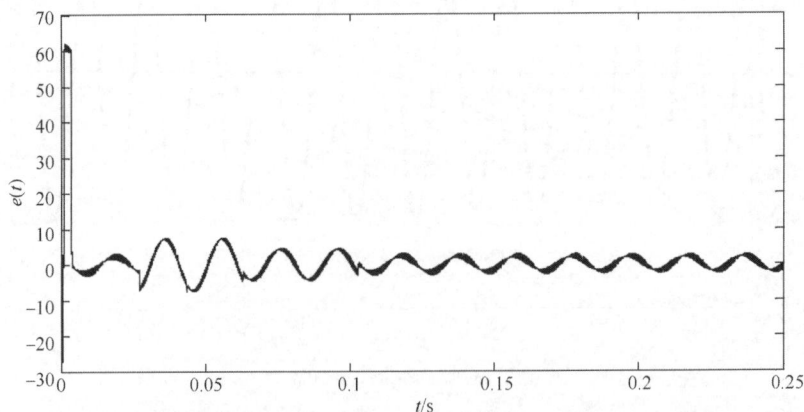

(b) 对并网逆变器产生电流和电网输出电压两处同时进行自适应LMS滤波

图 4.26　采用 PID 控制时的稳态误差

图 4.27 为总谐波失真度 THD 的分析对比。图 4.27(a)为不加自适应 LMS 滤波，采用传统 PID 控制方法，逆变器输出电流的 THD，其总谐波失真度为 3.78%；图 4.27(b)为对电网输出电压和逆变器产生电流都加入自适应 LMS 滤波，并网逆变器输出电流

的 THD。可以看出总谐波失真度下降到了 0.63%。并且在 3，5，7 次谐波处的增益明显减小，滤波效果明显。因此，可以看到自适应 LMS 滤波将大量谐波失真滤掉，增强了系统本身的抗干扰性。

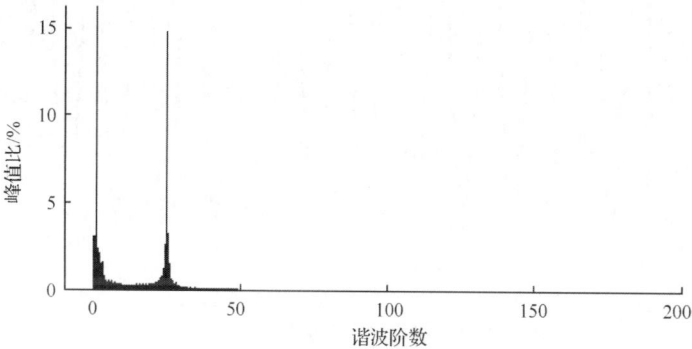

(a) 不加自适应LMS滤波（基波(50Hz)峰值 = 25.96A，THD = 3.78%）

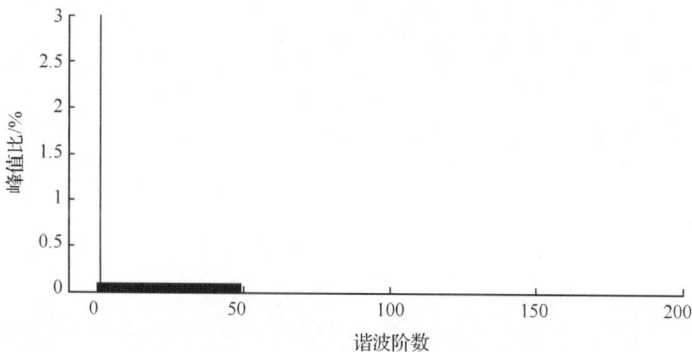

(b) 对电网输出电压和逆变器产生电流都加入自适应LMS滤波（基波(50Hz)峰值 = 31.08A，THD = 0.63%）

图 4.27　逆变器输出电流的 THD

图 4.28 和图 4.29 是加入两个自适应 LMS 滤波，并网逆变器对电网中的突发脉冲噪声和与电网同步与异步的周期性噪声进行的同步仿真。图 4.28(a)为电网中有突发脉冲噪声并加入两个自适应 LMS 滤波时，并网逆变器输出电流与参考电流的同步跟踪情况；图 4.28(b)为电网中有突发脉冲噪声并加入两个自适应 LMS 滤波时，并网逆变器输出电流与参考电流的稳态误差；图 4.28(c)为电网中有突发脉冲噪声并加入两个自适应 LMS 滤波时，并网逆变器输出电流的 THD。图 4.29(a)为电网中有与电网同步和异步的周期性噪声时，并网逆变器输出电流与参考电流的同步跟踪情况；图 4.29(b)为电网中有与电网同步和异步的周期性噪声时，并网逆变器输出电流与参考电流的稳态误差；图 4.29(c)为电网中有与电网同步和异步的周期性噪声时，并网逆变器输出电流的 THD。由图可见，加入自适应 LMS 滤波的光伏并网逆变器对电网中有噪声时的逆变同步均有很好的效果。

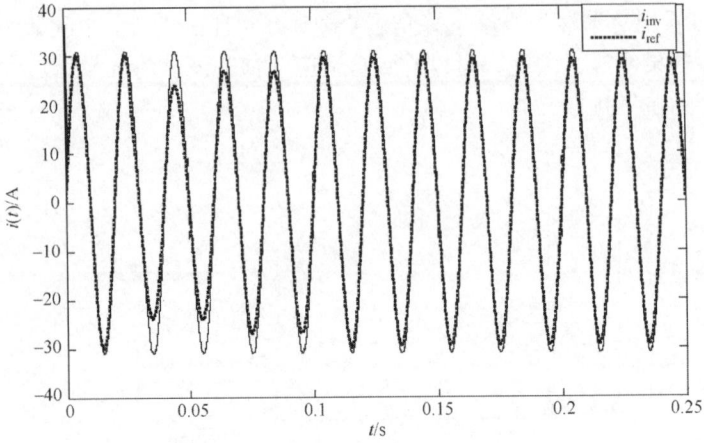

(a) 并网逆变器输出电流与参考电流的同步跟踪情况

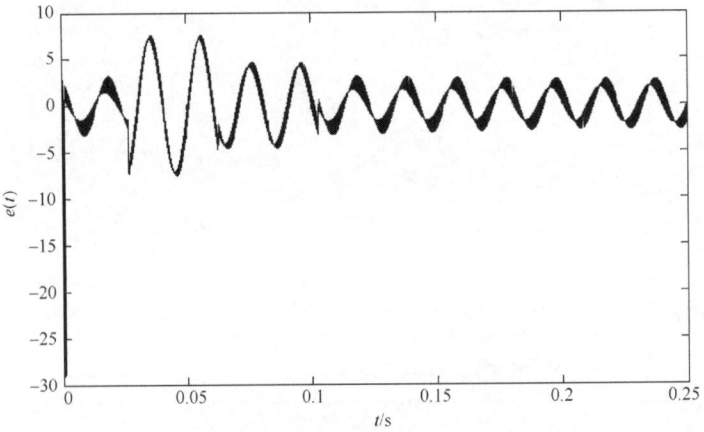

(b) 并网逆变器输出电流与参考电流的稳态误差

基波(50Hz)峰值 = 31.07A，THD = 0.90%

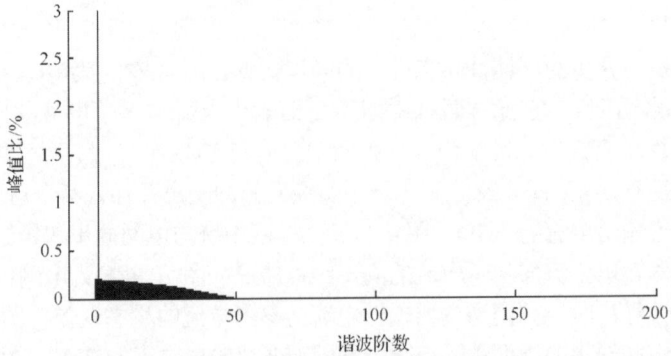

(c) 并网逆变器输出电流的THD

图 4.28　电网中有突发脉冲噪声，加入两个自适应 LMS 滤波时进行的仿真

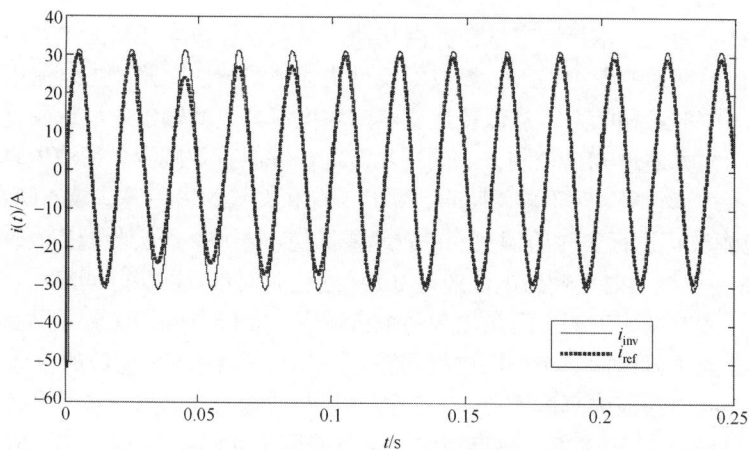

(a) 并网逆变器输出电流与参考电流的同步跟踪情况

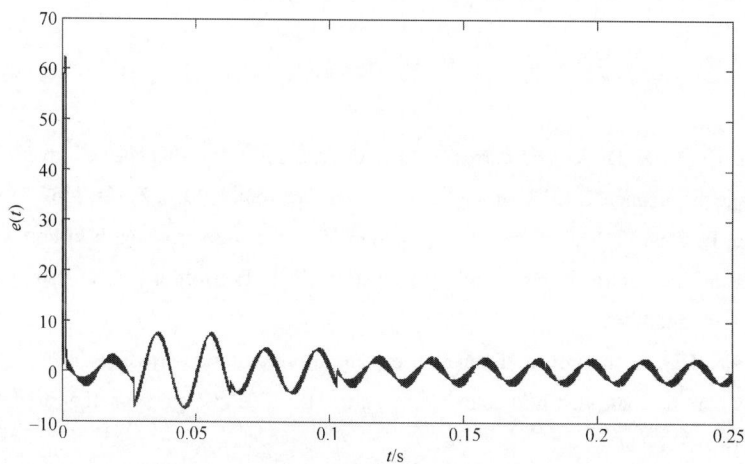

(b) 并网逆变器输出电流与参考电流的稳态误差

基波(50Hz)峰值 = 31.04A, THD = 0.71%

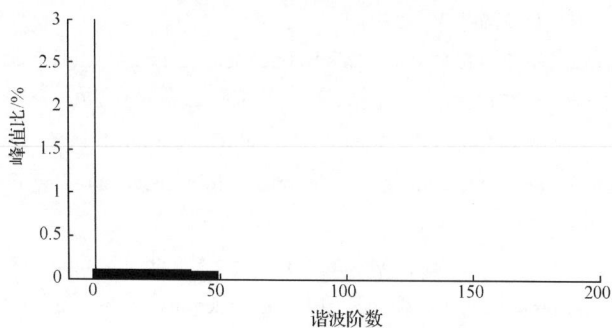

(c) 并网逆变器输出电流的THD

图 4.29　电网中有与电网同步和异步的周期性噪声时进行的仿真

　　与现有技术相比，本控制方法在并网初期，引入了自适应 LMS 滤波的方法，将之应用在光伏并网逆变器中，LMS 滤波不仅可快速地滤掉逆变器产生电流中的谐波和电网输出电压中的各种噪声，从而使逆变器产生电流与电网输出电压达到更好的同步效果，而且能大大缩短 PID 控制方法的同步时间，并能有效减少总谐波失真度。在光伏并网发电系统运行中，对于电网噪声，外界干扰和误差的累积等造成的同步的破坏，LMS 自适应滤波可进行实时的调整，有效地降低稳态误差。经实验验证发现，在未加入自适应 LMS 滤波器时，输出电流经过 0.12s 才达到同步，同步时间较长，而且达到同步后的电流跟踪并不理想；而在加入两个自适应 LMS 滤波后 0.05s 就达到同步，并且同步后电流能很好地对参考电流进行跟踪。不加自适应 LMS 滤波的普通 PID 方法并网逆变器，其总谐波失真度为 3.78%；而本控制方法对电网输出电压和逆变器产生电流都加入自适应 LMS 滤波，总谐波失真度下降到了 0.63%，并且在 3，5，7 次谐波处的增益明显减小，滤除效果明显。

参 考 文 献

[1]　Jia Y, Zhao J, Fu X. Direct grid current control of LCL-filtered grid-connected inverter mitigating grid voltage disturbance. IEEE Transactions on Power Electronics, 2014, 29 (3): 1532-1541.

[2]　Wu F, Sun B, Zhao K, et al. Analysis and solution of current zero-crossing distortion with unipolar hysteresis current control in grid-connected inverter. IEEE Transactions on Industrial Electronics, 2013, 60 (10): 4450-4457.

[3]　Wu F, Li X, Duan J. Improved elimination scheme of current zero-crossing distortion in unipolar hysteresis current controlled grid-connected inverter. IEEE Transactions on Industrial Informatics, 2015, 11 (5): 1111-1118.

[4]　Kui-Jun L, Byoung-Gun P, Rae-Young K, et al. Robust predictive current controller based on a disturbance estimator in a three-phase grid-connected inverter. IEEE Transactions on Power Electronics, 2012, 27 (1): 276-283.

[5]　Espi J M, Castello J, GarcíA-Gil R, et al. An adaptive robust predictive current control for three-phase grid-connected inverters. IEEE Transactions on Industrial Electronics, 2011, 58 (8): 3537-3546.

[6]　Junyent-Ferre A, Gomis-Bellmunt O, Green T C, et al. Current control reference calculation issues for the operation of renewable source grid interface VSCs under unbalanced voltage sags. IEEE Transactions on Power Electronics, 2011, 26 (12): 3744-3753.

[7]　Khajehoddin S A, Karimi-Ghartemani M, Jain P K, et al. A control design approach for three-phase grid-connected renewable energy resources. IEEE Transactions on Sustainable Energy, 2011, 2 (4): 423-432.

[8]　Suul J A, Ljokelsoy K, Midtsund T, et al. Synchronous reference frame hysteresis current control for grid converter applications. IEEE Transactions on Industry Applications, 2011, 47 (5): 2183-2194.

[9] Rodríguez P, Luna A, Muñoz-Aguilar R S, et al. A stationary reference frame grid synchronization system for three-phase grid-connected power converters under adverse grid conditions. IEEE Transactions on Power Electronics, 2012, 27 (1): 99-112.

[10] da Silva C H, Pereira R R, da Silva L E B, et al. A digital PLL scheme for three-phase system using modified synchronous reference frame. IEEE Transactions on Industrial Electronics, 2010, 57 (11): 3814-3821.

[11] Gonzalez-Espin F, Figueres E, Garcera G. An adaptive synchronous-reference-frame phase-locked loop for power quality improvement in a polluted utility grid. IEEE Transactions on Industrial Electronics, 2012, 59 (6): 2718-2731.

[12] Prabhakar N, Mishra M K. Dynamic hysteresis current control to minimize switching for three-phase four-leg VSI topology to compensate nonlinear load. IEEE Transactions on Power Electronics, 2010, 25 (8): 1935-1942.

[13] Vazquez G, Rodriguez P, Ordonez R, et al. Adaptive hysteresis band current control for transformerless single-phase PV inverters. International Journal of Advances in Engineering & Technology, 2009: 173-177.

[14] Selvaraj J, Rahim N A, Krismadinata C. Digital PI current control for grid connected PV inverter. IEEE Conference on Industrial Electronics and Applications, 2008: 742-746.

[15] Arafat M N, Palle S, Sozer Y, et al. Predictive current control for utility interactive renewable energy systems in the face of weak utility grids. Developments in Renewable Energy Technology, 2012: 1-6.

[16] Fadil H E, Giri F, Guerrero J M. Grid-connected of photovoltaic module using nonlinear control. IEEE International Symposium on Power Electronics for Distributed Generation Systems, 2012: 119-124.

[17] Thao N G M, Uchida K. Control the photovoltaic grid-connected system using fuzzy logic and backstepping approach. Control Conference, 2013: 1-8.

[18] 李志红, 宋树祥, 罗晓曙, 等. 基于滤波反步法的光伏并网系统设计与仿真. 电测与仪表, 2015, 52 (14): 44-48.

[19] 周洪波, 裴海龙, 贺跃帮, 等. 基于滤波反步法的无人直升机轨迹跟踪控制. 控制与决策, 2012, 27 (4): 613-617.

[20] Farrell J A, Polycarpou M, Sharma M, et al. Command filtered backstepping. IEEE Transactions on Automatic Control, 2009, 54 (6): 1391-1395.

[21] Xie Y X, Qi Y C, Li Y J. Detection for power grid harmonics based on theory of modified quasi-resonant filter. TENCON 2015, 2015: 1-6.

第 5 章　光伏并网逆变器的非线性动力学特性

5.1　概　　述

功率电子电路中含有开关器件，使得系统具有很强的非线性特性。过去十几年来的研究表明：一些功率电子电路中存在着复杂的非线性动力学行为，因而成为了非线性动力学理论的重要研究对象。其中 DC/DC 变换器、DC/AC 变换器作为典型的功率电子电路，已经被研究人员发现其中存在分叉、混沌、多吸引子共存等复杂的非线性行为。在 DC/DC 变换器的非线性动力学研究方面，文献[1]建立了 DC/DC Buck 变换器的严格状态方程，对其非线性动力学行为进行了深入的研究，发现较小的负载电容易使系统出现混沌运动，从混沌运动区过渡到周期运动区时，电压转换效率有较大幅度的增加，这些研究结果对实际电路系统设计具有重要的理论指导意义。文献[2]对并联 DC/DC Buck 变换器建立了一个 8 维分段光滑模型，并对所建立的动力学模型的非线性动力学性质进行了初步研究，发现该系统在一定参数条件下是一个超混沌系统。此外，对 Boost[3]、Buck-boost[4]、Cuk[5,6]和 H 桥 DC/DC 变换器[7]的分岔和混沌动力学行为的研究也取得了丰硕的成果。在 DC/AC 变换器的非线性动力学研究方面，相关的研究报道较少。然而近年来随着新能源发电技术的发展，DC/AC 变换器的非线性动力学性质和混沌行为研究开始引起了国内外科技工作者的关注。文献[8]对电压控制型 DC/AC 逆变电路进行动力学建模，并进行数值仿真。研究发现，在一定的控制参数范围内，系统出现快变尺度分岔现象（从开关频率角度去分析 DC/AC 变换器的分岔，称为快变尺度分岔）。文献[9]对离网型的单相 SPWM 逆变器的峰值电流模式控制的工作原理进行了深入的研究，得出随着时间和参数的变化，逆变器将会出现分岔直至进入混沌运动状态，使系统性能变差的结论；同时利用斜波补偿法设计了一种快变分岔控制方法，有效抑制了逆变器电路系统中的分岔与混沌行为。近年来，光伏并网发电已经成为太阳能发电的主要方式，光伏并网逆变器作为其中的关键设备，具有电路结构复杂、功率等级较高、负载不确定性因素多以及强非线性等特点，已经成为一个热门的研究领域[10-13]。

单级式光伏并网逆变器具有电路结构简单、成本低、体积小等优点[14]，但单级式光伏并网逆变器不具备最大功率点跟踪性能。随着光伏并网发电系统规模的不断扩大，光伏并网逆变器的控制精度、最大功率点跟踪效率等方面需要进一步提高，因此两级式光伏并网逆变器得到了广泛的应用[15]。在两级式光伏并网逆变器电路中，前级通常用做电压环控制，以提高最大功率点跟踪精度和扩展逆变器的输入电压范围；后级用于实现 DC/AC 变换，将光伏阵列产生的直流电转换成交流电，并馈入公共电网[16]。

　　本章分别研究基于 Boost DC/DC 升压变换和 Buck DC/DC 降压变换的两级式单相全桥光伏并网逆变器（下面简称为逆变器）的非线性动力学性质和混沌行为。首先建立这两种并网逆变器电路系统严格的分段线性动力学状态方程，然后研究其非线性动力学性质和混沌行为，并提出了一种混沌控制策略。研究结果对提高光伏并网发电系统的性能指标和进行优化设计均具有理论指导意义和较好的应用价值。

5.2　基于 Buck DC/DC 降压变换的两级式单相

全桥光伏并网逆变器

5.2.1　逆变器的电路组成与结构

　　光伏并网逆变器作为光伏（PV）阵列和公共电网的连接桥梁，其作用是将光伏阵列输出的直流电转换成与公共电网电压频率、相位同步的交流电，将光伏的输出电能馈入公共电网中[17,18]，典型的两级单相全桥并网逆变器电路结构如图 5.1 所示。其中，光伏阵列输出的直流电压 U_{PV} 作为光伏并网逆变器的输入，公共电网 u_g 作为光伏并网

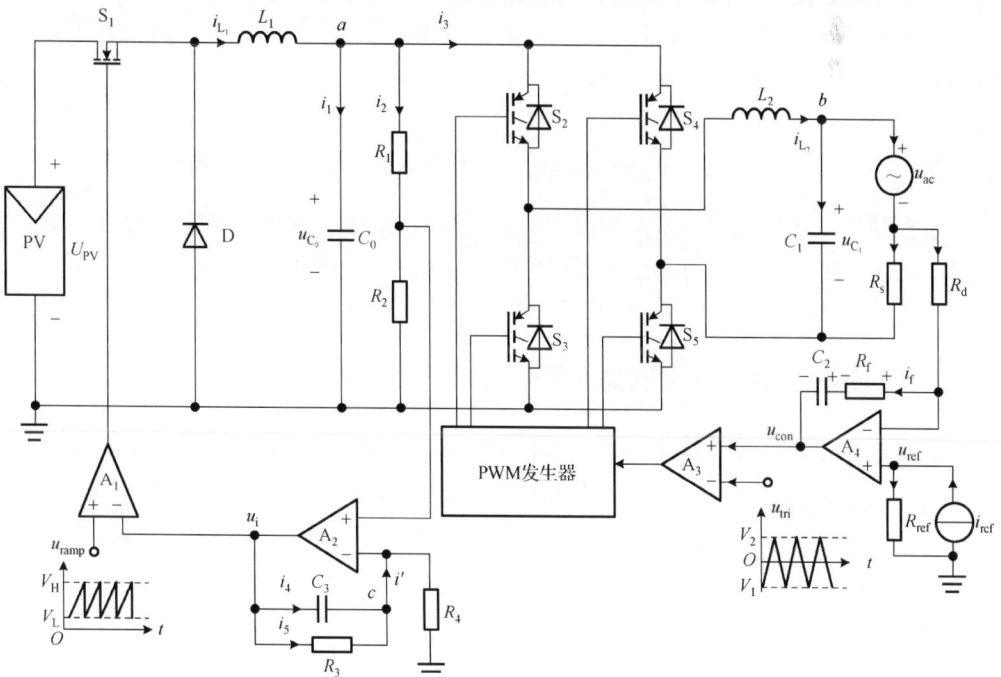

图 5.1　基于 Buck DC/DC 降压变换的两级式单相全桥光伏并网逆变器电路原理图

逆变器的有源负载。光伏并网逆变器主电路由 DC/DC 变换器、DC/AC 变换器、滤波电路和控制电路四部分构成，其中，DC/DC 变换器由功率开关管 S_1、续流二极管 D、功率电感 L_1、滤波电容 C_0 组成，这种电路组成所谓 Buck DC/DC 变换器；DC/AC 变换器由全桥电路构成；滤波电路由电感 L_2 和电容 C_1 组成；控制电路则由运算放大器 A_2、A_4 和比较器 A_1、A_3 构成。

5.2.2　逆变器的工作原理分析

在图 5.1 所示电路中，单相全桥光伏并网逆变器由 DC/DC 变换器电路和 DC/AC 变换器两级电路串联组成。DC/DC 变换器采用电压反馈控制型的 Buck 电路结构，输出电压被电阻 R_1，R_2 分压，并经过运算放大器 A_2 后输出控制电压 u_i，u_i 对锯齿波 u_{ramp} 进行比较后得到功率开关管 S_1 的 PWM 控制信号。S_1 的开关逻辑可以表示为

$$S_1 = \begin{cases} 1, & u_{ramp} > u_i \\ 0, & u_{ramp} < u_i \end{cases} \tag{5.1}$$

DC/AC 变换器电路以 DC/DC 变换器的输出电压 u_{C_0} 作为输入，经全桥逆变电路并滤波后输出与公共电网电压相位、频率同步的正弦波电流。其中，同步控制采用直接电流跟踪方法，利用电阻 R_s 将馈入电网的电流采样后与参考电流 i_{ref} 进行比较，得到的误差信号经过运算放大器 A_4 后输出控制电压 u_{con}，u_{con} 对三角波 u_{tri} 进行比较后得到功率开关管 $S_2 \sim S_5$ 的 PWM 控制信号，控制方式为双极性 SPWM。$S_2 \sim S_5$ 的开关逻辑可以表示为：$S_{2,5} = S$，$S_{3,4} = \bar{S}$，其中

$$S = \begin{cases} 0, & u_{tri} > u_{con} \\ 1, & u_{tri} < u_{con} \end{cases} \tag{5.2}$$

电路输出电压的幅度稳定是通过调整开关管 S_1 的 PWM 控制信号的占空比 τ 来实现的。例如，当光伏阵列的输出电压下降或者负载电流增加时，输出控制电压 u_i 使占空比 τ 增大，反之占空比 τ 减小，使输出电压幅度保持不变。

5.2.3　逆变器的分段光滑状态方程建立

根据基尔霍夫定律及理想运算放大器的特性，取电感 L_1 的电流 i_{L_1}，电容 C_0 两端电压 u_{C_0}，控制电压 u_i，电感 L_2 的电流 i_{L_2}，电容 C_1 两端电压 u_{C_1}，控制电压 u_{con} 作为状态变量，推导出系统的分段光滑状态方程，对于 Buck DC/DC 电路，由电路理论可推导出 DC/DC 变换器的分段光滑状态方程，具体推导过程如下。

对于 Buck DC/DC 电路，当开关 S_1 导通，D 截止时，对 PV→S_1→L_1→C_0→PV 回路列 KVL 方程，有

$$U_{PV} = L_1 \frac{di_{L_1}}{dt} + u_{C_0} \tag{5.3}$$

对节点 a 列 KCL 方程，有

$$i_{L_1} = i_1 + i_2 + i_3 \tag{5.4}$$

式中

$$i_1 = C_0 \frac{du_{C_0}}{dt} \tag{5.5}$$

$$i_2 = \frac{u_{C_0}}{R_1 + R_2} \tag{5.6}$$

$$i_3 = (2S-1)i_{L_2} \tag{5.7}$$

对节点 c，由电流 KCL 定律和欧姆定律，并考虑 A_2 是理想运算放大器，即它的反相端输入电流 $i_- = 0$（虚断），$u_- = u_+$（虚短），有

$$i' = i_4 + i_5 \tag{5.8}$$

$$i' = \frac{u_{R_4}}{R_4} \tag{5.9}$$

$$i_4 = C_3 \frac{d(u_i - u_{R_4})}{dt} \tag{5.10}$$

$$i_5 = \frac{u_i - u_{R_4}}{R_3} \tag{5.11}$$

$$u_{R_4} = i_2 R_2 \tag{5.12}$$

综合式（5.1）～式（5.12），得开关管 S_1 导通，D 截止时 Buck DC/DC 变换器的状态方程为

$$\begin{cases} \dot{i}_{L_1} = -\dfrac{u_{C_0}}{L_1} + \dfrac{U_{PV}}{L_1} \\[2mm] \dot{u}_{C_0} = \dfrac{i_{L_1}}{C_0} - \dfrac{u_{C_0}}{C_0(R_1+R_2)} - \dfrac{2S-1}{C_0}i_{L_2} \\[2mm] \dot{u}_i = \dfrac{R_2}{C_0(R_1+R_2)}i_{L_1} + \left[\dfrac{R_2(R_3+R_4)}{C_3 R_4 R_3(R_1+R_2)} - \dfrac{R_2}{C_0(R_1+R_2)^2} \right]u_{C_0} - \dfrac{R_2(2S-1)}{C_0(R_1+R_2)}i_{L_2} - \dfrac{u_i}{C_3 R_3} \end{cases} \tag{5.13}$$

同理，可得当开关管 S_1 截止，D 导通时 Buck DC/DC 变换器的状态方程为

$$\begin{cases} \dot{i}_{L_1} = -\dfrac{u_{C_0}}{L_1} \\[3mm] \dot{u}_{C_0} = \dfrac{i_{L_1}}{C_0} - \dfrac{u_{C_0}}{C_0(R_1+R_2)} - \dfrac{2S-1}{C_0}i_{L_2} \\[3mm] \dot{u}_i = \dfrac{R_2}{C_0(R_1+R_2)}i_{L_1} + \left[\dfrac{R_2(R_3+R_4)}{C_3R_4R_3(R_1+R_2)} - \dfrac{R_2}{C_0(R_1+R_2)^2}\right]u_{C_0} - \dfrac{R_2(2S-1)}{C_0(R_1+R_2)}i_{L_2} - \dfrac{u_i}{C_3R_3} \end{cases} \tag{5.14}$$

联立式（5.13）和式（5.14），得 Buck DC/DC 电路的分段光滑状态方程为

$$\begin{cases} \dot{i}_{L_1} = -\dfrac{u_{C_0}}{L_1} + \dfrac{U_{PV}}{L_1}S_1 \\[3mm] \dot{u}_{C_0} = \dfrac{i_{L_1}}{C_0} - \dfrac{u_{C_0}}{C_0(R_1+R_2)} - \dfrac{2S-1}{C_0}i_{L_2} \\[3mm] \dot{u}_i = \dfrac{R_2}{C_0(R_1+R_2)}i_{L_1} + \left[\dfrac{R_2(R_3+R_4)}{C_3R_4R_3(R_1+R_2)} - \dfrac{R_2}{C_0(R_1+R_2)^2}\right]u_{C_0} - \dfrac{R_2(2S-1)}{C_0(R_1+R_2)}i_{L_2} - \dfrac{u_i}{C_3R_3} \end{cases} \tag{5.15}$$

对 DC/AC 电路，对 $L_2 \to C_1 \to S_4 \to C_0 \to S_3 \to L_2$ 回路列 KVL 方程，并利用欧姆定律，对节点 b 列 KCL 方程,并考虑 A_4 是理想运算放大器，即它的反相端输入电流 $i_- = 0$（虚断），$u_- = u_+$（虚短），有

$$L_2\frac{\mathrm{d}i_{L_2}}{\mathrm{d}t} = (2S-1)u_{C_0} - u_{C_1} \tag{5.16}$$

$$C_1\frac{\mathrm{d}u_{C_1}}{\mathrm{d}t} = i_{L_2} - \frac{1}{R_s}(u_{C_1} - u_{ac}) - \frac{1}{R_d}(u_{C_1} - u_{ac} - u_{ref}) \tag{5.17}$$

$$u_{con} = -\left(R_f i_f + \frac{1}{C_2}\int i_f \mathrm{d}t\right) + u_{ref} \tag{5.18}$$

$$i_f = \frac{1}{R_d}(u_{C_1} - u_{ac} - u_{ref}) \tag{5.19}$$

式中，u_{ac} 为公共电网电压；u_{ref} 为参考电流 i_{ref} 通过时电阻 R_{ref} 两端电压，有

$$u_{ac} = U_m \sin \omega t \quad （U_m \text{ 为电网电压峰值}） \tag{5.20}$$

$$u_{ref} = R_{ref} i_{ref} \tag{5.21}$$

$$i_{ref} = I_m \sin \omega t \quad （I_m \text{ 为参考电流峰值}） \tag{5.22}$$

为使系统不显含时间变量 t，引入状态变量 υ：

$$\upsilon = U_m \cos \omega t \tag{5.23}$$

则有

$$\dot{u}_{ac} = \omega U_m \cos \omega t = \omega \upsilon \qquad (5.24)$$

$$\dot{\upsilon} = -\omega U_m \sin \omega t = -\omega u_{ac} \qquad (5.25)$$

综合式（5.16）～式（5.25），并令 $\alpha = \dfrac{1}{R_s C_1} + \dfrac{1}{R_d C_1}$，$\beta = \alpha + \dfrac{1}{R_d C_1} \cdot \gamma$，$\gamma = \dfrac{R_{ref} I_m}{U_m}$，

$\kappa = \dfrac{R_f}{R_d}$，$\tau = \dfrac{1}{R_d C_2}$，得 DC/AC 电路的状态方程为

$$\begin{cases} \dot{i}_{L_2} = -\dfrac{1}{L_2} u_{C_1} + \dfrac{(2S-1)}{L_2} u_{C_0} \\[2mm] \dot{u}_{C_1} = \dfrac{1}{C_1} i_{L_2} - \alpha u_{C_1} + \beta u_{ac} \\[2mm] \dot{u}_{con} = -\kappa \cdot \dfrac{1}{C_1} i_{L_2} + (\kappa \alpha - \tau) u_{C_1} + (\tau + \tau \cdot \gamma - \kappa \beta) u_{ac} + (\kappa + \kappa \cdot \gamma + \gamma) \omega \upsilon \\[2mm] \dot{u}_{ac} = \omega \upsilon \\[2mm] \dot{\upsilon} = -\omega u_{ac} \end{cases} \qquad (5.26)$$

将式（5.15）和式（5.26）联立，并令 $x_1 = i_{L_1}$，$x_2 = u_{C_0}$，$x_3 = u_i$，$x_4 = i_{L_2}$，$x_5 = u_{C_1}$，$x_6 = u_{con}$，$x_7 = u_{ac}$，$x_8 = \upsilon$，得到基于 Buck DC/DC 降压变换的两级式单相全桥光伏并网逆变器的分段光滑状态方程为

$$\begin{cases} \dot{x}_1 = -\dfrac{x_2}{L_1} + \dfrac{U_{PV}}{L_1} S_1 \\[2mm] \dot{x}_2 = \dfrac{x_1}{C_0} - \dfrac{x_2}{C_0 (R_1 + R_2)} - \dfrac{2S-1}{C_0} x_4 \\[2mm] \dot{x}_3 = \dfrac{R_2}{C_0 (R_1 + R_2)} x_1 + \left[\dfrac{R_2 (R_3 + R_4)}{C_3 R_4 R_3 (R_1 + R_2)} - \dfrac{R_2}{C_0 (R_1 + R_2)^2} \right] x_2 - \dfrac{R_2}{C_0 (R_1 + R_2)} (2S-1) x_4 - \dfrac{x_3}{C_3 R_3} \\[2mm] \dot{x}_4 = -\dfrac{1}{L_2} x_5 + \dfrac{(2S-1)}{L_2} x_2 \\[2mm] \dot{x}_5 = \dfrac{1}{C_1} x_4 - \alpha x_5 + \beta x_7 \\[2mm] \dot{x}_6 = -\kappa \cdot \dfrac{1}{C_1} x_4 + (\kappa \alpha - \tau) x_5 + (\tau + \tau \cdot \gamma - \kappa \beta) x_7 + (\kappa + \kappa \cdot \gamma + \gamma) \omega x_8 \\[2mm] \dot{x}_7 = \omega x_8 \\[2mm] \dot{x}_8 = -\omega x_7 \end{cases}$$

$$(5.27)$$

式中，$S_1 = \begin{cases} 1, & u_{ramp} > u_i \\ 0, & u_{ramp} < u_i \end{cases}$，$S = \begin{cases} 0, & u_{tri} > u_{con} \\ 1, & u_{tri} < u_{con} \end{cases}$。

5.2.4　逆变器的分段光滑状态方程的非线性动力学行为

由以上推导过程可知，式（5.27）是高维的分段光滑非线性微分方程，S 和 S_1 是状态变量 $x_1 \sim x_8$ 的非线性函数，一般很难求得解析解。由于实际系统中，太阳能光伏阵列输出电压具有较宽的变化范围，下面分别研究光伏阵列输出电压 U_{PV}、C_0，L_1，L_2 作为分岔参数时，系统的分岔和混沌行为。进行数值仿真时，相关参数取值为：$L_1 = 11.6\text{mH}$，$C_0 = 200.0\text{μF}$，$C_3 = 20.0\text{nF}$，$R_1 = 100.0\Omega$，$R_2 = 0.1\Omega$，$R_3 = 1.0 \times 10^4 \, \Omega$，$R_4 = 1.0 \times 10^3 \, \Omega$，$L_2 = 11.6\text{mH}$，$C_1 = 47.0\text{μF}$，$R_s = 1.0\Omega$，$R_d = 1.0 \times 10^4 \, \Omega$，$R_f = 1.0 \times 10^4 \, \Omega$，$R_{ref} = 0.5\Omega$，$C_2 = 1.0\text{μF}$。在上述参数条件下，采用四阶龙格-库塔法解微分方程，以光伏阵列输出电压 U_{PV} 作为分岔参数作图。图 5.2～图 5.6 分别是以光伏阵列输出电压 U_{PV}，电容 C_0、C_1，电感 L_1、L_2 为分岔参数，作 $i_{L_2}(x_4)$ 的分岔图。通常，逆变器输入启动电压为 200V 以上，由图 5.2 不难看出，U_{PV} 在 200～1200V 变化时，在某些电压范围内系统出现混沌运动，在 200～400V、625～650V 和 1060～1115V，系统为单周期运动区间；在 502～526V，系统为 2 周期运动；其余的区间为混沌运动。比较图 5.2 和图 5.3 可知，DC/DC 变换器负载电容电压的混沌行为，影响到并网逆变器的输出电流，使得并网电流在对应的区间范围也出现对应的混沌运动。

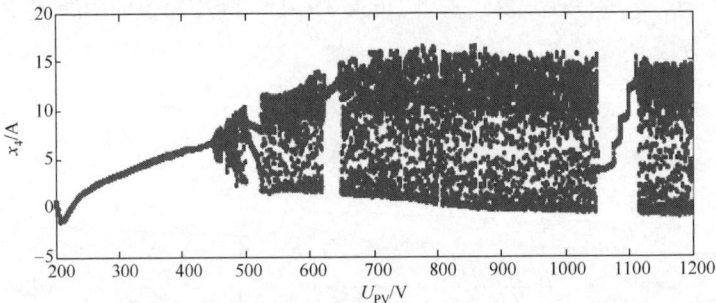

图 5.2　以光伏阵列输出电压 U_{PV} 为分岔参数，逆变器输出电流 $i_{L_2}(x_4)$ 的分岔图

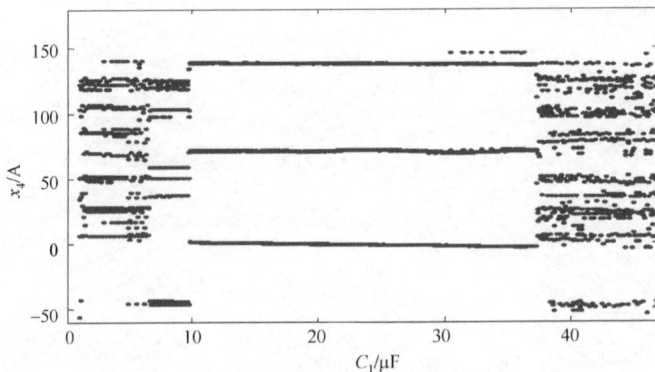

图 5.3　以电容 C_1 为分岔参数，逆变器输出电流 $i_{L_2}(x_4)$ 的分岔图

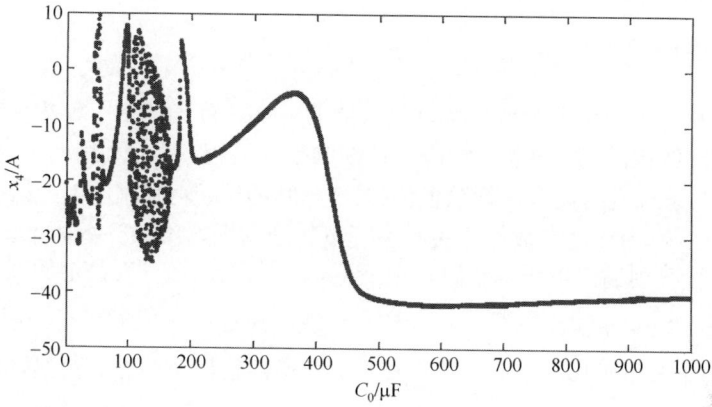

图 5.4　以电容 C_0 为分岔参数，逆变器输出电流 $i_{L_2}(x_4)$ 的分岔图

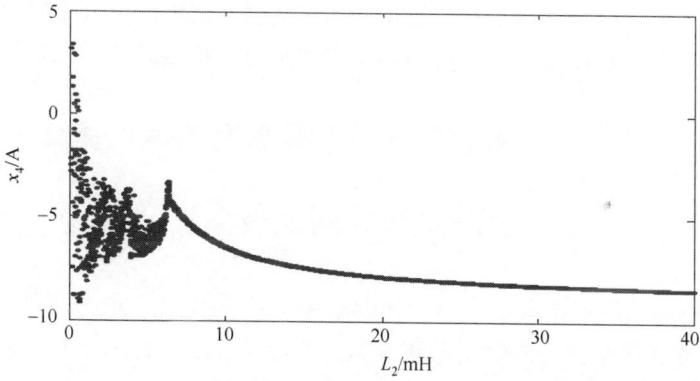

图 5.5　以电感 L_2 为分岔参数，逆变器输出电流 $i_{L_2}(x_4)$ 的分岔图

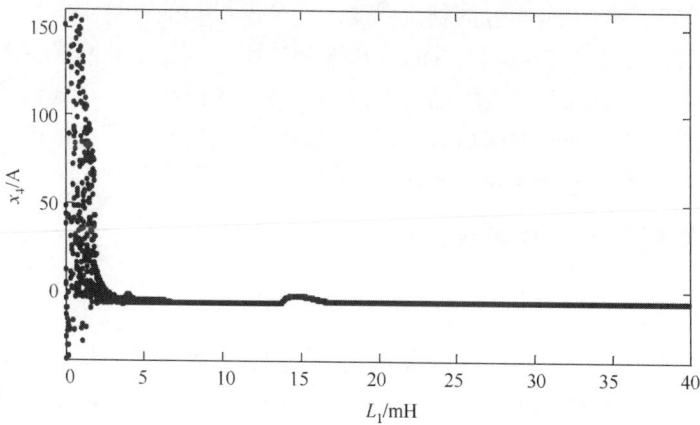

图 5.6　以电感 L_1 为分岔参数，逆变器输出电流 $i_{L_2}(x_4)$ 的分岔图

5.2.5　结论与讨论

本节根据基尔霍夫定律及理想运算放大器的特性，首先建立了单相全桥并网逆变器电路的高维非线性动力学模型，给出了详细的推导过程；然后利用四阶龙格-库塔法解微分方程，对系统电路模型进行数值模拟，分别以光伏阵列输出电压 U_{PV}，电容 C_0、C_1 和电感 L_1、L_2 作为分岔参数作相关状态变量的分岔图，结果分析如下。

（1）当光伏阵列输出电压较小时，逆变器输出电流 $i_{L_2}(x_4)$ 为稳定的周期运动，当 $U_{PV} > 450V$ 后，逆变器输出电流 $i_{L_2}(x_4)$ 开始出现混沌运动，但存在一些周期窗口。

（2）电容 C_1 大约在 $10.5\mu F < C_1 < 37\mu F$ 时，逆变器输出电流 $i_{L_2}(x_4)$ 呈现稳定的周期运动，当 $0 < C_1 < 10.5\mu F$ 或 $C_1 > 37\mu F$ 时，逆变器输出电流 $i_{L_2}(x_4)$ 出现准周期或者混沌运动，说明要使电路稳定工作，电容 C_1 的取值不能太小，也不能太大。

（3）从电感 L_1、L_2 分岔图上可以看出，当逆变器滤波电感值太小时会引起系统进入混沌运动状态。在设计过程中，适当增加电感量可以抑制系统进入混沌区域。

5.3　基于 Boost DC/DC 升压变换的两级式单相全桥光伏并网逆变器

在 5.2 节所述的研究结果中，已较详细阐述了基于 Buck DC/DC 变换的并网逆变器的各电路参数变化时逆变器输出电流 $i_{L_2}(x_4)$ 的分岔情况，这种分岔现象属于慢变尺度分岔。但根据目前的研究进展，在逆变器电路系统中还存在着快变尺度分岔现象[19]。文献[19]针对电压型逆变器中存在的快慢变两种非线性动力学行为，提出一种基于频域传递函数的控制策略，可同时抑制快慢变尺度分岔引起的不稳定。

本节首先建立了基于 Boost DC/DC 升压变换的两级式光伏并网逆变器严格的分段光滑动力学模型，并研究其非线性动力学行为；然后探讨拓展两级式光伏并网逆变器输入电压范围的策略，并研究前后级电路内部参数变化引起并网电流的快变尺度分岔和慢变尺度分岔现象，为正确设计和调试光伏并网逆变器提供理论依据。

5.3.1　逆变器电路与工作原理分析

1. 电路结构

图 5.7 是一种应用非常广泛的两级式光伏并网逆变器电路结构图。第一级是采用 Boost 升压电路结构的 DC/DC 变换器，第二级是采用双极性 SPWM 控制的电流型全桥 DC/AC 变换器。U_{PV} 是光伏阵列的输出电压，S_0 是 DC/DC 变换器的功率开关管，$S_1 \sim S_4$ 为全桥 DC/AC 变换器的 4 个功率开关管，i_{L_2}、u_{C_1} 分别为滤波电感电流和滤

波电容两端的电压，u_g 为公共电网电压。由于第一级具有升压和稳压的作用，因此采用两级结构的光伏并网逆变器，与采用单级结构的光伏并网逆变器相比，具有输入电压范围宽、控制精度和稳定性高等特点。

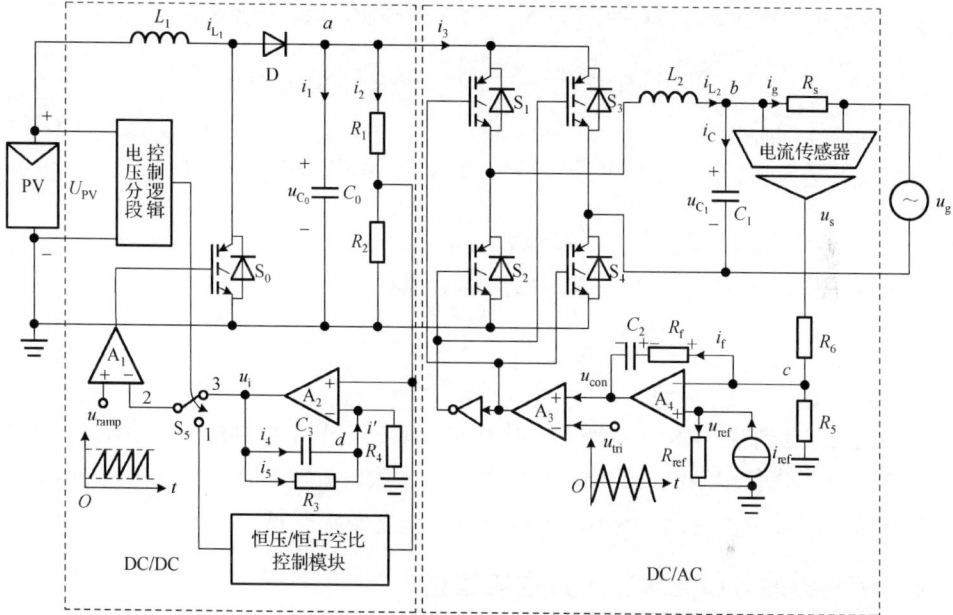

图 5.7　基于 Boost DC/DC 升压变换的两级式单相全桥光伏并网逆变器电路原理图

2. 工作原理分析

在图 5.7 中，Boost DC/DC 变换器的输出电压 u_{C_0} 经电阻 R_1,R_2 分压后反馈到运算放大器 A_2 的同相端，经积分环节后得到控制信号 u_i，控制信号 u_i 与锯齿波 u_{ramp} 进行比较得到开关 S_0 的控制逻辑。锯齿波 u_{ramp} 表达式如下：

$$u_{ramp} = V_1 + (V_2 - V_1)\mathrm{MOD}(t, T_{ramp}) \tag{5.28}$$

式中，V_1 为锯齿波的谷值；V_2 为锯齿波的峰值；T_{ramp} 为锯齿波的周期。功率开关管 S_0 的控制逻辑为

$$S_0 = \begin{cases} 1, & u_{ramp} > u_i \\ 0, & u_{ramp} < u_i \end{cases} \tag{5.29}$$

DC/AC 变换器部分，由于光伏并网逆变器通常希望以功率因数 1 向公共电网注入电流，因此光伏并网逆变器的电流参考信号 i_{ref} 表达式如下：

$$i_{ref} = I_m \sin \omega t \tag{5.30}$$

式中，I_m 是电流参考信号的幅值；ω 是公共电网电压信号的角频率。光伏并网逆变器输

出电流 i_{g} 经采样电阻 R_{s} 后得到表征电流大小的电压信号 u_{s}，电流参考信号流过电阻 R_{ref} 得到的电压信号 u_{ref}。反馈电压信号 u_{s} 通过电阻 R_5、R_6 分压后与参考电压信号 u_{ref} 分别输入到运算放大器 A_2 的反相与同相端，进行比例积分后得到输出控制信号 u_{con}。控制信号 u_{con} 与三角波 u_{tri} 进行比较，得到开关（$S_1 \sim S_4$）的控制逻辑。三角波 u_{tri} 的表达式如下：

$$u_{\mathrm{tri}} = \begin{cases} \dfrac{4V_{\mathrm{H}}}{T}\left[\mathrm{MOD}(t,T) - \dfrac{1}{4}T\right], & 0 < \mathrm{MOD}(t,T) \leqslant \dfrac{T}{2} \\[4mm] -\dfrac{4V_{\mathrm{H}}}{T}\left[\mathrm{MOD}(t,T) - \dfrac{3}{4}T\right], & \dfrac{T}{2} < \mathrm{MOD}(t,T) \leqslant T \end{cases} \tag{5.31}$$

式中，V_{H}、T 分别为三角波信号的峰值和周期。

$S_1 \sim S_4$ 的开关逻辑为：$S_{1,4} = S$，$S_{2,3} = \bar{S}$，其中

$$S = \begin{cases} 0, & u_{\mathrm{tri}} > u_{\mathrm{con}} \\ 1, & u_{\mathrm{tri}} < u_{\mathrm{con}} \end{cases} \tag{5.32}$$

电路输出电压的幅度稳定是通过调整开关管 S_0 的 PWM 控制信号的占空比 τ 来实现的。例如，当光伏电池组的输出电压下降或者负载电流增加时，输出控制电压 u_{i} 使占空比 τ 增大，反之占空比 τ 减小，使输出电压幅度保持不变。

5.3.2　逆变器的分段光滑状态方程的建立

若公共电网电压 $u_{\mathrm{g}} = U_{\mathrm{m}} \sin \omega t$，其中 U_{m} 和 ω 分别为公共电网电压的幅度和角频率。为了使系统方程中不显含时间变量 t，构造一个状态变量：

$$\upsilon = U_{\mathrm{m}} \cos \omega t \tag{5.33}$$

则有

$$\begin{cases} \dot{u}_{\mathrm{g}} = \omega \upsilon \\ \dot{\upsilon} = -\omega u_{\mathrm{g}} \end{cases} \tag{5.34}$$

根据 KCL、KVL 及欧姆定律，利用理想运算放大器的特性，对图 5.6 所示的两级式光伏并网逆变器构建分段光滑状态方程。具体推导过程如下。

对于 Boost DC/DC 电路，当开关 S_0 断开，D 导通时，对 $PV \rightarrow L_1 \rightarrow D \rightarrow C_0 \rightarrow PV$ 回路列 KVL 方程，有

$$U_{\mathrm{PV}} = L_1 \frac{\mathrm{d}i_{L_1}}{\mathrm{d}t} + u_{C_0} \tag{5.35}$$

整理得

$$\frac{\mathrm{d}i_{L_1}}{\mathrm{d}t} = -\frac{u_{C_0}}{L_1} + \frac{U_{\mathrm{PV}}}{L_1} \tag{5.36}$$

对节点 a，由 KCL 定律可得

$$i_{L_1} = i_1 + i_2 + i_3 \tag{5.37}$$

式中

$$i_1 = C_0 \frac{du_{C_0}}{dt} \tag{5.38}$$

$$i_2 = \frac{u_{C_0}}{R_1 + R_2} \tag{5.39}$$

$$i_3 = (2S - 1)i_{L_2} \tag{5.40}$$

将式（5.38）～式（5.40）代入式（5.37）得

$$i_{L_1} = C_0 \frac{du_{C_0}}{dt} + \frac{u_{C_0}}{R_1 + R_2} + (2S - 1)i_{L_2} \tag{5.41}$$

整理得

$$\frac{du_{C_0}}{dt} = \frac{i_{L_1}}{C_0} - \frac{u_{C_0}}{C_0(R_1 + R_2)} - \frac{2S - 1}{C_0}i_{L_2} \tag{5.42}$$

对节点 d，由 KCL 电流定律、欧姆定律，并考虑 A_2 是理想运算放大器，即它的反相端输入电流 $i_- = 0$（虚断），$u_- = u_+$（虚短），有

$$i' = i_4 + i_5 \tag{5.43}$$

$$i' = \frac{u_{R_4}}{R_4} \tag{5.44}$$

$$i_4 = C_3 \frac{d(u_i - u_{R_4})}{dt} \tag{5.45}$$

$$i_5 = \frac{u_i - u_{R_4}}{R_3} \tag{5.46}$$

$$u_{R_4} = i_2 R_2 = \frac{R_2}{R_1 + R_2}u_{C_0} \tag{5.47}$$

将式（5.44）～式（5.47）式代入式（5.43），得

$$\frac{R_2 u_{C_0}}{R_1 + R_2} \cdot \frac{1}{R_4} = C_3 \frac{d(u_i - u_{R_4})}{dt} + \frac{u_i - u_{R_4}}{R_3}$$

$$= C_3 \frac{du_i}{dt} - C_3 \frac{du_{R_4}}{dt} + \frac{u_i}{R_3} - \frac{u_{R_4}}{R_3}$$

$$= C_3 \frac{du_i}{dt} - C_3 \frac{R_2}{R_1 + R_2} \frac{du_{C_0}}{dt} + \frac{u_i}{R_3} - \frac{1}{R_3}\frac{R_2}{R_1 + R_2}u_{C_0}$$

$$= C_3 \frac{du_i}{dt} - C_3 \frac{R_2}{R_1 + R_2}\left[\frac{i_{L_1}}{C_0} - \frac{u_{C_0}}{C_0(R_1 + R_2)} - \frac{2S - 1}{C_0}i_{L_2}\right]$$

$$+ \frac{u_i}{R_3} - \frac{1}{R_3}\frac{R_2}{R_1 + R_2}u_{C_0} \tag{5.48}$$

整理得

$$\frac{\mathrm{d}u_i}{\mathrm{d}t} = \frac{R_2}{C_0(R_1+R_2)}i_{L_1} + \left[\frac{R_2(R_3+R_4)}{C_3R_4R_3(R_1+R_2)} - \frac{R_2}{C_0(R_1+R_2)^2}\right]u_{C_0}$$

$$- \frac{R_2}{C_0(R_1+R_2)}(2S-1)i_{L_2} - \frac{u_i}{C_3R_3} \tag{5.49}$$

联立式（5.36）、式（5.42）、式（5.49），得 S_0 截止，D 导通时 Boost DC/DC 变换器的状态方程为

$$\begin{cases} \dot{i}_{L_1} = -\frac{u_{C_0}}{L_1} + \frac{U_{PV}}{L_1} \\ \dot{u}_{C_0} = \frac{i_{L_1}}{C_0} - \frac{u_{C_0}}{C_0(R_1+R_2)} - \frac{2S-1}{C_0}i_{L_2} \\ \dot{u}_i = \frac{R_2}{C_0(R_1+R_2)}i_{L_1} + \left[\frac{R_2(R_3+R_4)}{C_3R_4R_3(R_1+R_2)} - \frac{R_2}{C_0(R_1+R_2)^2}\right]u_{C_0} - \frac{R_2}{C_0(R_1+R_2)}(2S-1)i_{L_2} - \frac{u_i}{C_3R_3} \end{cases} \tag{5.50}$$

同理，可得当开关 S_0 导通，D 截止时，Boost DC/DC 变换器的状态方程为

$$\begin{cases} \dot{i}_{L_1} = \frac{U_{PV}}{L_1} \\ \dot{u}_{C_0} = -\frac{u_{C_0}}{C_0(R_1+R_2)} - \frac{2S-1}{C_0}i_{L_2} \\ \dot{u}_i = \frac{R_2}{C_0(R_1+R_2)}i_{L_1} + \left[\frac{R_2(R_3+R_4)}{C_3R_4R_3(R_1+R_2)} - \frac{R_2}{C_0(R_1+R_2)^2}\right]u_{C_0} - \frac{R_2}{C_0(R_1+R_2)}(2S-1)i_{L_2} - \frac{u_i}{C_3R_3} \end{cases} \tag{5.51}$$

联立式（5.50）和式（5.51），得 Boost DC/DC 变换器分段光滑状态方程为

$$\begin{cases} \dot{i}_{L_1} = -\frac{1-S_0}{L_1}u_{C_0} + \frac{U_{PV}}{L_1} \\ \dot{u}_{C_0} = \frac{1-S_0}{C_0}i_{L_1} - \frac{u_{C_0}}{C_0(R_1+R_2)} - \frac{2S-1}{C_0}i_{L_2} \\ \dot{u}_i = \frac{R_2}{C_0(R_1+R_2)}i_{L_1} + \left[\frac{R_2(R_3+R_4)}{C_3R_4R_3(R_1+R_2)} - \frac{R_2}{C_0(R_1+R_2)^2}\right]u_{C_0} - \frac{R_2}{C_0(R_1+R_2)}(2S-1)i_{L_2} - \frac{u_i}{C_3R_3} \end{cases} \tag{5.52}$$

式中，$S_0 = \begin{cases} 1, & u_{\mathrm{ramp}} > u_i \\ 0, & u_{\mathrm{ramp}} < u_i \end{cases}$，$S = \begin{cases} 1, & u_{\mathrm{con}} > u_{\mathrm{tri}} \\ 0, & u_{\mathrm{con}} < u_{\mathrm{tri}} \end{cases}$。

对图 5.7 中 DC/AC 部分电路，采用第 5.2 节中类似方法，由 KCL、KVL 及欧姆定律，并考虑 A_4 具有理想运算放大器的特性，即它的反相端输入电流 $i_- = 0$（虚断），$u_- = u_+$，得

$$L_2 \frac{di_{L_2}}{dt} = (2S-1)u_{C_0} - u_{C_1} \tag{5.53}$$

$$C_1 \frac{du_{C_1}}{dt} = i_{L_2} - \frac{1}{R_s}(u_{C_1} - u_g) \tag{5.54}$$

$$u_{con} = -\left(R_f i_f + \frac{1}{C_2}\int i_f dt\right) + u_{ref} \tag{5.55}$$

$$
\begin{aligned}
i_f &= \frac{1}{R_6}(i_g R_s - u_{ref}) - \frac{u_{ref}}{R_5} \\
&= \frac{1}{R_6}[(u_{C_1} - u_g) - u_{ref}] - \frac{u_{ref}}{R_5} \\
&= \frac{1}{R_6}u_{C_1} - \frac{1}{R_6}u_g - \left(\frac{1}{R_6} + \frac{1}{R_5}\right)u_{ref}
\end{aligned} \tag{5.56}
$$

以上各式中，u_g 为公共电网电压；u_{ref} 为参考电流 i_{ref} 通过时电阻 R_{ref} 的两端电压，有

$$u_g = U_m \sin \omega t \quad (U_m \text{ 为电网电压峰值}) \tag{5.57}$$

$$u_{ref} = R_{ref} i_{ref} \tag{5.58}$$

$$i_{ref} = I_m \sin \omega t \quad (I_m \text{ 为参考电流峰值}) \tag{5.59}$$

为了将系统化为自治系统，引入状态变量 υ：

$$\upsilon = U_m \cos \omega t \tag{5.60}$$

则有

$$\dot{u}_g = \omega U_m \cos \omega t = \omega \upsilon \tag{5.61}$$

$$\dot{\upsilon} = -\omega U_m \sin \omega t = -\omega u_g \tag{5.62}$$

将式（5.56）、式（5.58）、式（5.59）代入式（5.55），得

$$
\begin{aligned}
u_{con} &= -\left(R_f i_f + \frac{1}{C_2}\int i_f dt\right) + u_{ref} \\
&= -\left(\frac{R_f R_s}{R_6}i_g - \left(\frac{R_f}{R_6} + \frac{R_f}{R_5}\right)u_{ref}\right) - \frac{1}{C_2}\int\left(\frac{R_s}{R_6}i_g - \left(\frac{1}{R_6} + \frac{1}{R_5}\right)u_{ref}\right)dt + u_{ref}
\end{aligned}
$$

即

$$u_{\text{con}} = \left(-\frac{R_f R_s}{R_6} i_g + \left(\frac{R_f}{R_6} + \frac{R_f}{R_5} \right) u_{\text{ref}} \right) - \frac{1}{C_2} \int \left(\frac{R_s}{R_6} i_g - \left(\frac{1}{R_6} + \frac{1}{R_5} \right) u_{\text{ref}} \right) \mathrm{d}t + u_{\text{ref}} \qquad (5.63)$$

对式（5.63）两端求导，得

$$\dot{u}_{\text{con}} = -\frac{R_f R_s}{R_6} \dot{i}_g + \left(\frac{R_f}{R_6} + \frac{R_f}{R_5} + 1 \right) \dot{u}_{\text{ref}} - \frac{R_s}{R_6 C_2} i_g + \left(\frac{1}{R_6 C_2} + \frac{1}{R_5 C_2} \right) u_{\text{ref}}$$

将 $i_g = \dfrac{u_{C_1} - u_g}{R_s}$，$\dot{i}_g = \dfrac{\dot{u}_{C_1} - \dot{u}_g}{R_s}$，$u_{\text{ref}} = R_{\text{ref}} i_{\text{ref}} = R_{\text{ref}} I_m \sin\omega t = \dfrac{R_{\text{ref}} I_m}{U_m} u_g$，$\dot{u}_{\text{ref}} = \dfrac{R_{\text{ref}} I_m}{U_m} \dot{u}_g =$

$\dfrac{R_{\text{ref}} I_m}{U_m} \omega\upsilon$，$\dot{u}_g = \omega U_m \cos\omega t = \omega\upsilon$ 代入式（5.63）得

$$\dot{u}_{\text{con}} = -\frac{R_f R_s}{R_6} \frac{\dot{u}_{C_1} - \dot{u}_g}{R_s} + \left(\frac{R_f}{R_6} + \frac{R_f}{R_5} + 1 \right) \frac{R_{\text{ref}} I_m}{U_m} \omega\upsilon - \frac{R_s}{R_6 C_2} i_g + \left(\frac{1}{R_6 C_2} + \frac{1}{R_5 C_2} \right) \frac{R_{\text{ref}} I_m}{U_m} u_g$$

$$\dot{u}_{\text{con}} = -\frac{R_f}{R_6 C_1} i_{L_2} + \frac{R_f}{R_6 R_s C_1} u_{C_1} - \frac{R_f}{R_6 R_s C_1} u_g + \frac{R_f \omega}{R_6} \upsilon + \left(\frac{R_f}{R_6} + \frac{R_f}{R_5} + 1 \right) \frac{R_{\text{ref}} I_m}{U_m} \omega\upsilon$$

$$- \frac{R_s}{R_6 C_2} i_g + \left(\frac{1}{R_6 C_2} + \frac{1}{R_5 C_2} \right) \frac{R_{\text{ref}} I_m}{U_m} u_g$$

$$\dot{u}_{\text{con}} = -\frac{R_f}{R_6 C_1} i_{L_2} + \left(\frac{R_f}{R_6 R_s C_1} - \frac{1}{R_6 C_2} \right) u_{C_1} + \left[\frac{1}{R_6 C_2} + \left(\frac{1}{R_6 C_2} + \frac{1}{R_5 C_2} \right) \frac{R_{\text{ref}} I_m}{U_m} - \frac{R_f}{R_6 R_s C_1} \right] u_g$$

$$+ \left[\frac{R_f}{R_6} + \left(\frac{R_f}{R_6} + \frac{R_f}{R_5} + 1 \right) \frac{R_{\text{ref}} I_m}{U_m} \right] \omega\upsilon \qquad (5.64)$$

整理以上各式，得到 H 桥 DC/AC 电路的状态方程如下：

$$\begin{cases} \dot{i}_{L_2} = -\dfrac{1}{L_2} u_{C_1} + \dfrac{(2S-1)}{L_2} u_{C_0} \\[2mm] \dot{u}_{C_1} = \dfrac{1}{C_1} i_{L_2} - \dfrac{1}{R_s C_1} u_{C_1} + \dfrac{1}{R_s C_1} u_g \\[2mm] \dot{u}_{\text{con}} = -\dfrac{R_f}{R_6 C_1} i_{L_2} + \left(\dfrac{R_f}{R_6 R_s C_1} - \dfrac{1}{R_6 C_2} \right) u_{C_1} + \left[\dfrac{1}{R_6 C_2} + \left(\dfrac{1}{R_6 C_2} + \dfrac{1}{R_5 C_2} \right) \dfrac{R_{\text{ref}} I_m}{U_m} - \dfrac{R_f}{R_6 R_s C_1} \right] u_g \quad (5.65) \\[2mm] \qquad + \left[\dfrac{R_f}{R_6} + \left(\dfrac{R_f}{R_6} + \dfrac{R_f}{R_5} + 1 \right) \dfrac{R_{\text{ref}} I_m}{U_m} \right] \omega\upsilon \\[2mm] \dot{u}_g = \omega\upsilon \\[2mm] \dot{\upsilon} = -\omega u_g \end{cases}$$

联立方程式（5.52）、式（5.65），Boost DC/DC 升压变换的两级式单相全桥光伏并网逆变器电路的分段光滑状态方程为

$$\begin{cases}
\dot{i}_{L_1} = -\dfrac{1-S_0}{L_1}u_{C_0} + \dfrac{U_{PV}}{L_1} \\[2mm]
\dot{u}_{C_0} = \dfrac{1-S_0}{C_0}i_{L_1} - \dfrac{u_{C_0}}{C_0(R_1+R_2)} - \dfrac{2S-1}{C_0}i_{L_2} \\[2mm]
\dot{u}_i = \dfrac{R_2}{C_0(R_1+R_2)}i_{L_1} + \left[\dfrac{R_2(R_3+R_4)}{C_3R_4R_3(R_1+R_2)} - \dfrac{R_2}{C_0(R_1+R_2)^2}\right]u_{C_0} - \dfrac{R_2}{C_0(R_1+R_2)}(2S-1)i_{L_2} - \dfrac{u_i}{C_3R_3} \\[2mm]
\dot{i}_{L_2} = -\dfrac{1}{L_2}u_{C_1} + \dfrac{(2S-1)}{L_2}u_{C_0} \\[2mm]
\dot{u}_{C_1} = \dfrac{1}{C_1}i_{L_2} - \dfrac{1}{R_sC_1}u_{C_1} + \dfrac{1}{R_sC_1}u_g \\[2mm]
\dot{u}_{con} = -\dfrac{R_f}{R_6C_1}i_{L_2} + \left(\dfrac{R_f}{R_6R_sC_1} - \dfrac{1}{R_6C_2}\right)u_{C_1} + \left[\dfrac{1}{R_6C_2} + \left(\dfrac{1}{R_6C_2} + \dfrac{1}{R_5C_2}\right)\dfrac{R_{ref}I_m}{U_m} - \dfrac{R_f}{R_6R_sC_1}\right]u_g \\[2mm]
\quad\quad + \left[\dfrac{R_f}{R_6} + \left(\dfrac{R_f}{R_6} + \dfrac{R_f}{R_5} + 1\right)\dfrac{R_{ref}I_m}{U_m}\right]\omega\upsilon \\[2mm]
\dot{u}_g = \omega\upsilon \\[2mm]
\dot{\upsilon} = -\omega u_g
\end{cases}$$

$$(5.66)$$

式中，$S_0 = \begin{cases}1, & u_{ramp} > u_i \\ 0, & u_{ramp} < u_i\end{cases}$，$S = \begin{cases}1, & u_{con} > u_{tri} \\ 0, & u_{con} < u_{tri}\end{cases}$。

令 $\alpha = \dfrac{R_2}{C_0(R_1+R_2)}$，$\beta = \dfrac{R_2(R_3+R_4)}{C_3R_4R_3(R_1+R_2)} - \dfrac{R_2}{C_0(R_1+R_2)^2}$，$\gamma = \dfrac{R_f}{R_6R_sC_1} - \dfrac{1}{R_6C_2}$，

$\xi = \dfrac{1}{R_6C_2} + \left(\dfrac{1}{R_6C_2} + \dfrac{1}{R_5C_2}\right)\dfrac{R_{ref}I_m}{U_m} - \dfrac{R_f}{R_6R_sC_1}$，$\rho = \dfrac{R_f}{R_6} + \left(\dfrac{R_f}{R_6} + \dfrac{R_f}{R_5} + 1\right)\dfrac{R_{ref}I_m}{U_m}$，并令 $x_1 = i_{L_1}$，

$x_2 = u_{C_0}$，$x_3 = u_i$，$x_4 = i_{L_2}$，$x_5 = u_{C_1}$，$x_6 = u_{con}$，$x_7 = u_g$，$x_8 = \upsilon$，得到图 5.7 所示 Boost DC/DC 升压变换的两级式单相全桥光伏并网逆变器的状态方程为

$$\begin{cases}
\dot{x}_1 = \dfrac{S_0-1}{L_1}x_2 + \dfrac{U_{PV}}{L_1} \\[2mm]
\dot{x}_2 = \dfrac{1-S_0}{C_0}x_1 - \alpha x_2 - \dfrac{2S-1}{C_0}x_4 \\[2mm]
\dot{x}_3 = \alpha x_1 + \beta x_2 - \dfrac{1}{C_3R_3}x_3 - \alpha(2S-1)x_4 \\[2mm]
\dot{x}_4 = -\dfrac{1}{L_2}x_5 + \dfrac{(2S-1)}{L_2}x_2
\end{cases}$$

$$(5.67a)$$

$$\begin{cases} \dot{x}_5 = \dfrac{1}{C_1}x_4 - \dfrac{1}{R_sC_1}x_5 + \dfrac{1}{R_sC_1}x_7 \\[3mm] \dot{x}_6 = -\dfrac{R_f}{R_6C_1}x_4 + \gamma x_5 + \xi x_7 + \rho\omega x_8 \\[3mm] \dot{x}_7 = \omega x_8 \\[2mm] \dot{x}_8 = -\omega x_7 \end{cases} \tag{5.67b}$$

式中，$S_0 = \begin{cases} 1, & u_{\text{ramp}} > u_i \\ 0, & u_{\text{ramp}} < u_i \end{cases}$，$S = \begin{cases} 0, & u_{\text{tri}} > u_{\text{con}} \\ 1, & u_{\text{tri}} < u_{\text{con}} \end{cases}$。

5.3.3　逆变器分段光滑状态方程动力学行为

采用四阶龙格-库塔算法，对式（6.67）所示方程进行数值计算，研究并网电流与电网电压同步效果和两级式逆变器电路的非线性动力学行为。取电路参数值为：$R_1 = 1\text{k}\Omega$，$R_2 = 50\Omega$，$R_3 = 1\text{k}\Omega$，$R_4 = 10\text{k}\Omega$，$L_1 = 2\text{mH}$，$C_0 = 220\mu\text{F}$，$C_3 = 200\text{nF}$，$R_s = 1.0\Omega$，$R_f = 50\Omega$，$R_{\text{ref}} = 0.5\Omega$，$R_5 = 50\text{k}\Omega$，$R_6 = 5\text{k}\Omega$，$L_2 = 44\text{mH}$，$C_1 = 52\mu\text{F}$，$C_2 = 1\mu\text{F}$，$\omega = 100\pi$，积分步长 $h = 0.000001$。当 $U_{\text{PV}} = 250.0\text{V}$ 时，并网电流的同步效果如图 5.8 所示，经历了约 266ms 后并网电流与电网电压相位、频率同步。

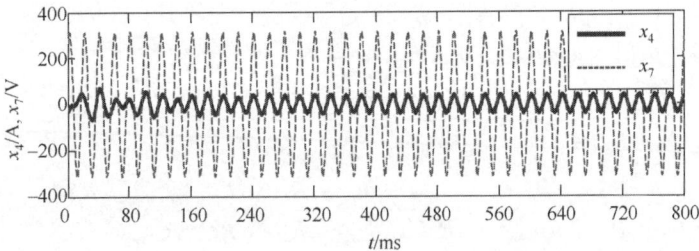

图 5.8　并网电流的同步效果（$U_{\text{PV}} = 250.0\text{V}$）

研究 DC/AC 变换器的非线性动力学行为，可以从开关频率和基波频率（50Hz）两个角度去分析 DC/AC 变换器的分岔，分别称为快变尺度分岔和慢变尺度分岔分析[8,20]。由于逆变器输出的基波电流幅度（50Hz 正弦波）在一个较大的范围变化，若其幅值过大，可能会引起占空比饱和，导致输出电流波形产生严重畸变，不符合国家并网标准，因此控制器需要选择合适的输出参考电流，以防止发生占空比饱和现象。考虑到光伏并网逆变器的显著特点是输入电压由光伏阵列产生，而光伏阵列电压会随阳光辐射强度、温度等因素发生较大范围的变化，因此以光伏阵列电压为参数，研究系统的分岔和混沌行为，对于工程设计具有很强的实际意义。

慢变尺度分析时，选取每个基波周期（0.02s）中的一个固定相位点对信号进行采样，分频采样的频率为 50Hz，以光伏阵列输出电压为分岔参数作两级式光伏并网逆变器并网电流慢变尺度分岔图，如图 5.9 所示。与单级式光伏并网逆变器[21]不同，两级式光伏并网逆变器在 U_{PV} 为 311.1～500V 范围内不全是周期运动，而是存在一个混沌区域（295～355V）。同时，由于前级采用了具有升压变换功能的 Boost 变换器，两级式光伏并网逆变器允许输入电压可以低于 311.1V，通常可以低至 24V 左右，但是在 24～311.1V 也存在一个混沌区域（102～145.5V）。对于快变尺度分析，使用折叠图分析方法，分频采样频率为 4kHz，略去前面的迭代过程，取稳定后的 40 个基波周期，将 40 个基波周期信号按相位对齐折叠，若系统稳定，则折叠图显示出单一正弦波轨迹；若出现快变尺度分岔，则显示多个正弦波轨迹。图 5.10(a)、(b)分别显示了周期和混沌运动时的快变尺度分岔图，在混沌运动时，并网电流出现了严重的快变尺度分岔现象。

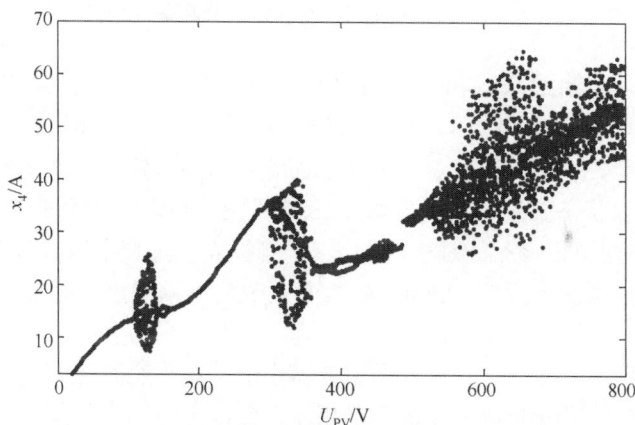

图 5.9　以 U_{PV} 为分岔参数的逆变器输出电流 $i_{L_2}(x_4)$ 慢变尺度分岔图

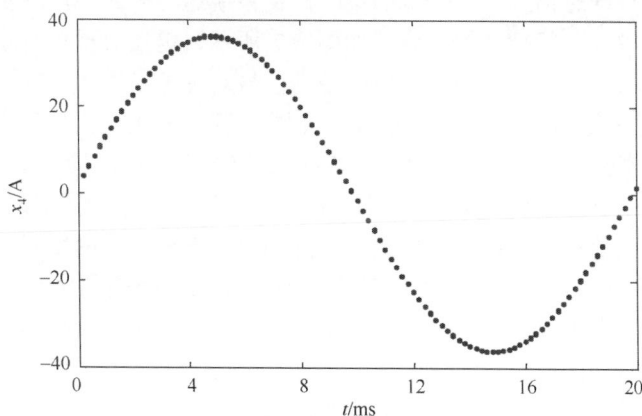

(a) 周期运动(U_{PV}=250.0V)

图 5.10　逆变器输出电流 $i_{L_2}(x_4)$ 快变尺度分岔图（分频采样频率取 4kHz）

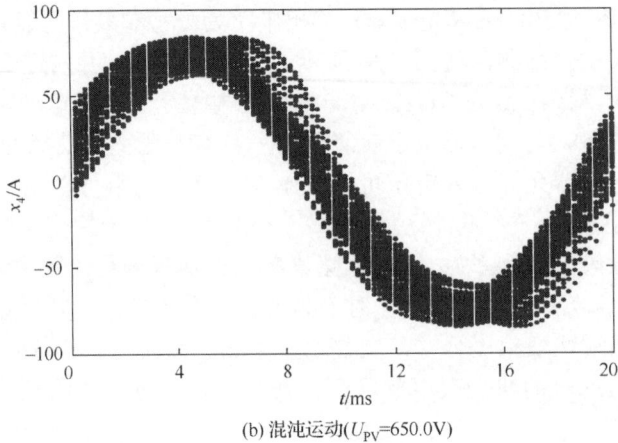

(b) 混沌运动(U_{PV}=650.0V)

图 5.10　逆变器输出电流 $i_{L_2}(x_4)$ 快变尺度分岔图（分频采样频率取 4kHz）（续）

为了更直观地观察两级式光伏并网逆变器的动力学行为，分别画出周期运动和混沌运动时的三维相图如图 5.11(a)、(c)所示。以 $x_4 = 0$A 作相应的 Poincaré 截面图进行分析，如图 5.11(b)、(d)所示。由 Poincaré 截面图可知，选择光伏阵列电压参数 $U_{PV} = 250$V 时，以状态变量 x_1、x_4 和 x_7 作三维相图，其运动轨迹是单一的闭合曲线，对应 Poincaré 截面上的一个点，是一周期运动。选择光伏阵列电压参数 $U_{PV} = 650$V 时，其运动轨迹是不规则的，对应 Poincaré 截面上杂乱无章的点，是混沌运动，结果与图 5.9 所示的慢变尺度分岔图相吻合。

由以上分析可知，两级式光伏并网逆变器由于采用具有升压变换功能的 Boost 变换器作为前级，与单级式光伏并网逆变器相比，允许更宽的光伏阵列电压输入范围，即光伏阵列电压最小值可低至 24V 左右，最大值约 500V。但是在 24～500V，存在一些混沌区域，在设计时需要采用一定的策略，使系统运行时避免产生混沌。例如，根据光伏阵列电压进行分段控制的策略。如图 5.7 所示，电压分段控制逻辑模块根据光伏阵列输出电压值进行分段控制，产生的控制信号对开关 S_5 进行控制。正常情况下，开关 S_5 的 2 端与 3 端相连接，在系统运行过程中，若检测到光伏阵列电压值进入使两级式逆变器进入混沌运动的区域，则开关 S_5 的 2 端与 1 端相连接，前级 Boost 变换器选择恒压控制或恒定占空比控制，控制信号由恒压/恒占空比控制模块产生，此时 Boost 变换器无法做最大功率点跟踪；当检测光伏阵列电压值进入使两级式逆变器进入周期运动的区域，则开关 S_5 的 2 端与 3 端相连接，返回正常的控制程序。选择恒压控制时，前级 Boost 变换器的输出电压控制在某个设定的电压值范围内（选择能使后级 DC/AC 变换器处于周期运动区域的电压值范围）。选择恒占空比控制时，恒占空比控制模块产生固定的控制信号，使功率开关管的 PWM 控制信号占空比为一恒定值。该控制策略虽然以损失最大功率点跟踪效率为代价，但避免了系统由于产生混沌所引起的电磁兼容性能降低、转换效率降低、稳定性和鲁棒性变差、临界状态崩溃等问题[1,22]，从而提高了系统的整体性能。其控制效果如图 5.12 所示,在原混沌区域(102~145.5V)和(295~355V)分别采用恒压控制和恒占空比控制后,系统转变为周期运动,使两级式光伏并网逆变器允许的最佳输入电压范围进一步得到了很大拓展。

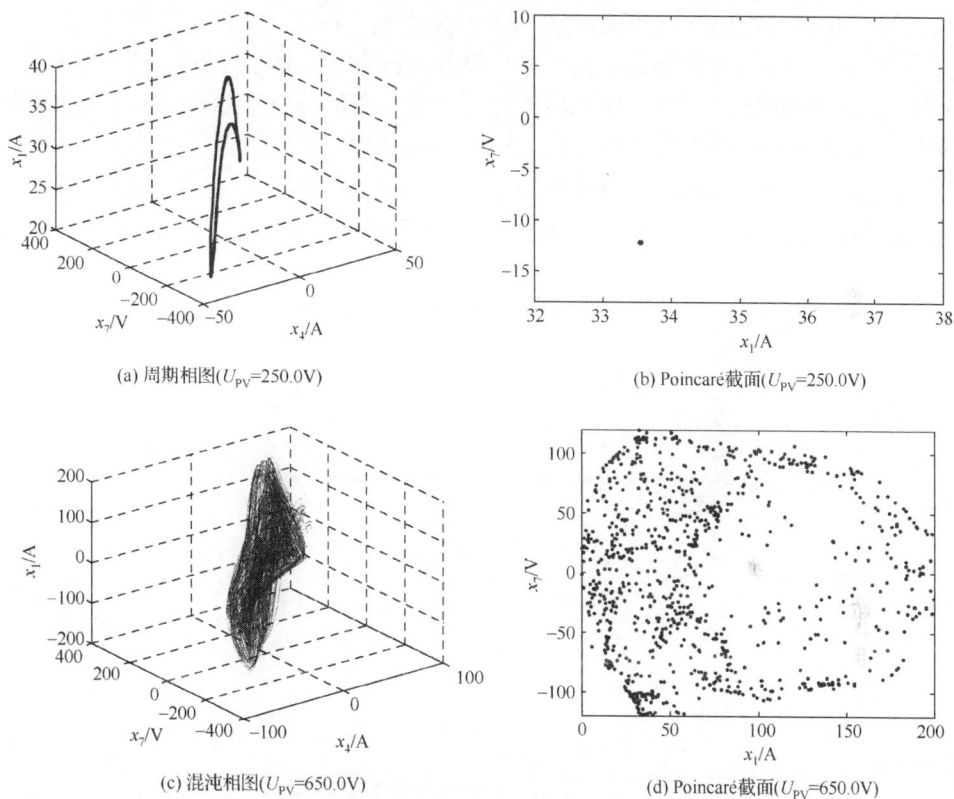

(a) 周期相图(U_{PV}=250.0V)

(b) Poincaré截面(U_{PV}=250.0V)

(c) 混沌相图(U_{PV}=650.0V)

(d) Poincaré截面(U_{PV}=650.0V)

图 5.11　逆变器有关变量三维相图及其 Poincaré 截面

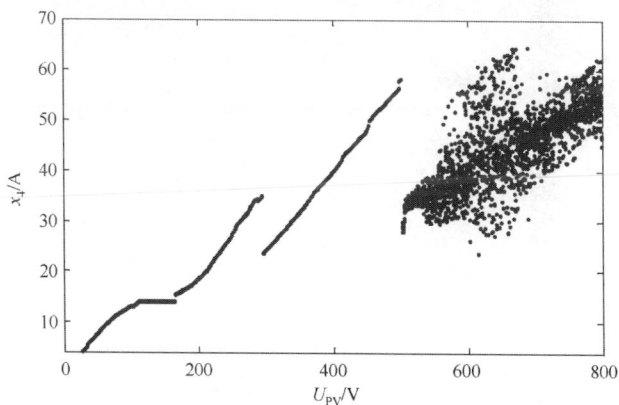

图 5.12　采用改进策略后逆变器输出电流 $i_{L_2}(x_4)$ 分岔图

5.3.4 内参数对两级式光伏并网逆变器非线性动力学行为的影响

除了光伏阵列电压会对两级式光伏并网逆变器的动力学行为产生影响外，还有电路内部关键器件参数也会对系统动力学行为产生影响。在图 5.7 所示的两级式光伏并网逆变器中，对系统性能起重要作用的几个器件参数有前级输出电容 C_0 和电感 L_1、后级输出电容 C_1 和电感 L_2。为了研究这些电路内部参数对系统非线性动力学行为的影响，首先在图 5.9 所示的周期运动区域中选择一个固定的光伏阵列电压值 $U_{PV} = 250V$，然后分别以 C_0、L_1、C_1 和 L_2 作为分岔参数，作分岔图如图 5.13 所示。从图 5.13(a)、(b)可以看到，前级 Boost 变换器的输出电容 C_0 和电感 L_1 在取值较小的区域（C_0 取

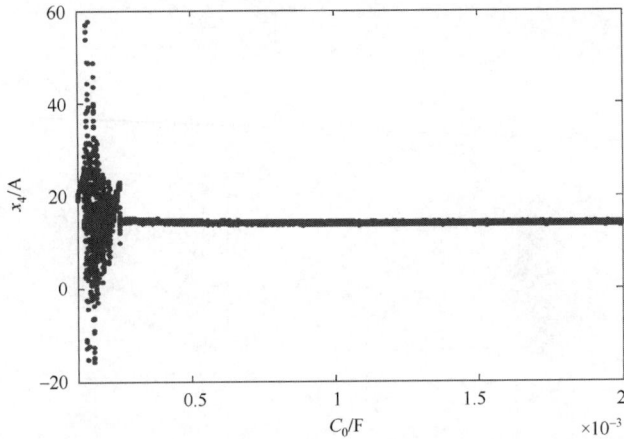

(a) 以 C_0 为分岔参数

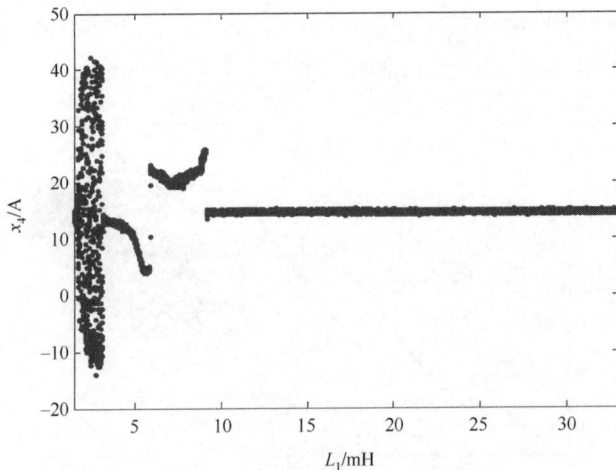

(b) 以 L_1 为分岔参数

图 5.13 以内参数 C_0, C_1, L_1, L_2 为分岔参数时逆变器输出电流 $i_{L_2}(x_4)$ 分岔图

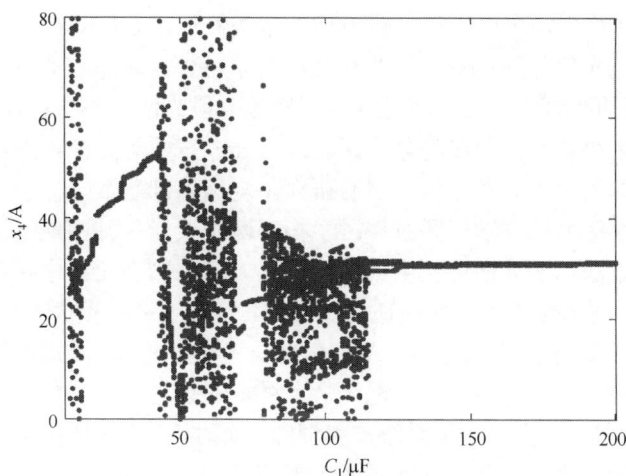

(c) 以 C_1 为分岔参数

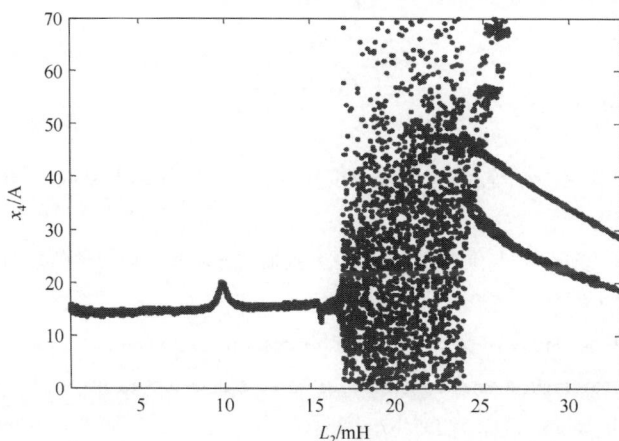

(d) 以 L_2 为分岔参数

图 5.13　以内参数 C_0, C_1, L_1, L_2 为分岔参数时逆变器输出电流 $i_{L_2}(x_4)$ 分岔图（续）

值小于 236.0μF，L_1 取值小于 2.5mH），系统产生混沌。而对于后级变换器的 C_1 和 L_2，其混沌区域并非都在参数取值较小的区域，例如，参数 C_1 存在三个混沌区域（0～17.0μF、43～70.0μF、79.0～115.0μF），参数 L_2 则存在一个混沌区域（16.64～26.52mH，如图 5.13(c)、(d)所示）。由此可见，在两级式光伏并网逆变器的工程设计中，适当增加前级 Boost 变换器的惯性器件 C_0 和 L_1 的参数值，可避免系统产生混沌，而对于后级变换器的 C_1 和 L_2 则需要小心取值，避免参数值落入混沌区域。

5.3.5　结论与讨论

两级式光伏并网逆变器是一种强非线性系统，其电路具有复杂的非线性动力学行为，在一定的光伏阵列输出电压和电路内部参数条件下，系统会产生混沌行为。为了更好地了解两级式光伏并网逆变器的非线性动力学特性，本节首先建立了基于 Boost DC/DC 升压变换的两级式光伏并网逆变器严格的分段光滑状态方程，用四阶龙格-库塔法解方程，利用快变和慢变尺度分岔图、Poincaré 截面等方法，揭示了该两级式光伏并网逆变器的非线性动力学行为；然后研究了电路内部参数 C_0, C_1, L_1, L_2 的取值对系统非线性动力学行为的影响，同时探讨了拓展两级式光伏并网逆变器允许光伏阵列电压输入范围的方法。研究结果表明：该两级式光伏并网逆变器中存在快变尺度和慢变尺度分岔现象，与单级式光伏并网逆变器相比，允许更宽的光伏阵列电压输入范围，但是在 24～500V，不全是周期运动，而是存在一些混沌区域。采用对光伏阵列电压进行分段控制的策略，可避免系统产生混沌。另外，通过适当增加前级 Boost 变换器的惯性器件 C_0 和 L_1 的值，也可避免系统产生混沌，而对于后级变换器的 C_1 和 L_2 则需要小心取值，避免两级式光伏并网逆变器落入混沌区域。这些研究结果对光伏并网逆变器的设计和调试具有较重要的指导意义和实用价值。

参 考 文 献

[1] 罗晓曙, 汪秉宏, 陈关荣, 等. DC-DC buck 变换器的分岔行为及混沌控制研究. 物理学报, 2003, 52 (1): 12-17.

[2] 贤燕华, 罗晓曙, 翁甲强. 高维并联 BUCK 变换器的分段光滑动力学模型. 广西师范大学学报 (自然科学版), 2004, 22 (2): 5-9.

[3] Iu H H C, Tse C K. Study of low-frequency bifurcation phenomena of a parallel-connected boost converter system via simple averaged models. IEEE Transactions on Circuits and Systems I: Fundamental Theory and Applications, 2003, 50 (5): 679-685.

[4] Xu C D, Cheng K W E. Examination of bifurcation of the non-linear dynamics in buck-boost converters with input capacitor rectifier. IET Power Electronics, 2011, 4 (2): 209-217.

[5] Daho I, Giaouris D, Zahawi B, et al. Stability analysis and bifurcation control of hysteresis current controlled Cuk converter using Filippov's method. 4th Conference on IET, 2008: 381-385.

[6] Wong S C, Wu X Q, Tse C K. Sustained slow-scale oscillation in higher order current-mode controlled converter. IEEE Transactions on Circuits and Systems II: Express Briefs, 2008, 55 (5): 489-493.

[7] Wang X M, Zhang B, Qiu D Y. Bifurcations and chaos in H-bridge DC chopper under peak-current control. Electrical Machines and System, 2008: 2173-2177.

[8] Li M, Dai D, Ma X K, et al. Fast-scale period-doubling bifurcation in voltage-mode controlled full-bridge inverter. IEEE International Symposium on Circuits and Systems, 2008: 2829-2832.

[9] 胡乃红, 周宇飞, 陈军宁. 单相 SPWM 逆变器快标分叉控制及其稳定性分析. 物理学报, 2012,

61 (13): 50-57.

[10] Chavarria J, Biel D, Guinjoan F, et al. Energy-balance control of PV cascaded multilevel grid-connected inverters under level-shifted and phase-shifted PWMs. IEEE Transactions on Industrial Electronics, 2013, 60 (1): 98-111.

[11] Koutroulis E, Blaabjerg F. Methodology for the optimal design of transformerless grid-connected PV inverters. IET Power Electronics, 2012, 5 (8): 1491-1499.

[12] Meza C, Biel D, Jeltsema D, et al. Lyapunov-based control scheme for single-phase grid-connected PV central inverters. IEEE Transactions on Control Systems Technology, 2012, 20 (2): 520-529.

[13] Tonkoski R, Lopes L A C, El-Fouly T H M. Coordinated active power curtailment of grid connected PV inverters for overvoltage prevention. IEEE Transactions on Sustainable Energy, 2011, 2 (2): 139-147.

[14] Darwish A, Holliday D, Ahmed S, et al. A Single-stage three-phase inverter based on cuk converters for PV applications. IEEE Journal of Emerging and Selected Topics in Power Electronics, 2014, 2 (4): 797-807.

[15] Ahmed M E S, Orabi M, AbdelRahim O M. Two-stage micro-grid inverter with high-voltage gain for photovoltaic applications. IET Power Electronics, 2013, 6 (9): 1812-1821.

[16] Malik O, Havel P. Active demand-side management system to facilitate integration of RES in low-voltage distribution networks. IEEE Transactions on Sustainable Energy, 2014, 5 (2): 673-681.

[17] Kulkarni A, John V. Mitigation of lower order harmonics in a grid-connected single-phase PV inverter. IEEE Transactions on Power Electronics, 2013, 28 (11): 5024-5037.

[18] Bowtell L, Ahfock A. Direct current offset controller for transformerless single-phase photovoltaic grid-connected inverters. IET Renewable Power Generation, 2010, 4 (5): 428-437.

[19] 吴军科, 周雏维, 卢伟国. 电压型逆变器的通用分岔控制策略研究. 物理学报, 2012, 61 (21): 6-14.

[20] 谢瑞良, 郝翔, 王跃, 等. 考虑死区非线性的 L 滤波单相并网逆变器的精确离散迭代模型及其分岔行为. 物理学报, 2014, 63 (12): 97-105.

[21] 刘洪臣, 苏振霞. 双降压式全桥逆变器非线性现象的研究. 物理学报, 2014, 63 (1): 59-67.

[22] Yucel A C, Bagci H, Michielssen E. An adaptive multi-element probabilistic collocation method for statistical EMC/EMI characterization. IEEE Transactions on Electromagnetic Compatibility, 2013, 55 (6): 1154-1168.

第6章 光伏并网发电系统的孤岛现象与检测方法

6.1 孤岛效应的概念与研究意义

分布式光伏发电系统具有生产成本低、原料资源丰富、无污染、发电设备寿命长、能源效率转化率高等诸多优点，在燃料资源日益衰竭、高峰期电力负荷急剧增大的今天，作为集中供电模式的重要补充，分布式光伏发电具备更加广阔的发展空间和应用价值。分布式光伏发电是非集中式的、具有较小装机规模的分布式光伏发电单元，装机容量通常是几千瓦到几十兆瓦，一般是接入在小于或等于 10kV 的电压要求范围内。随着分布式光伏发电技术的不断提高和成本的不断下降，光伏电源的应用范围也将不断扩大，可以覆盖到包括工业区、农业区、学校、楼宇等多种场所，因此，分布式光伏发电将是 21 世纪电力工业发展的重要领域。可以预测，用户将会拥有一个更可靠、更安全、更经济的新动力能源系统[1]。对于当前世界各国急需优化能源结构、推动节能减排和实现经济可持续发展等重要问题，研究与发展分布式光伏发电的理论与技术具有重要的现实意义。分布式光伏发电的主要优点如下[2]。

（1）相对较小的输出功率。传统的集中式电站输出功率很大，动辄几十万千瓦，甚至几百万千瓦，而光伏发电规模化的应用可提高其经济性，且与集中式发电站的区别是光伏发电站规模大小对发电效率影响不大。

（2）小的污染，高的环保效益。因光伏发电是直接将光能转化为电能，因此对周围的环境不会造成噪声影响，且对大气和水资源也不会造成污染。

（3）对于部分地区由于大电网的供电紧张或远离大电网而出现用电紧张的情况，光伏发电可以在一定程度上缓和这些状况。

（4）光伏发电由于其利用的发电原理简单，因此具有高的安全性和可靠性，强的抗灾能力，且对远离大电网供电的偏远农村、牧区等地区分布式光伏发电非常适合。

（5）分布式光伏发电具有就近发电供给附近用户及设备使用、并网到附近的大电网中等优势，有效地解决了电能在远距离传输过程中的损耗等问题，同时也解决了传输电力过程中架设变压器等设备产生的高成本等问题。

（6）传统的集中式电站带来的间歇性可以被分布式发电的高度分散特性很大程度上减缓，且具有好的调峰性能，启动与停止所需的时间非常短，便于实现灵活调度。

（7）可以在当前已有的建筑上装配和规划，特别是对于土地稀缺的大城市更有广泛的应用前景，而无需另外进行土地规划和开发，同时还可以满足特殊移动电源的需求。

综上所述，分布式光伏发电系统与集中式发电站相比，从建设场地点的挑选、电能传输与规划、电能损耗、数据监控等方面，都具备显著的优势，且由于并网技术的迅速发展、政府相关政策的相继出台和电力市场需求的急剧膨胀，使得分布式光伏发电将会得到越来越广泛的应用。

随着分布式发电技术的不断发展，越来越多的分布式发电系统并入到集中式大电网中，由此产生的孤岛效应是分布式发电系统中一个需要解决的关键问题。孤岛效应是指当公共电网端由于断电或检修等原因停止供电，分布式发电端逆变器没有检测到断开状态，并且仍然处于工作状态，此时的并网逆变器和周围的局部负荷就形成一个无公共电网控制的独立的电源系统[3]。当并网发电系统发生孤岛效应时，若不迅速检测到孤岛并触发孤岛保护，即将并网逆变器与本地局部负荷的连接断开，就有可能带来如下一系列的不良后果。

（1）当公共电网停电维修时，若光伏逆变器发电系统未能及时停止运行，有可能对维修人员产生触电危险，导致人身伤亡。

（2）当公共电网恢复供电时，有可能导致并网逆变器发电系统与公共电网的电压、电流的幅值或相位等失去同步，造成系统产生大的电流冲击，从而使逆变器的过流保护受到损坏，甚至会引起公共电网配电系统的过流误动作，干扰电网的正常恢复，严重的甚至会引起电网的再次跳闸。

（3）孤岛发生后，并网逆变器输出的电压幅值及其频率失去了电网的钳制作用，电压及频率会发生比较大的波动，导致系统不稳定，进而损坏系统线路上的用电设备。

（4）如果与分布式发电系统（单相的）相连接的是三相负载，那么在孤岛发生后，会导致三相负载的缺相供电。

因此，从电网的安全性和可靠性角度出发，及时检测出孤岛运行状态并停止逆变器的运行是非常必要的。研究准确、可靠而又快速的孤岛检测方法是并网逆变器实现反孤岛功能的前提，具有重要的理论与应用价值。

6.2　孤岛检测技术的研究现状与发展动态

随着分布式发电的快速发展，孤岛检测方法作为分布式发电系统并网的安全保护措施已成为近二十年来光伏发电领域的研究热点。目前，孤岛检测的研究多集中在日本、美国、德国等发达国家，国外的学者提出了许多有效的孤岛检测方法。我国的孤岛检测技术的研究起步较晚，在国外许多学者的研究成果的基础上，也提出了许多更为完善的孤岛检测方法，但多数都是研究主动的孤岛检测方法。目前的孤岛检测方法通常划分为两大类：即基于并网逆变器侧的本地孤岛检测方法和基于电网侧通信的远程孤岛检测方法。其中，被动式检测法和主动式检测法均属于基于并网逆变器侧的本地孤岛检测方法。

由于算法的限制或是其他的原因，对于已经提出的孤岛检测方法，或多或少都存在一定的不足，很多研究者对其中的不足进行了不同程度的改进和提升，使检测性能和效率得到改善。目前国内外有关孤岛检测的主要工作进展简述如下。

　　在文献[4]中，不同于传统的主动频率偏移（active-frequency drift，AFD）检测法，改进的 AFD 检测法通过在输出电流相邻的 1/4 周期处加入不同的扰动，从而在公共电网断开瞬间迅速触发频率偏移，成功检测出孤岛，并且有效地将扰动对电能质量的影响减小了 30%。在文献[5]中，发电系统输出电流相位与公共耦合点（PCC）电压相位之间的偏差，将会在每一个周期的过零点处被检测，以此检测结果判别系统中是否存在孤岛。另外，算法中还设定固定周期的电流额外扰动，通过检测电压是否过限来判断孤岛。这是一种新的主动和被动结合的检测方法，不仅可以缩小检测盲区，提高检测速度，而且对电能质量的影响和干扰更少。文献[6]提出的改进方法基于带正反馈的主动频率偏移（active frequency drift with positive feedback，AFDPF）检测法，不仅确定了参数的选取范围，而且利用模糊控制理论和反馈原理，实现了 PCC 电压频率变化的自适应调节。该改进方案不仅具有可行性，而且能将扰动引起的谐波失真度降低了 1.49%。文献[7]提出了一种混合的无功功率扰动检测法，具体来说就是，周期性地向公共电网施加微小的正负双向的无功电流扰动，一旦频率有偏差，立即确定频率变化的方向，若频率增大则持续施加正向扰动，反之亦然，直到成功检测出孤岛。将该混合算法在 MATLAB 软件上进行仿真，证明其具有较好的低畸变性和有效性。文献[8]提出一种基于无功电流扰动的检测法，电流扰动在每一个周期都加入，然后将电压频率前馈，一旦出现孤岛就能使频率迅速越限并触发保护动作。该基于频率正反馈的无功电流扰动法具有无盲区、谐波小等优点。文献[9]中指出，传统的 AFDPF 检测法由于反馈系数固定而缺乏灵活性，从而设计了一种自适应的频率偏移算法。该算法根据频率波动的强度选择 AFD 检测法和电流幅值干扰法作为扰动的施加方法，不仅能将这两种检测法的优点结合起来，而且检测盲区小，有效降低谐波失真度，避免了系统的误动作。文献[10]中，根据逆变器输出功率与本地负载所需要的功率是否匹配来选择孤岛检测的方法，若功率不匹配，则选择相位突变法，无需施加扰动就能有效检测出孤岛；反之则采用电压扰动法，通过施加扰动来触发孤岛保护。这两种检测法的有效结合，实现了检测无盲区，极大地提高了孤岛检测的有效性。文献[11]中的改进算法能够使孤岛效应在容性条件下也具有较高的有效性，其主要通过相位偏移量作为辅助扰动加入 AFD 检测法中实现的。该方法实现简单、检测快速且对电能质量的影响较小。文献[12]以电流幅值干扰法为研究对象，探讨了算法中应该如何更有效地应用扰动，并提出了一种及时应用组合脉冲电流幅值算法。该算法综合利用了 AFD 检测法和电流幅值干扰法的优点，并相互弥补了这两种典型检测算法的不足，能够迅速、高效地检测出孤岛。文献[13]以 AFDPF 检测法为研究重点，详细推导了反馈增益 k 的最优取值范畴，并结合对检测盲区的分析，总结了 k 与检测盲区（NDZ）的相互制约关系。该研究对后面的研究具有较大的参考意义。文献[14]研究了 AFDPF 检测在品质因数 Q_{f_0} 为横坐标，电容归一化值 C_{norm} 为纵坐标的空间表示法下的检测盲区，并分析了孤岛检测盲区的相应表达式；最后得出 AFDPF 检测法的检测盲区比固定扰动的主动频移式孤岛检测法的盲区要小的结论。

　　文献[15]对滑模频移孤岛检测方法做了进一步改进，并基于 $Q_f \times f_0$ 坐标空间描述方法分析了其检测盲区。文献[16]通过引入频率误差形成主动移相角，并对系统的有功电流和无功电流采用不同的 dq 变换形式，使得系统的有功不受频率误差的影响，而无功受控于主动移相角。文献[17]对正反馈主动频移检测法的参数进行了优化，提高了检测效率。文献[18]通过离散小波变换提取断路器动作之前信号的小波系数能量来判别孤岛与伪孤岛。文献[19]基于多分辨率分析的小波变换将 PCC 电压分解为不同尺度下的层数，从而判断出孤岛。文献[20]通过小波包变换提取输出功率的变化率，并提出了一个新的指数"功率指数变化率"来判断孤岛的发生。文献[21]结合了离散小波变换和自适应神经网络-模糊系统控制理论并应用于孤岛检测，解决了被动式检测方法检测盲区大、阈值选取困难的问题。文献[22]通过对每一相电压信号进行小波变换，得到不同分层的细节系数，再计算对应的小波奇异熵指数及其三相的总和，最后确定指数的阈值，从而判断孤岛是否发生。文献[23]通过离散小波变换提取孤岛发生时 PCC 电压高频分量的谱变化，结合传统的电压幅值和频率变化检测方法实现孤岛检测。文献[24]利用小波去噪的同时将信号分解到不同频带上检测奇异点，最终实现孤岛检测。文献[25]利用离散小波变换对电流信号进行分层，且确定对应层的阈值，从而实现孤岛检测。文献[26]基于小波包变换计算零序阻抗（即零序电流和零序电压的比值）实现孤岛检测。

　　目前，虽然国内外的专家学者已经研究出了多种孤岛改进方法，并不断地优化和改进，但是不管哪一种检测方法，都存在着一些缺点，例如，基于通信设备的远程检测法，需要较多的人力物力，显然性价比不高，所以不具备实用性。目前，大家所熟知的本地检测法也存在一定的缺陷和不足，例如，被动检测方法简单、投资成本低，但其检测失败的概率较高；而主动检测法虽然检测速度快，检测失败的可能性比较小，但对系统引入了扰动信号，影响输出功率，降低电能的输出质量，甚至影响系统的稳定性。因此，在现有研究成果的基础上，不断创新，进一步深入研究，找出更可靠、更实用的孤岛检测方法是分布式光伏发电系统需要解决的关键问题。

6.3　孤岛效应的概念与检测原理

6.3.1　孤岛效应的基本概念

　　图 6.1 为典型的分布式发电系统简化图。图中主要是由同步发电机和异步发电机组成的，大的分布式发电装置 DG1 和 DG2 通过主馈线并入公共电网，而由光伏、风电、生物发电等组成的较小的分布式发电装置如 DG3，则通过电压备用馈线并入公共电网。

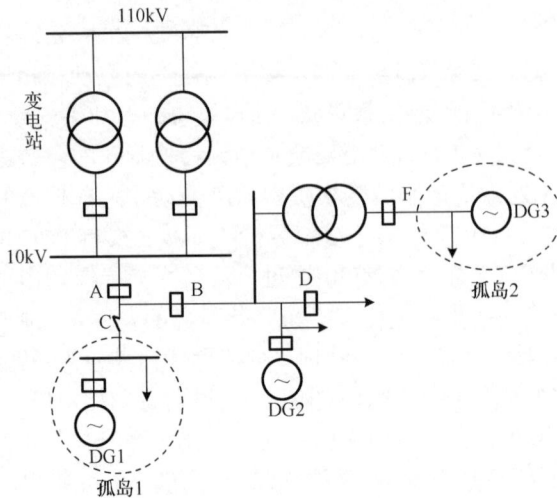

图 6.1　典型分布式发电系统示意图

假如自动开关 C 附近发生故障，自动断开与公共电网的连接，单独运行的 DG1 就可能与其附近的用户端负荷形成孤岛，即图 6.1 中的孤岛 1。同样地，若图中的熔断器 F 断开后，将使 DG3 与本地公共电网断开，从而也形成一个孤岛系统，即图 6.1 中黑色虚线圈出来的孤岛 2。

以上提到的孤岛都是由于公共电网的非正常运行引起的，都属于非计划孤岛，而非计划孤岛将会对电网和用户带来安全隐患，必须设计可靠有效的反孤岛策略对其进行保护。

6.3.2　孤岛检测的基本原理

如图 6.2 所示为光伏并网发电系统逆变器的功率流图。图中 a 点为连接光伏并网发电系统与电网的连接点，称作公共耦合点（PCC）；P_{inv}、Q_{inv} 分别表示光伏发电并网逆变器输出的有功（无功）功率；P_{load}、Q_{load} 分别代表负载所需的有功功率、无功功率；ΔP、ΔQ 分别为公共电网的有功功率、无功功率的偏差，取正值时表示该部分功率由公共电网向负载提供，取负值时表示该部分功率流向公共电网，主要取决于逆变器输出的有功功率、无功功率与负载消耗的有功功率、无功功率的匹配程度。当断路器 S 断开时，并联负载 RLC 与光伏并网逆变器形成一个主电网无法控制的孤岛系统。

图 6.3 是光伏并网发电系统正常运行时的等效电路，该等效电路的功率关系可由式（6.1）表示：

$$\begin{cases} P_{load} = P_{inv} + \Delta P = \dfrac{V^2}{R} \\ Q_{load} = Q_{inv} + \Delta Q = V^2\left(\dfrac{1}{\omega L} - \omega C\right) \end{cases} \tag{6.1}$$

式中，V 为图 6.3 中节点 a 的电压。

图 6.4 是光伏并网发电系统发生孤岛效应时的等效电路，该等效电路的功率关系可由式（6.2）表示：

$$\begin{cases} P'_{\text{load}} = P_{\text{inv}} = \dfrac{V'^2}{R} \\ Q'_{\text{load}} = Q_{\text{inv}} = V'^2 \left(\dfrac{1}{\omega' L} - \omega' C \right) \end{cases} \quad (6.2)$$

式中，V' 为图 6.4 中节点 a 的电压。

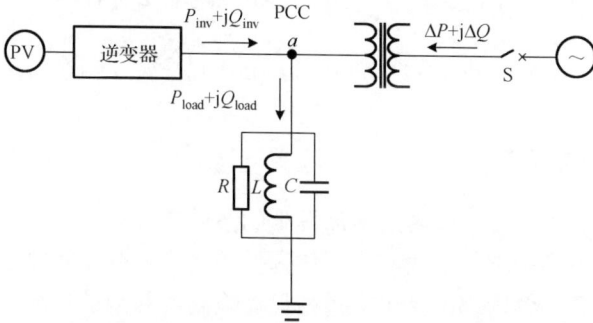

图 6.2　光伏发电并网发电系统逆变器的功率流图

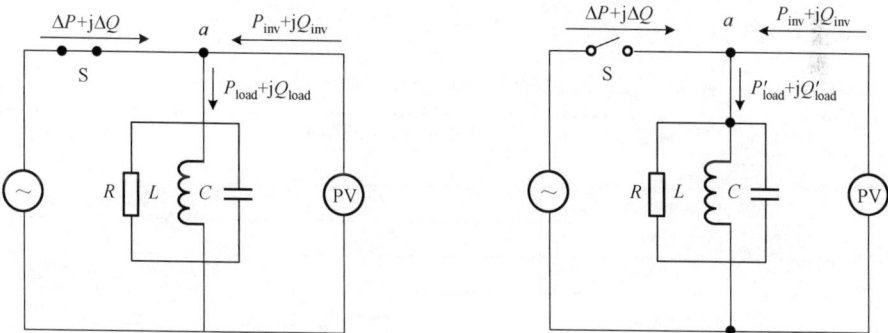

图 6.3　光伏发电系统并网运行时的等效电路　　图 6.4　光伏发电系统孤岛效应发生时的等效电路

由式（6.1）和式（6.2）联立可以得出系统发生孤岛前后电压及频率的变化情况：

$$\begin{cases} V^2 - V'^2 = R \cdot \Delta P \\ (\omega - \omega')(1 + \omega\omega' LC) = (\omega\omega' L) \cdot \Delta Q / V^2 \end{cases} \quad (6.3)$$

一般地，光伏并网发电系统在正常工作状态下，其功率因数为 1，此时光伏发电系统只输出有功功率，有 $Q_{\text{inv}} = 0$，$Q_{\text{load}} = \Delta Q$。根据式（6.3），如果并网逆变器输出的功率与本地负载所消耗的功率失衡比较严重，即 $\Delta P \neq 0$，$\Delta Q \neq 0$ 且较大，当主电网断开时，PCC 的电压幅值和频率都将发生较大的变化，这时负载上的电压和频率就比较容易超出电压或频率的孤岛阈值，可以检测出孤岛；如果光伏并网逆变器输出的功率与负载消耗的功率相匹配或是几乎匹配，即$\Delta P = 0$，$\Delta Q = 0$或变化很小，此时当主电网断开时，PCC 电压幅值和频率变化均很小，几乎维持在稳定状态，则通过电压或频率的孤岛阈值很难检测出孤岛状态。因此，对基于并网逆变器侧的孤岛检测方法，一般都是根据研究 PCC 的电压幅值、频率或是相位的变化情况，来实现孤岛检测的。

综上可知，基于并网逆变器侧的孤岛检测的基本原理是：检测 PCC 电压幅值或频率等相关参数，并给这些关键参数设定一个正常工作的范围，就能通过参数的变化判断是否存在孤岛现象，即电压幅值和频率的变化大小是检测的关键[27]。因此，对孤岛检测方法的研究，都是基于电压幅值、频率或相位扰动法进行的。

6.4 孤岛检测的标准与检测盲区

6.4.1 孤岛检测的标准

虽然目前世界各国的研究学者对孤岛发生的条件还没有统一的认识，但是对孤岛效应发生后引起的不利影响却达成共识，认为孤岛效应是分布式发电系统需要解决的重要问题之一。因此，各国都出台了一系列孤岛检测及并网的标准。国际上比较认可的标准有 IEEE Std 929—2000、UL1741 以及 IEEE 1547，这些标准提出分布式发电系统应该具有反孤岛效应的功能，同时规定了孤岛检测的时间[28]。孤岛检测的相关标准如表 6.1～表 6.4 所示。

表 6.1　IEEE Std 929—2000/UL1741 孤岛检测标准

状态	孤岛时 PCC 电压幅值范围	孤岛时 PCC 电压频率范围	允许的最大检测时间
A	$U < 0.5U_{nom}$	f_{nom}	6 周期
B	$0.5U_{nom} \leq U < 0.8U_{nom}$	f_{nom}	120 周期
C	$0.88U_{nom} \leq U \leq 1.10U_{nom}$	f_{nom}	正常运行
D	$1.10U_{nom} < U < 1.37U_{nom}$	f_{nom}	120 周期
E	$U \geq 1.37U_{nom}$	f_{nom}	2 周期
F	U_{nom}	$f < f_{nom} - 0.7\text{Hz}$	6 周期
G	U_{nom}	$f > f_{nom} + 0.5\text{Hz}$	6 周期

注：①U_{nom} 电网电压幅值的额定值，我国的单相市电交流有效值为 220V；
②f_{nom} 为电网电压频率的额定值，我国的单相市电为 50Hz

表 6.2　分布式发电 IEEE 1547 技术标准中孤岛效应电压检测标准

PCC 电压范围	切除时间/s
$U < 0.5U_{nom}$	0.16
$0.5U_{nom} \leq U < 0.88U_{nom}$	2.00
$0.88U_{nom} \leq U \leq 1.20U_{nom}$	1.00
$U > 1.20U_{nom}$	0.16

注：U_{nom} 电网电压幅值的额定值

表 6.3　分布式发电 IEEE 1547 技术标准中孤岛效应频率检测标准

分布式电源容量/kW	PCC 电压频率范围/Hz	响应时间/s
≤30	>60.5	0.16
	<59.3	0.16
>30	>60.5	0.16
	<（59.8~57.0）（可调节范围）	0.16~300（可调节范围）
	<57.0	0.16

表 6.4　分布式发电 IEEE 1547 技术标准中并网电流谐波指标

奇次谐波	$h<11$	$11≤h<17$	$17≤h<23$	$23≤h<35$	$35≤h$	总失真量
百分比/%	4.0	2.0	1.5	0.6	0.3	5.0

注：h 为谐波次数

同时，我国也制定了一系列分布式发电系统并网的相关标准，如国家电网企业标准《分布式电源接入电网技术规定》（《光伏系统并网技术要求》）GB/T 19939—2005 对孤岛效应的电压检测时间要求也做了具体要求，如表 6.5 所示。

表 6.5　我国孤岛效应电压检测的时间标准

PCC 电压幅值	最大响应时间/s
$U<0.5U_{\text{nom}}$	0.1
$0.5U_{\text{nom}}≤U<0.85U_{\text{nom}}$	2.0
$0.85U_{\text{nom}}≤U≤1.10U_{\text{nom}}$	正常运行
$1.10U_{\text{nom}}<U<1.35U_{\text{nom}}$	2.0
$U>1.35U_{\text{nom}}$	0.05

6.4.2　检测盲区

检测盲区（NDZ），即所使用的孤岛检测方法失效时，其所对应的负载参数空间。通常用检测盲区来评价一种孤岛检测方法的有效性。检测盲区一般通过功率不匹配二维坐标空间表示法或者负载参数二维坐标空间表示法来反映。负载参数空间分析法主要适用于频率偏移类的孤岛检测方法。目前常用的几种检测盲区描述方法各自有其不同的特点和适用对象，分别概述如下[29]。

1. $\Delta P \times \Delta Q$ 空间描述法

功率失配量 ΔP 和 ΔQ 是一种功率变化的表现，能够反映出孤岛形成前后系统中功率的变化状况，适用于无源检测法中 NDZ 的描述。

ΔP 和 ΔQ 表示的是系统功率失配量的大小。连接电网与光伏发电系统的断路器，在跳闸前后系统功率流的变化情况，可以很好地被 ΔP 和 ΔQ 描述，因此适合定量描述被动式孤岛检测方法的检测盲区。

RLC 并联负载的幅值和相位，如式（6.4）和式（6.5）所示，可以用负载的参数电阻 R、电感 L、电容 C，以及负载品质因数 Q_f 和负载谐振频率 f_{res} 来表示。

$$\frac{1}{Z} = \frac{1}{R} + \frac{1}{jX_L} + \frac{1}{-jX_C} = \frac{1}{R} - j\frac{1}{\omega L} + j\omega C = \frac{1}{R} + j\left(\omega C - \frac{1}{\omega L}\right)$$

$$|Z| = \left\{\left[\frac{\dfrac{1}{R}}{\dfrac{1}{R^2} + \left(\omega C - \dfrac{1}{\omega L}\right)^2}\right]^2 + \left[\frac{\dfrac{1}{\omega L} - \omega C}{\dfrac{1}{R^2} + \left(\omega C - \dfrac{1}{\omega L}\right)^2}\right]^2\right\}^{1/2}$$

$$= \frac{1}{\left[\dfrac{1}{R^2} + \left(\omega C - \dfrac{1}{\omega L}\right)^2\right]^{1/2}} = \frac{R}{\left[1 + Q_f^2\left(\dfrac{f_{res}}{f} - \dfrac{f}{f_{res}}\right)^2\right]^{1/2}} \qquad (6.4)$$

$$\theta_{load} = \arctan\left[\frac{\dfrac{1}{\omega L} - \omega C}{\dfrac{1}{R^2} + \left(\omega C - \dfrac{1}{\omega L}\right)^2} \bigg/ \frac{\dfrac{1}{R}}{\dfrac{1}{R^2} + \left(\omega C - \dfrac{1}{\omega L}\right)^2}\right]$$

$$= \arctan\left[R\left(\frac{1}{\omega L} - \omega C\right)\right] = \arctan\left[Q_f\left(\frac{f_{res}}{f} - \frac{f}{f_{res}}\right)\right] \qquad (6.5)$$

式中，负载谐振频率 $f_{res} = 1/(2\pi\sqrt{LC})$，负载品质因数 $Q_f = R\sqrt{C/L}$，f 是系统变化的任意频率。

由式(6.1)中光伏并网发电系统功率流关系已知,当系统正常并网时,对于 $\Delta P(\Delta Q)$ 与 $P_{inv}(Q_{inv})$ 和 $P_{load}(Q_{load})$ 之间的关系，有式（6.6）成立：

$$\begin{cases} \Delta P = P_{load} - P_{inv} \\ \Delta Q = Q_{load} - Q_{inv} \end{cases} \qquad (6.6)$$

当电网因某种原因而跳闸时，局部负载 RLC 所需要的功率仅由光伏并网逆变器来提供，此时 PCC 点的电压幅值和电压频率的变化则由该负载的特性决定，即并网系统逆变器所采用的控制策略决定了负载的有功和无功功率 P_{load} 与 Q_{load}，如式（6.7）所示：

$$\begin{cases} P_{load} = P_{inv} \\ Q_{load} = Q_{inv} = 0 \end{cases} \qquad (6.7)$$

因此，跳闸后，局部负载消耗的有功和无功功率与逆变器输出的有功和无功功率是相匹配的，在 P_{inv} 恒定后，负载的电压 $V_a = (RP_{inv})^{1/2}$ 和频率 f_a（即 f_{res}）的最终值则是由式（6.7）决定的。V_a 和 f_a 允许的变动范围是 $V_{min} \le V_a \le V_{max}$ 和 $f_{min} \le f_a \le f_{max}$。

在功率匹配状态下，孤岛发生时，PCC 的电压幅值和频率因受功率匹配的限制而变化不大，不匹配功率 ΔP 和 ΔQ 变化较小，不能超出允许变动的范围，即 PCC 的电压幅值或频率的变化不足以触发反孤岛保护。因此被动式的过/欠压和过/欠频孤岛保护检测方法检测失败。这样使得被动式孤岛检测方法存在较大的检测盲区[30]。

2. $L \times C_{\text{norm}}$ 空间描述法

由于 $\Delta P \times \Delta Q$ 空间描述法不能直接反映主动检测法的检测盲区，所以引入了负载参数空间分析法，$L \times C_{\text{norm}}$ 空间描述法就是其中一种。这里，L 为负载电感，C_{norm} 为负载标准化电容，C_{norm} 则被定义为

$$C_{\text{norm}} = C / C_{\text{res}} = C\omega_0^2 L \tag{6.8}$$

式中，C 为负载电容；C_{res} 为谐振电容；ω_0 为公共电网角频率。对于系统中的并联 RLC 负载，有如下表达式：

$$\theta_{\text{load}} = \arctan\left[R\left(\frac{1}{\omega L} - \omega C \right) \right] \tag{6.9}$$

而孤岛发生的必要条件是光伏并网逆变器发电系统输出有功、无功功率与负载所需的有功、无功功率相匹配，也就是满足如下相位判据公式：

$$\theta_{\text{load}} + \theta_{\text{inv}} = 0 \tag{6.10}$$

这里，θ_{load} 表示负载阻抗角；θ_{inv} 表示为逆变器输出电流与电压的相位差。

将式（6.9）代入式（6.10）得

$$\begin{aligned}
\theta_{\text{load}} &= \arctan\left[R\left(\omega C - \frac{1}{\omega L} \right) \right] \\
&= \arctan\left[\frac{R}{\omega L}(\omega^2 CL - 1) \right] = \theta_{\text{inv}}
\end{aligned} \tag{6.11}$$

将式（6.8）代入式（6.11），整理后得

$$\theta_{\text{load}} = \arctan\left[\frac{R}{\omega L}\left(C_{\text{norm}} \frac{\omega^2}{\omega_0^2} - 1 \right) \right] = \theta_{\text{inv}} \tag{6.12}$$

式（6.12）即可作为 $L \times C_{\text{norm}}$ 空间描述法的相位判据，根据此式即可描绘出各个检测法所对应的检测盲区。但是，该 NDZ 描述法在 R 取不同的值时存在不同的盲区图，所以负载电阻变化对某种孤岛检测法的盲区形状与大小的影响通过 $L \times C_{\text{norm}}$ 空间描述法并不能很好地反映出来，因此，该 NDZ 描述法存在一定的缺陷和不足。

3. $Q_f \times f_{\text{res}}$ 空间描述法

由于 $L \times C_{\text{norm}}$ 空间描述法对于不同的负载电阻 R 需要绘制不同的 NDZ 曲线，所

以有学者提出了 $Q_f \times f_{res}$ 空间描述法。其中，Q_f 为负载品质因数，f_{res} 为负载谐振频率。由于 Q_f 和 f_{res} 会直接影响负载阻抗角 θ_{load}，所以当电感 L 和电容 C 确定时，可以通过 Q_f 来反映电阻 R 的变化，从而在 $Q_f \times f_{res}$ 空间描述法中无需因为 R 的改变而绘制多条 NDZ 曲线。根据 $L \times C_{norm}$ 空间描述法相位判据的推导原理，可以得出 $Q_f \times f_{res}$ 空间描述法的相位判据，如下所示：

$$\theta_{load} = \arctan\left[R\left(\frac{1}{\omega L} - \omega C\right)\right] = \arctan\left[Q_f\left(\frac{f_{res}}{f} - \frac{f}{f_{res}}\right)\right] = -\theta_{inv} \tag{6.13}$$

若式（6.13）中的频率 f 在施加的主动扰动条件下没有超过阈值，则表示 RLC 负载的稳定点在 NDZ 范围内，即该孤岛检测法出现检测盲区。该 NDZ 描述法克服了 $L \times C_{norm}$ 空间描述法的缺点，对于任意组合的 RLC 负载，都可以用一个 NDZ 曲线来描述某种孤岛检测法的有效性[31]，但是，Q_f 与 f_{res} 具有耦合关系，直接影响了对 NDZ 的描述，无法反映负载与 NDZ 之间的关系，并且不能准确有效地判断检测算法的可靠性。

4. $Q_{f_0} \times C_{norm}$ 空间描述法

$Q_{f_0} \times C_{norm}$ 空间描述法克服了 $L \times C_{norm}$ 空间描述法以及 $Q_f \times f_{res}$ 空间描述法的缺点和不足，横坐标 Q_{f_0} 为类似于负载品质因数的参数，能够很好地反映孤岛检测性能与品质因数之间的关系，纵坐标 C_{norm} 为负载标准化电容，能够使 NDZ 图形的表现力更强。这里，品质因数 Q_{f_0} 定义为[28]

$$Q_{f_0} = \frac{R}{\omega_0 L} \tag{6.14}$$

Q_{f_0} 与 Q_f 虽然形式类似，但是却有本质的区别。Q_f 是负载电路的固有特性，由负载参数如电阻、电感、电容的大小决定，而 Q_{f_0} 却由公共电网角频率 ω_0、负载电阻 R 和负载电感 L 的大小决定，与负载的电容 C 无关[28]。对于该描述法的定义推导将放在 6.5 节针对 AFD 检测法的具体分析中。

综上可知，$Q_{f_0} \times C_{norm}$ 空间描述法既能直观反映 NDZ 与品质因数之间的关系，很好地描述整个负载平面，又能避免两个坐标变量之间的相互耦合给孤岛检测方法性能比较带来的不便，所以本章在讨论孤岛检测方法的 NDZ 时，选择 $Q_{f_0} \times C_{norm}$ 空间描述法。同时，IEEE Std 929—2000 等标准中提出 Q_f 的值应该为负载谐振频率等于电网频率时的负载品质因数值，而当 $\omega_0 = \omega_{res}$ 时，能够实现 $Q_{f_0} = Q_f$，也就是说，基于 $Q_{f_0} \times C_{norm}$ 空间描述法符合 IEEE Std 929—2000 等国际标准，具有较好的兼容性[32]。

6.5　常用的孤岛检测方法简介

目前，各国的专家学者通过对孤岛检测的深入研究，提出了一系列孤岛检测方法，在这些现有的孤岛检测方法中，根据检测设备的安装位置和检测的基本原理，大致可以分为两大类，即基于电网侧的远程孤岛检测法和基于并网逆变器侧的本地孤岛检测法，而基于并网逆变器侧的本地孤岛检测法又被分为被动式（又称无源式）[33-35]、主动式（又称有源式）[36,37]以及被动与主动相结合[38-40]三种类型，如图 6.5 所示。对于上述三类常用的检测法的原理和优缺点，将在下文中具体阐述。

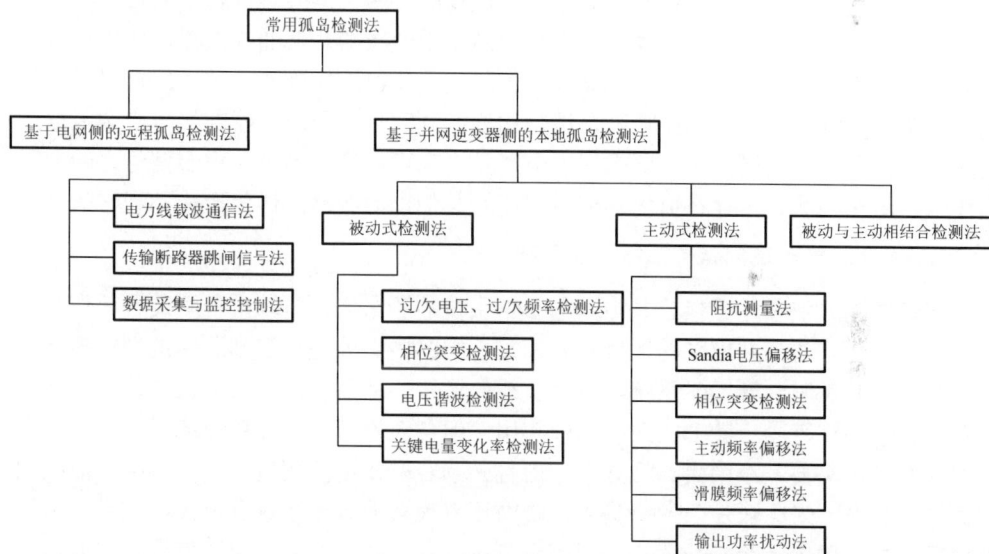

常用孤岛检测法

- 基于电网侧的远程孤岛检测法
  - 电力线载波通信法
  - 传输断路器跳闸信号法
  - 数据采集与监控控制法
- 基于并网逆变器侧的本地孤岛检测法
  - 被动式检测法
    - 过/欠电压、过/欠频率检测法
    - 相位突变检测法
    - 电压谐波检测法
    - 关键电量变化率检测法
  - 主动式检测法
    - 阻抗测量法
    - Sandia电压偏移法
    - 相位突变检测法
    - 主动频率偏移法
    - 滑膜频率偏移法
    - 输出功率扰动法
  - 被动与主动相结合检测法

图 6.5　常用孤岛检测方法的分类

6.5.1　基于电网侧的远程孤岛检测方法

基于电网侧通信的远程检测法的检测原理是：在逆变器侧安装能接收电网侧发射载波信号的接收器，利用系统中的无线通信来监测断路器的开关状态，当系统的某个或多个断路器断开时，逆变器侧的接收器能检测到这些信号的变化情况，并将这些信号状态反馈给分布式发电系统，使之与电网断开。该方法具有很小的检测盲区、没有谐波干扰、检测准确可靠等优点，但存在实现成本高、需要复杂的通信技术，尤其是在小分布式发电系统中具有性价比不高的缺点。由于存在这些缺点，该方法尚未能在发电容量小的分布式发电系统中得到广泛的应用，而今后对于大功率分布式发电系统与电网并网，远程检测法的应用具有较大的发展潜力。电力线载波通信法、传输断路器跳闸信号法和数据采集与监视控制法是三种普遍应用的远程通信检测法[37]。下面简要介绍这三种远程孤岛检测法。

1. 电力线载波通信法

电力线载波通信检测技术的原理是：在电网侧放置一个信号发射器，在逆变器侧放置一个信号接收器，信号发生器通过输电线路不断地给所有的配电线路发送信号，若电网处于正常状态，则逆变器侧的信号接收器能检测到该信号；若无法检测到该信号，则说明分布式发电系统与公共电网之间可能已经有断路器跳闸并产生了孤岛效应[41]。该方法的主要优点是：在分布式发电系统的数量变多的条件下也不需要增加信号发生器；同时，信号发生器会持续向配电线路发送连续信号，一旦接收器发现信号有延迟或者不连续，就能马上发现存在孤岛，具有较高的可靠性；并且当配电网拓扑结构变化时不需要考虑该方法的可靠性。主要缺点是由于变压器是低通滤波器，所以信号接收器发出的信号频率必须足够低，需要一个降压变压器连接到变电站，但这对于小的分布式发电系统来说成本就比较高，性价比低；同时，信号发生器的信号必须能够从电网侧传输到逆变器侧，这就要求保证电路具有高可靠性。另外，由于信号之间的干扰作用，用于判断是否存在孤岛的信号可能对其他电力线路的通信造成不利影响。

2. 传输断路器跳闸信号法

在该检测方法中，连接公共电网与 DG 系统的断路器、自动重合闸装置都作为监测的对象，一旦与公共电网的连接断开，算法中的中央处理算法则迅速地划定孤岛发生的范围，并及时断开 DG 系统与本地负载的连接，从而有效地实现孤岛保护。该方法对拓扑结构比较固定的 DG 系统比较实用，但是对于多重网络拓扑或拓扑结构多变的 DG 系统，需要一个中央算法处理，而且必须获取最新的配电网拓扑结构才能检测到孤岛，实现起来比较复杂[42]。另外，目前还有很多地方无法普及无线电或者电话线等设备，如偏远山区等，若直接采用该检测法，则需要具备完善的通信设备，而这就会大大增加建设分布式发电站的成本。

3. 数据采集与监视控制法

数据采集与监视控制法是通过检测所有与主电网电路开关接触的辅助设备从而检测出孤岛[41]。孤岛发生时，该检测算法使一系列的报警信号被激活，同时引起相应的断路器跳闸。该方法的优点是能够高效地检测出孤岛效应，缺点是由于需要使用较多的传感器等设备，所以成本较高。同时，检测速度慢，尤其在系统繁忙（如有干扰）的时候。因此该方法在小型的分布式发电系统中不推荐使用，因为其安装和配置的技术也十分复杂。

6.5.2　基于并网逆变器侧的本地孤岛检测方法

孤岛检测方法的研究，首先是基于光伏并网逆变器电力系统，所以现在较多的研究成果都是基于逆变器侧的检测方法。基于逆变器侧的孤岛检测方法主要有被动和主动检测两种[43]，后期又研究出被动与主动相结合的混合检测法，下面分别予以介绍。

1. 被动式检测法

被动式孤岛检测方法是基于检测分布式光伏并网发电系统逆变器输出相关的参数（如电压幅值、频率、相位、功率变化等变量），并将该测量得到的参数与之预设的阈值进行比较来判别孤岛。该类型的检测方法实现原理简单，且对电能输出质量不影响，也不会因逆变器台数的增加而降低检测效率。设计一种被动式的孤岛检测方法要解决的关键问题是特征参数的选择和对应参数的阈值设定。该法的主要缺点是当并网逆变器发电系统输出的功率等于负载需要的功率时，检测失败的概率很高，检测盲区在这种情况下也会很大；同时在多重逆变器的情况下该检测方法失效。目前，欠/过电压（under voltage/over voltage，UV/OV）、欠/过频率（under frequency/over frequency，UF/OF）检测法，相位突变检测法，电压谐波检测法和关键电量变化率检测法等是研究得比较多的被动式检测法[44]。

1）欠/过电压、欠/过频率检测法

欠/过电压、欠/过频检测法是所有孤岛检测法中最简单的检测方法，经济性好，大多数的孤岛检测方法均是基于它们实现的，它体现的是孤岛发生后公共耦合点电压幅值和频率的变化情况，即当光伏并网逆变器的输出功率不等于负载需要的功率时，公共电网断开并产生孤岛后，PCC 的电压幅值或频率将会发生偏移。此时，如果在算法中预设了这两个参数的阈值，当偏移量大于允许的阈值时，即可检测到孤岛[45]。而欠/过电压、欠/过频率检测法是所有被动检测法的基础，这类检测方法主要取决于孤岛形成前的 ΔP 和 ΔQ 的值。若 $\Delta P \neq 0$，孤岛的发生将会导致 PCC 的电压幅值的突变，触发 UV/OV 保护；若 $\Delta Q \neq 0$，则 PCC 的电压相位将会有一个突变，从而引起逆变器输出频率的变化，UF/OF 检测到该变化并停止逆变器工作。然而，如果逆变器输出功率等于本地负载功率，即 $\Delta P = 0$、$\Delta Q = 0$ 或者较小，将会导致断网之后电压和频率的变化量非常小甚至为零，不能超出发电系统输出电压和频率的阈值，导致检测失败。因此，从减小 NDZ 的角度出发，该检测法不适合单独使用。在我国，电网的额定电压为 220V，额定频率为 50Hz，针对该方法，并网逆变器发电系统运行的正常电压范围为 194～242V，正常的频率范围为 49.5～50.5Hz。

2）相位突变检测法

相位突变检测（phase jump detection，PJD）法的原理是：通过检测光伏发电系统逆变器输出电流 i_{inv} 与 PCC 电压 V_{PCC} 之间的相位差 $\Delta\theta$ 变化情况来实现孤岛检测[46]。在并网系统正常工作时，i_{inv} 和电网电压在锁相环（PLL）的作用下一直保持同频同相。而在并网系统发生孤岛后，i_{inv} 与 V_{PCC} 间的 $\Delta\theta$ 会一直受到负载阻抗 Z 的影响，发生跃变而超出阈值，因此能检测出孤岛。该检测法操作简单，容易实现，无扰动，在多逆变器发电系统中也具有较好的检测性能。主要缺点是相位差的阈值较难确定，阈值较小将会引起误动作，阈值较大则无法及时检测出孤岛，而且某些负荷在启动时可能会引起较大幅度的相位突变，容易产生误动作。另外，该检测方法在纯阻性负载的条件下将会失效。

3）电压谐波检测法

并网运行时，逆变器的输出电流中存在较小的谐波，即使与公共电网的低阻抗相乘，对 PCC 电压带来的谐波失真也较小；一旦发生孤岛，电流谐波将流入本地负载，而本地负载一般远远大于公共电网的阻抗，必将引起较大的谐波失真度，若此时的谐波失真度超过设定阈值，就能触发孤岛保护动作。因此，检测 PCC 的电压谐波大小能够判别系统中是不是产生了孤岛[47]。从理论上来说，该检测法具有可靠性高和使用范围广等优点，在多台逆变器情况下仍能有效检测出孤岛，但是该方法在实际的应用中存在 THD 的阈值难以确定的困难，很难找到一个合适的阈值既能保证孤岛检测的有效性又能避免误动作。所以，在实际应用中，很少使用这种方法。

4）关键电量变化率检测法[48,49]

频率变化率（rate of change of frequency, ROCOF）[33,34]法通过监测 PCC 电压频率的变化率（df/dt）来实现孤岛检测，孤岛发生时由于逆变器输出的功率与负载所需的功率不平衡导致频率的变化，从而触发 UF/OF 孤岛保护，因此选择频率变化率作为检测孤岛的特征量可以使孤岛检测效率更高，但若功率失衡很小，则频率的变化率就会很慢。功率变化率（rate of change of active power, ROCOAP）法的检测原理是：电网断开后仅有并网逆变器给局部负载供电，此时变化的有功功率致使 PCC 电压发生改变，从而触发 UV/ OV 孤岛保护，但该检测方法存在与 ROCOF 方法一样的缺点，即在光伏发电系统输出功率与局部负载的功率匹配时，存在 NDZ。

2. 主动式检测法

通过人为地向并网逆变器电流引入一个微小的扰动变量，致使 PCC 的电压幅值或频率在并网系统发生孤岛时，快速产生偏移从而超出电压幅值或频率允许工作的阈值，这样实现孤岛检测的方式称为主动法[41]。引入的扰动信号在并网系统正常工作时由于 PLL 的钳制作用，不会对系统造成不利的影响；而当电网断开，发生孤岛时，因外加引入的扰动，所施加的扰动会不断地对并网逆变器输出电流的幅值、频率或相位作用，从而使 PCC 电压受到电流的影响，对应产生了电压幅值偏移、频率偏移或相位偏移，这些偏移不断地累积，直到达到孤岛阈值，进而迅速地判断出孤岛。跟被动式孤岛检测法相比较，主动式孤岛检测方法的检测效率提高了，但是由于给系统引入了扰动，降低了系统的电能质量。同时，在检测有多台逆变器系统的孤岛效应时效率会降低。

设逆变器输出电流为

$$i_{inv} = I_{inv} \sin(\omega t + \varphi) \tag{6.15}$$

式中，I_{inv} 为逆变器输出电流的幅值；ω 为角频率；φ 为相位角。由式（6.15）可知，通过对逆变器输出电流的幅值、角频率、相位施加适当的扰动，都会引起 PCC 的电压幅值、频率和相位的偏移，从而实现主动式孤岛检测。目前常用的主动检测法主要分为以下几类：阻抗测量法、Sandia 电压偏移法、AFD 检测法、滑膜频率偏移（slip-mode frequency shift，SMS）法、相位突变检测法、输出功率扰动法。

1）阻抗测量法

在该算法中，扰动主要加在逆变器输出电流的幅值上，利用电流、电压、功率之间的关系，即电流的变化引起功率的变化，进而影响输出电压的改变，就能通过欠/过电压保护检测孤岛，属于一种基于电压偏移原理的主动式孤岛检测法。其原理为：公共电网正常工作时由于电网的阻抗很小，电流幅值的改变引起的电压变化不大，不会对系统产生较大影响；电网断开后，由于电流中包括了扰动量，其流入阻抗较大的本地负载后就会给 PCC 电压 V_{PCC} 带来明显的偏移量，就能触发欠/过电压保护并检测出孤岛[31]。该检测法相当于测量电压对电流的改变量，量纲为阻抗，故称为阻抗测量法。该方法的主要优点是理论上不存在 NDZ，单逆变器时若负载与分布式发电系统之间功率匹配也能触发电压偏移从而检测出孤岛。主要缺点是，对于多台逆变器并网系统，由于各台逆变器引入的电流扰动可能会产生稀释效应而使电压的变化无法超过设定阈值，增大了 NDZ，若要求对各台逆变器施加的扰动保持绝对同步，则实现起来比较困难，所以该检测法不适用于多台逆变器并网系统。同时，阻抗测量法引起电压不稳定或者电压跳动等问题，降低了系统的稳定性，不适用于多台小系统或单台大系统的分布式发电系统中[28]。

2）Sandia 电压偏移法

对电压 V_{PCC} 的幅值施加的正反馈是该检测法的关键点。引入的正反馈可以使 PCC 电压在公共电网断开时脱离正常范围，即增大或者减小，从而通过电压的变化触发逆变器输出电流和输出功率的变化。例如，当 V_{PCC} 增大时，若系统处于正常运行中，由于主电网的钳制作用，V_{PCC} 的微小变化对系统不会产生较大影响；但是，假如系统处于孤岛运行中，那么 V_{PCC} 幅值的增大将导致逆变器输出电流的增大，输出功率也随之增大，从而引起负载电压增大，并通过正反馈作用导致输出电流的进一步增大，直到电压超过 UV/OV 设定的阈值即可检测出孤岛。该方法在微处理控制器的逆变器系统中较易实现，只要能够合理地设置控制系统的正反馈参数，就能有效地检测出孤岛。但是该方法也会给系统带来一定的谐波，影响电能质量和暂态响应[50]。

3）AFD 检测法[51]

AFD 检测法的基本原理为向逆变器输出电流 I_{inv} 施加扰动，从而使 PCC 电压的频率在公共电网断开时向上或向下偏移，若此偏移量超过了预设阈值，则触发欠/过频率保护并检测出孤岛[52]。AFD 检测法也存在一定程度上的检测盲区，所以有学者提出了一种改进方法，即 AFDPF 检测法。本章所提出的改进算法是基于 AFD 和 AFDPF 检测法的。

4）滑膜频率偏移法

SMS 也是一种频移类检测法[53]，若检测到频率的偏差，则对 I_{inv} 和 V_{PCC} 之间的相位差应用正反馈，使频率变化更大。若该偏移量超过正常范围，则触发 UF/OF 保护从而检测出孤岛。在该方法中，逆变器输出电流表示为

$$i_{inv} = I_{inv}\sin(2\pi ft + \theta_{SMS}) \tag{6.16}$$

式中，f 为 PCC 电压频率；θ_{SMS} 为该算法中设定的初始相位，其表达式如下：

$$\theta_{SMS} = \theta_m \sin\left(\frac{\pi}{2}\cdot\frac{f-f_0}{|f_m-f_0|}\right) \tag{6.17}$$

式中，θ_m 为 SMS 允许的最大相位偏移量；f_0 为公共电网的额定频率；f_m 为产生最大相移时所对应的频率；f 为 PCC 的频率。综上可知，对于 SMS 检测法，I_{inv} 和 V_{PCC} 的相位差不是一个较小的固定值或者零，而是表示为 V_{PCC} 频率的函数，如图 6.6 所示。图中，$x(f)$ 为负载阻抗角的频率响应曲线，$y(f)$ 为设计的相位差频率响应曲线，并且设定 $y(f)$ 响应曲线在 B 点附近的斜率大于 $x(f)$ 响应曲线的斜率。

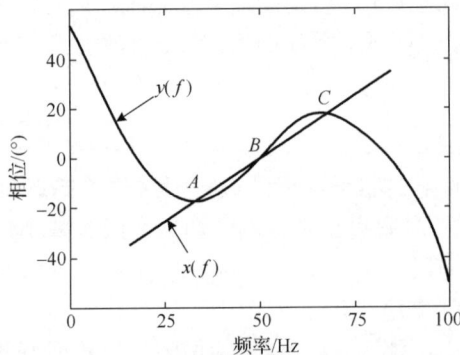

图 6.6　负载与相位差的频率响应曲线

并网运行时，公共电网的基准相角和频率都是固定的，能够使逆变器在工频点附近稳定运行；而孤岛发生后，即使频率的微小偏差、相位误差都能通过正反馈作用得到放大，并稳定于一个新的工作点。图 6.6 工作在单位功率因数负载的条件下，图中 $x(f)$ 曲线和 $y(f)$ 曲线的交点即为系统的稳定工作点，当 SMS 的正反馈作用使相位差进一步增大后，图中的 B 点不再是稳定点，系统可能根据相位差波动的方向稳定到 A 点或者 C 点，若 A 点或 C 点的频率大小超过阈值，则可由 UF/OF 检测出孤岛。

SMS 实现简单，检测的效率也高，亦适用于多台逆变器运行的并网系统，被广泛

地应用于实际中。但当反馈增益的取值增大时，对系统的暂态影响程度增加，电能质量也因对相位施加扰动而下降，因此采用 SMS 检测时要折中检测效率和电能质量。在并联负载的参数类型为 R 很大、L 相对较小或 C 相对较大时，SMS 检测失效的可能性很大，因此也会存在较大的检测盲区。

5）输出功率扰动法[41]

从前面的分析中知道，功率的不匹配会在孤岛形成瞬间时引起 PCC 电压幅值、频率等参数的明显变动，因此，从这个原理出发，通过施加有功扰动或者无功扰动，刻意造成输出功率的不匹配，能够通过检测参数的变化来检测出孤岛。该检测法又分为有功扰动法和无功补偿法两大类。有功扰动法周期性地适当改变逆变器输出电流的幅值，从而引起输出功率和电压的相应变化，最终检测出孤岛，这种检测法多数运用于电流源型逆变器发电系统中。而无功补偿检测法则通过逆变器输出一部分无功功率给公共电网，一旦孤岛形成，就能通过无功功率不匹配引起的参数变化检测出孤岛。输出功率扰动法的控制思想简单，容易操作实现，但是该方法直接影响了发电系统的效率，降低了电能的质量。同时，输出电能的变动对于电网潮流有较大的影响，不适用于大型并网逆变器发电系统。

6.6　基于频率偏移的主动式孤岛检测方法及其改进

从 6.5 节对孤岛检测方法的比较和分析可知，现存的孤岛检测方法都存在这样那样的缺点和不足，还无法在检测效率、检测盲区以及谐波失真度这三方面达到有机统一。由于孤岛发生的概率较小，同时考虑到孤岛发生带来的负面影响，所以采用的孤岛检测方法的可靠性最重要，从这个角度出发，主动式孤岛检测方法具有更高的可靠性。本节以频率偏移这类主动式孤岛检测算法作为研究重点，具体分析和阐述 AFD 和 AFDPF 的实现原理和优缺点，然后提出改进的检测算法。

6.6.1　AFD 孤岛检测法

1. AFD 孤岛检测法的原理分析

AFD 孤岛检测法一般通过对逆变器输出电流施加微小的扰动，使 PCC 电压 V_{PCC} 的频率在公共电网断开后能够向上或者向下偏移，从而能根据过/欠频原理检测到孤岛效应。AFD 孤岛检测法的基本原理是：通过施加适当的扰动，控制逆变器输出电流的频率，使其略高或略低于 V_{PCC} 的频率。也就是说，若电流已经半波完成，但是电压由于滞后而没有到达半波零点，则在电压滞后的这段时间里，令电流的给定值保持为零，直到电压过零，电流才开始下一个半波[54,55]，如图 6.7 所示。图 6.7 中，T 表示公共电网电压的周期，T_i 为逆变器输出电流 I_{inv} 正弦部分的周期，t_z 被称为死区时间，即电流过零点超前（或滞后）电压过零点的时间间隔。截断系数 c_f 定义为[56]

$$c_f = \frac{t_z}{T/2} \qquad\qquad (6.18)$$

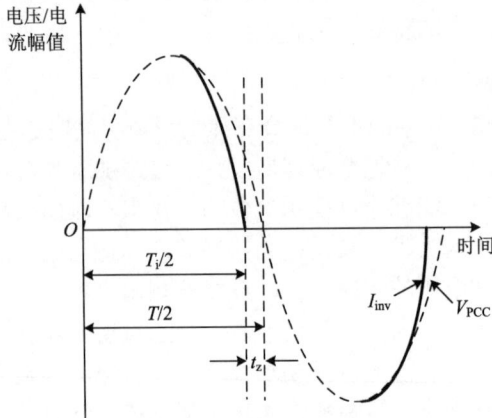

图 6.7　AFD 波形图

当公共电网正常运行时，由于公共电网电压的控制作用，加入的轻微扰动不会对系统造成较大的影响。当孤岛发生时，V_{PCC} 会比公共电网断开前提前 t_z 时间到达过零点，将导致 V_{PCC} 和 I_{inv} 的相位差发生变化。逆变器为了维持 V_{PCC} 和 I_{inv} 原本的相位关系，将会增大 I_{inv} 的频率，最后导致 V_{PCC} 的频率进一步增大。当频率偏移足够大并超过 UF/OF 保护的阈值时，就能检测到孤岛并触发孤岛保护。

2. AFD 孤岛检测法的盲区分析

从 6.5 节的分析中可知，对于检测盲区的描述，$Q_{f_0} \times C_{norm}$ 空间描述法克服了 $L \times C_{norm}$ 空间描述法以及 $Q_f \times f_{res}$ 空间描述法的缺点和不足，既能直观反映 NDZ 与品质因数之间的关系，并很好地描述整个负载平面，又能避免两个坐标变量之间的相互耦合给孤岛检测方法性能比较带来的不便。因此，本节将利用 $Q_{f_0} \times C_{norm}$ 空间描述法来对 AFD 孤岛检测法的盲区进行分析。

在 $Q_{f_0} \times C_{norm}$ 空间描述法中，坐标系的横轴为类似于负载品质因数的参数 Q_{f_0}（如式（6.14）所示），坐标系的纵轴为最不利于孤岛检测条件下的标准化电容值 C_{norm}，定义为

$$C_{norm} = \frac{C}{C_{res}} \qquad\qquad (6.19)$$

式中，L、C 分别为负载电感值和电容值；ω_0 为公共电网电压的角频率；C_{res} 为负载的谐振电容，即

$$C_{\text{res}} = \frac{1}{\omega_0^2 L} \tag{6.20}$$

在 AFD 孤岛检测法中，当公共电网断电后，若不能及时停止并网逆变器的运行，将会使 PCC 的电压频率不断变化，直到满足式（6.21）的相角判据并达到新的稳态点[57]：

$$\theta_{\text{load}} = \arctan\left[R\left(\frac{1}{\omega L} - \omega C\right)\right] = -\theta_{\text{inv}} \tag{6.21}$$

$$\theta_{\text{AFD}} = \frac{\omega}{2} t_z \tag{6.22}$$

由式（6.19）得式（6.23）：

$$C = C_{\text{norm}} C_{\text{res}} = (1 + \Delta C) C_{\text{res}} \tag{6.23}$$

同时，PCC 电压频率为

$$\omega = \omega_0 + \Delta\omega \tag{6.24}$$

将式（6.23）、式（6.24）代入式（6.21）得

$$\arctan\left[R\left((\omega_0 + \Delta\omega)(1 + \Delta C)C_{\text{res}} - \frac{1}{(\omega_0 + \Delta\omega)L}\right)\right] = \theta_{\text{AFD}} \tag{6.25}$$

联立式（6.18）、式（6.20）和式（6.25）并化简整理得

$$\arctan\left[Q_{f_0}\omega_0\frac{\left(\frac{\Delta\omega}{\omega_0}\right)^2 + \frac{2\Delta\omega}{\omega_0} + \left(1 + \frac{\Delta\omega}{\omega_0}\right)\Delta C}{\omega_0 + \Delta\omega}\right] = \theta_{\text{AFD}} \tag{6.26}$$

按 IEEE Std 929—2000[13]的标准规定，国际上公共电网额定频率 $f_0 = 60\text{Hz}$，频率允许的波动范围 Δf 为 $-0.7\sim0.5\text{Hz}$。我国公共电网额定频率 $f_0 = 50\text{Hz}$，通过比例换算可以得出孤岛时频率变化的阈值为 $-0.5\sim0.5\text{Hz}$。也就是说 $\Delta\omega$ 明显比 ω_0 小得多，所以式（6.26）中 $\left(\dfrac{\Delta\omega}{\omega_0}\right)^2 \approx 0$，$\left(1 + \dfrac{\Delta\omega}{\omega_0}\right)^2 \approx 1$，重新整理式（6.26）得到简化后的式（6.27），如下所示：

$$\arctan\left[Q_{f_0}\left(\frac{2\Delta\omega}{\omega_0} + \Delta C\right)\right] = \theta_{\text{AFD}} \tag{6.27}$$

联立式（6.17）、式（6.22）、式（6.27）得

$$\arctan\left[Q_{f_0}\left(\frac{2\Delta\omega}{\omega_0} + \Delta C\right)\right] = \frac{\pi}{2} c_f \tag{6.28}$$

当达到新的稳态时，将不再增加或者减小电流频率，若此时的电压频率超过了系统正常运行的阈值，则孤岛检测成功，否则将产生孤岛检测盲区。解式（6.28），可得

$$\Delta C = \frac{\tan\left(\dfrac{\pi}{2}c_f\right)}{Q_{f_0}} - \frac{2\Delta\omega}{\omega_0} \tag{6.29}$$

又由于 $C_{\text{norm}} = 1 + \Delta C$，联立式（6.29）能求出标准化电容 C_{norm} 的表达式如下：

$$C_{\text{norm}} = \frac{\tan\left(\dfrac{\pi}{2}c_f\right)}{Q_{f_0}} - \frac{2\Delta\omega}{\omega_0} + 1 \tag{6.30}$$

将我国允许的频率波动范围 $-0.5 \sim 0.5$Hz 以及 $\omega_0 = 2\pi f_0 (f_0 = 50\text{Hz})$ 代入式（6.30）可以得出标准化电容 C_{norm} 的取值范围，如式（6.31）所示：

$$\frac{\tan\left(\dfrac{\pi}{2}c_f\right)}{Q_{f_0}} - \frac{1}{f_0} + 1 < C_{\text{norm}} < \frac{\tan\left(\dfrac{\pi}{2}c_f\right)}{Q_{f_0}} + \frac{1}{f_0} + 1 \tag{6.31}$$

式（6.31）即为 AFD 检测法的盲区有关参数分布公式，利用该表达式在 MATLAB 软件上可以画出其在 $Q_{f_0} \times C_{\text{norm}}$ 坐标系下对应的盲区分布图，如图 6.8 所示。

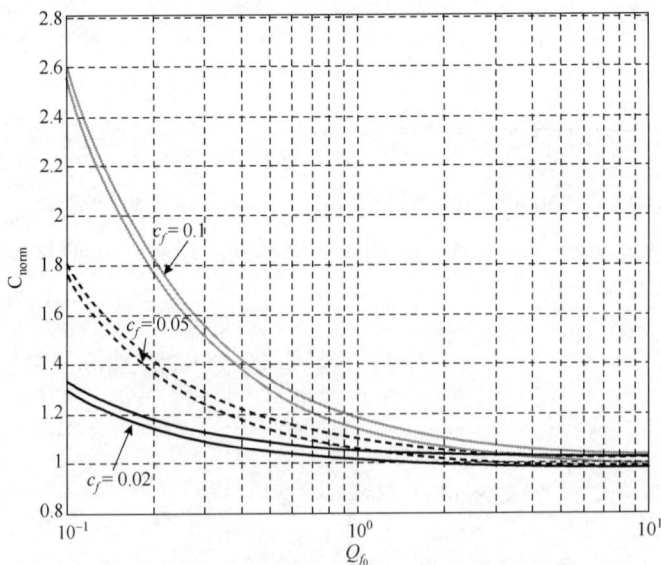

图 6.8　AFD 检测法中取不同 c_f 值的盲区分布图

由图 6.8 我们可以得出如下结论。

（1）利用 AFD 检测法检测孤岛效应，通过改变 c_f 不能消除检测盲区，也就是说，不管截断系数 c_f 取何值，检测盲区都存在。

（2）c_f 的值增加不会对 NDZ 的大小造成较大的影响，也就是说改变 c_f 的大小并不能有效地减小 AFD 检测法的 NDZ，只会使盲区的位置上移或者下移。

（3）增大 c_f 的大小会使 AFD 检测法的 NDZ 向容性负载靠近，而容性负载在现实中比较少，所以从这个角度上说增大 c_f 能够改善 AFD 检测法在实际应用中的检测性能。

3. AFD 检测法的优缺点

AFD 检测法是目前研究和应用较为广泛的一种孤岛检测法，它具有检测效率高、实现简单以及成本低、实用性强等优点。该检测方法相对传统的被动式检测方法而言，其检测盲区大大减小，但并不能完全消除检测盲区。同时，对于不同性质的负载，其检测效果存在较大差异，即负载阻抗角对 AFD 检测法的扰动有可能产生抵消作用，从而导致检测失败。例如，对于感性负载，电压将比电流提前到达过零点，一旦负载阻抗角的超前作用与频率变化的滞后作用相加为零，也就是产生抵消效应，就有可能导致频率变化达不到阈值，从而导致检测失败。即感性负载条件下若频率递减将产生较大盲区，同理，容性负载条件下若频率递增将产生较大盲区。另外，在多台逆变器的分布式发电系统中，AFD 检测法的频率偏移方向必须一致，才能避免稀释效应，保证检测的有效性。而 AFD 检测法最大的一个缺点是引入的扰动会引起电流波形失真，增大谐波，从而影响电能质量。

6.6.2　AFDPF 孤岛检测法

1. AFDPF 孤岛检测法的原理分析

AFDPF 孤岛检测法是在 AFD 孤岛检测法的基础上提出的一种改进方案，能够有效地完善孤岛检测性能，其核心技术是运用了正反馈原理[58]。在 AFDPF 孤岛检测法中，截断系数 c_f 表示为

$$c_f = c_{f_0} + k\Delta f \tag{6.32}$$

式中，c_{f_0} 表示初始截断系数；k 表示反馈增益；$\Delta f = f - f_0$（这里 $f_0 = 50\text{Hz}$）表示 PCC 电压频率的偏离值。

当公共电网正常运行时，PCC 电压频率轻微的变化，在 AFDPF 扰动的作用下也许会使频率偏差进一步增大，但是公共电网的稳定性阻止了这一变化；公共电网断电后，频率偏差的增大将导致 c_f 的增大，从而使逆变器输出电流的频率也增大并最终触发 UF/OF，实现孤岛检测。

2. AFDPF 孤岛检测法的盲区分析

6.6.1 节已经详细推导了 AFD 孤岛检测法的盲区公式，而 AFDPF 是对 AFD 的改进，所以将式（6.32）代入式（6.31）即可得到 AFDPF 的盲区公式：

$$\dfrac{\tan\left(\dfrac{\pi}{2}c_{f_0}+\dfrac{\pi}{2}\cdot k\times\Delta f\right)}{Q_{f_0}}-\dfrac{1}{f_0}+1<C_{\text{norm}}<\dfrac{\tan\left(\dfrac{\pi}{2}c_{f_0}+\dfrac{\pi}{2}\cdot k\times\Delta f\right)}{Q_{f_0}}+\dfrac{1}{f_0}+1 \quad （6.33）$$

结合式（6.33）以及 MATLAB 软件，画出的检测盲区结果如图 6.9 所示。

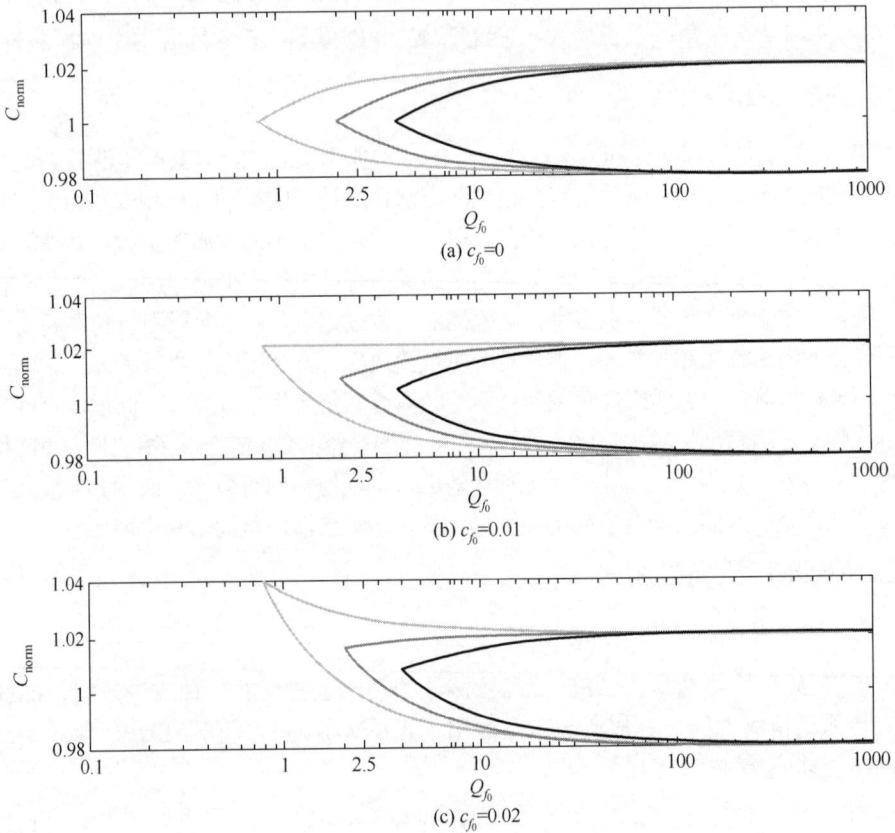

(a) $c_{f_0}=0$

(b) $c_{f_0}=0.01$

(c) $c_{f_0}=0.02$

图 6.9　AFDPF 检测法的盲区分布图

图 6.9(a)中，左、中、右的曲线分别代表 $c_f=0.02\Delta f$，$c_f=0.05\Delta f$，$c_f=0.1\Delta f$。图 6.9(b)中，左、中、右的曲线分别代表 $c_f=0.01+0.02\Delta f$，$c_f=0.01+0.05\Delta f$，$c_f=0.01+0.1\Delta f$。图 6.9(c)中，左、中、右的曲线分别代表 $c_f=0.02+0.02\Delta f$，$c_f=0.02+0.05\Delta f$，$c_f=0.02+0.1\Delta f$。

对比分析图 6.9 中的(a)、(b)、(c)图可得如下结论。

（1）改变初始截断系数 c_{f_0} 的大小并不会对 NDZ 的大小造成影响，只会使检测盲区向上移或者向下移。

（2）当 c_{f_0} 一定时，增大反馈增益 k 的值会使 NDZ 向右推向 Q_{f_0} 更大的区域，从而可以在某些给定的 Q_{f_0} 值，如 $Q_{f_0} < 2.5$ 的条件下实现检测无盲区。也就是说，AFDPF孤岛检测法引入的反馈增益，使检测盲区有所减小，从而提高了检测的性能指标[59]。

3. AFDPF 孤岛检测法的优缺点

AFDPF 孤岛检测法由于引入了正反馈，即使 PCC 的电压频率只有微小的变化，正反馈都能使逆变器输出电流的频率朝着相同的方向持续变化，从而使 PCC 电压的频率误差进一步累加，直到触发 UF/OF 保护，检测出孤岛。AFDPF 孤岛检测法不仅容易实现，而且效率高，在检测的可靠性和有效性方面，也优于 AFD 孤岛检测法。同时，可以通过反馈增益 k 的取值来消除检测盲区，实现检测无盲区。

与 AFD 孤岛检测法一样，由于 AFDPF 孤岛检测法也对分布式发电系统引入扰动，从而使谐波增大，影响了电能质量。另外，若分布式发电系统与弱电网连接，AFDPF孤岛检测法也会对系统的暂态响应带来一些不利影响。

6.7　改进的 AFDPF 孤岛检测法

6.7.1　改进的 AFDPF 孤岛检测法的原理介绍

在 AFDPF 孤岛检测法中，反馈增益 k 是减少检测盲区的关键参数。但是，k 的不断增大使电能质量受损并破坏系统的稳定，所以 k 不是越大越好。IEEE Std 929—2000 规定负载品质因数为 2.5，即在本地负载的品质因数不大于 2.5 的条件下，要求所使用的检测方法能够实现零盲区或者盲区足够小[24]。综上所述，为了在降低谐波失真度和减小检测盲区中折中考虑，并充分考虑电网频率在 50Hz ± 0.2Hz 范围内的正常变化情况，防止孤岛保护误动作，尽量减少所施加的频率干扰对电能质量的不良影响[20]，本节设定 AFDPF 中的 $c_f = f(\Delta f)$ 为具有线性、非线性以及饱和限幅特性的分段函数。

本节阐述的改进方法首先在检测算法中引入一个关键变量 n[60]，n 表示 0.2s 内公共耦合点电压频率朝大于 50Hz 或小于 50Hz 变化的次数，并通过 n 的取值范围决定加入到系统中的扰动 c_f 的函数 $f(\Delta f)$ 的表达式，即

$$c_f = f(\Delta f) = \begin{cases} c_{f_0} + k \cdot \Delta f^3, & |n| \leqslant 3 \\ c_{f_0} + k \cdot \Delta f, & 3 < |n| \leqslant 10 \\ 0.046, & \Delta f > 0, |n| > 10 \\ -0.045, & \Delta f < 0, |n| > 10 \end{cases} \tag{6.34}$$

式中，定义 n 的初值为 0，当 PCC 电压的频率大于 50Hz 或小于 50Hz，n 都自增 1。当 n 的变化次数不超过 3 次时，考虑电网正常时允许的电压频率波动范围为 ±0.2Hz，则 $c_f = c_{f_0} + k \cdot \Delta f^3$，例如，当 $\Delta f = 0.1$ 时，$\Delta f^3 = 0.001$，此时施加的扰动 c_f 就非常小，保证在非孤岛状态下扰动对电能质量的影响最小；当 n 超过 3 时，加强频率干扰，加

速频率越限，从而检测出孤岛；当 n 超过 10 时，说明主电网已经发生故障，若此时频率仍未越限，则给系统输入最大扰动（该最大扰动的允许值 0.046 和–0.045 由文献[61]中的 THD 与截断系数关系曲线得到），迅速停止逆变器运行。

6.7.2　改进的 AFDPF 孤岛检测法的盲区分析

首先，在改进的 AFDPF 孤岛检测法中，扰动是根据频率的变化次数来分段施加的，所以反馈增益 k 即使取较大的值也不会带来较大的谐波失真，而在 6.7.1 节的分析中可知，较大反馈增益 k，能够使检测盲区移向 Q_{f_0} 大于 2.5 的区间，从而实现了在 $Q_{f_0} < 2.5$ 条件下孤岛无盲区。其次，当 $|n| > 10$ 时，PCC 电压频率已经发生较大的偏差，若此时频率仍然没有越限，算法就根据这个频率变化的趋向，适时地以允许的最大扰动 c_f 加速频率越限，可以有效避免由于负载性质对频率变化的抵消作用而引起的孤岛检测失败，从而减小了检测盲区。同时，由文献[23]可知，随着干扰强度的增加，NDZ 就会移向容性负载区间，而当前现实应用中的负载多数呈感性，即相对减小了 NDZ。

6.8　AFD、AFDPF 以及改进的 AFDPF 孤岛检测方法的仿真模型建立及仿真结果

6.8.1　仿真模型建立及仿真参数设定

本节选用 MATLAB 作为仿真软件，并在此平台搭建模型对 AFD 孤岛检测法、AFDPF 孤岛检测法以及改进的 AFDPF 孤岛检测法进行仿真验证（仿真图略）[62]。在本节的 AFD 孤岛检测法的仿真模型中，设置逆变器输出功率为 8kW，公共电网电压为 220V/50Hz。根据 IEEE Std 929—2000[13]的相关标准，孤岛检测失败可能性最大的情况如下。

（1）系统的输出功率与负载所需的功率相匹配。

（2）RLC 并联负载谐振频率 f_{res} 等于公共电网系统频率 f_0，即 $f_{res} = f_0 = 50\text{Hz}$。

（3）负载品质因数 Q_f 较高，一般指 $Q_f = 2.5$ 的情况。

这里，Q_f 的定义如下所示：

$$Q_f = \frac{2\pi\left(\frac{1}{2}CR^2I^2\right)}{\pi RI^2 / \omega} = \omega RC = \frac{R}{\omega L} = R\sqrt{\frac{C}{L}} = \frac{1}{P}\sqrt{P_{ql}P_{qc}} \qquad (6.35)$$

式中，R、L、C 分别对应负载的电阻、电感、电容；P、P_{ql}、P_{qc} 分别对应负载的有功功率、感性无功功率、容性无功功率；I 为流过负载的电流；$\omega = 2\pi f = \dfrac{1}{\sqrt{LC}}$。而并联负载中的 R、L、C 又具有如下功率关系：

$$P = \frac{U_{\text{PCC}}^2}{R} \tag{6.36}$$

$$P_{\text{ql}} = \frac{U_{\text{PCC}}^2}{\omega L} \tag{6.37}$$

$$P_{\text{qc}} = U_{\text{PCC}}^2 \omega C \tag{6.38}$$

联立式（6.35）～式（6.38），即可计算出孤岛最难检测情况下的参数，如表 6.6 所示。

表 6.6　仿真模型负载参数表

R	L	C	P	P_{ql}	P_{qc}
6.01Ω	7.65mH	1300μF	8kW	20kVar	20kVar

6.8.2　AFD 孤岛检测法的仿真结果及分析

根据 6.6 节对 AFD 孤岛检测法的理论分析，结合仿真模型，利用 S 函数编写 AFD 孤岛检测算法程序，并按照 $c_f = -0.1$，$c_f = -0.05$，$c_f = 0$，$c_f = 0.02$，$c_f = 0.05$，$c_f = 0.1$ 这六种情况分别对 AFD 孤岛检测法进行仿真验证，具体仿真结果如图 6.10 所示。

（1）$c_f = -0.1$，盲区外，检测成功（图 6.10(a)）。

（2）$c_f = -0.05$，盲区内，检测失败（图 6.10(b)）。

（3）$c_f = 0$，盲区内，检测失败，总谐波失真度为 0.21%（图 6.10(c)）。

（4）$c_f = 0.02$，盲区内，检测失败，总谐波失真度为 2.83%（图 6.10(d)）。

（5）$c_f = 0.05$，盲区外，检测成功，总谐波失真度为 5.46%（图 6.10(e)）。

（6）$c_f = 0.1$，盲区外，检测成功，总谐波失真度为 10.19%（图 6.10(f)）。

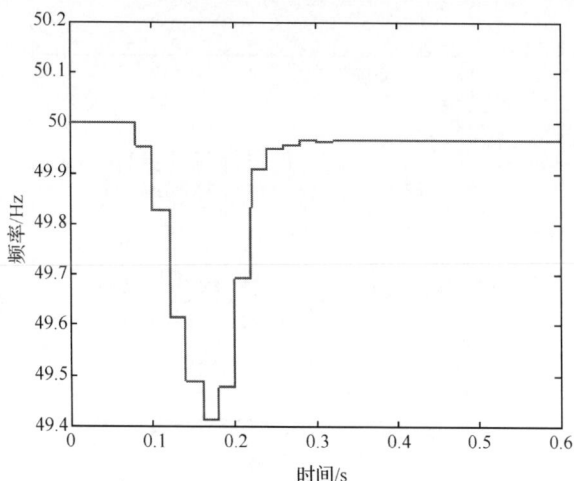

(a) 情况(1)下 PCC 的仿真结果

图 6.10　AFD 孤岛检测法的仿真结果

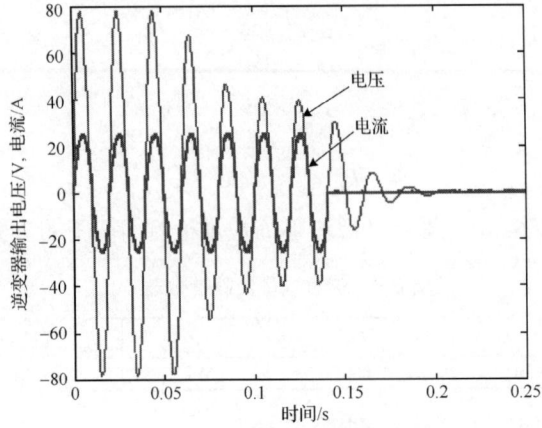

(a) 情况（1）下 PCC 的仿真结果

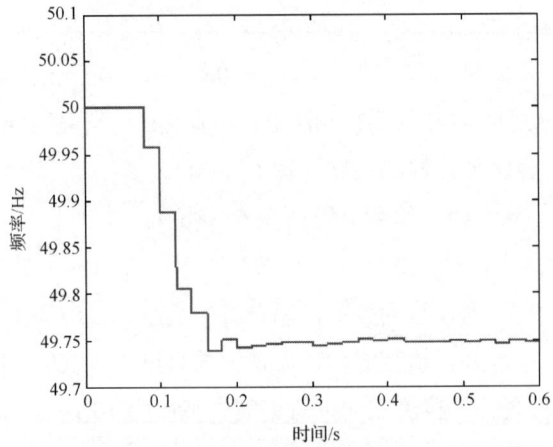

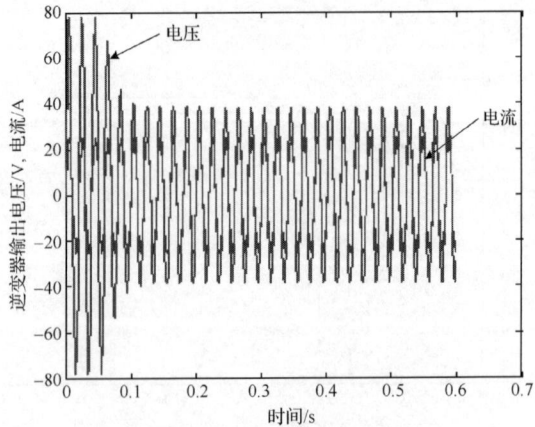

(b) 情况（2）下 PCC 的仿真结果

图 6.10　AFD 孤岛检测法的仿真结果（续）

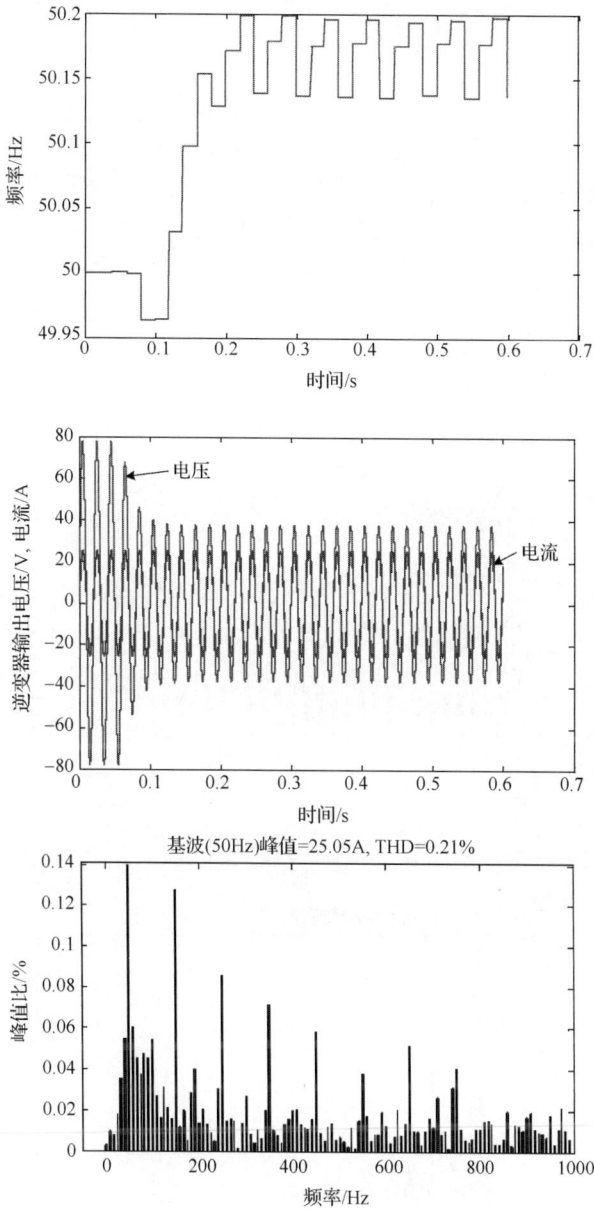

(c) 情况（3）下 PCC 的仿真结果

图 6.10　AFD 孤岛检测法的仿真结果（续）

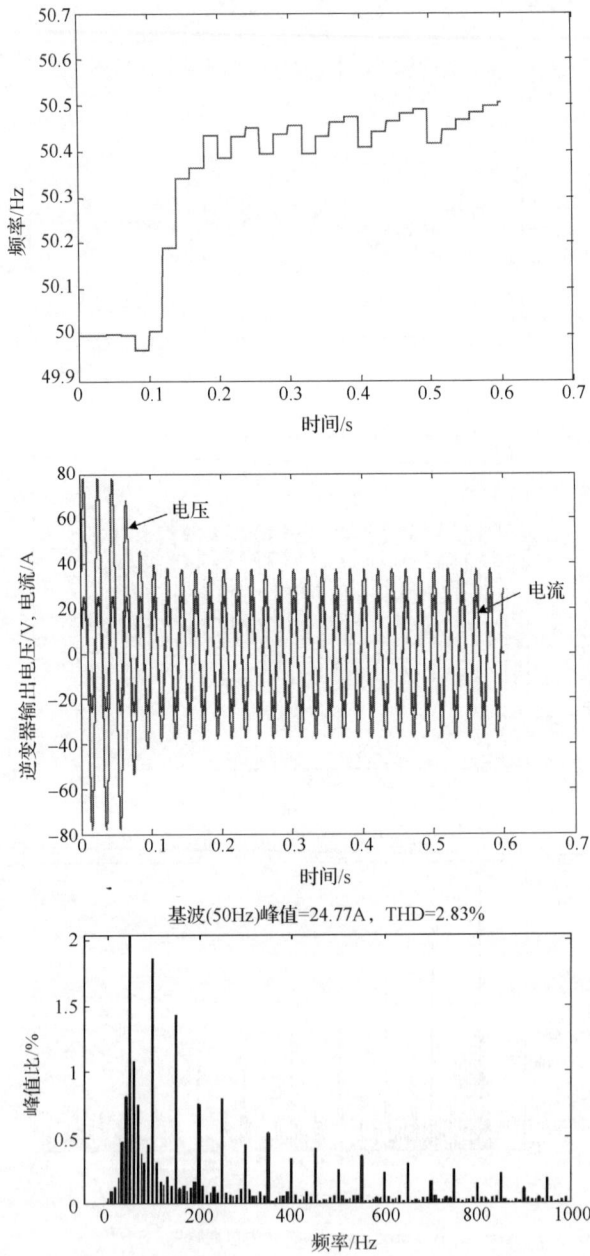

(d) 情况（4）下 PCC 的仿真结果

图 6.10   AFD 孤岛检测法的仿真结果（续）

基波(50Hz)峰值=11.36A，THD=5.46%

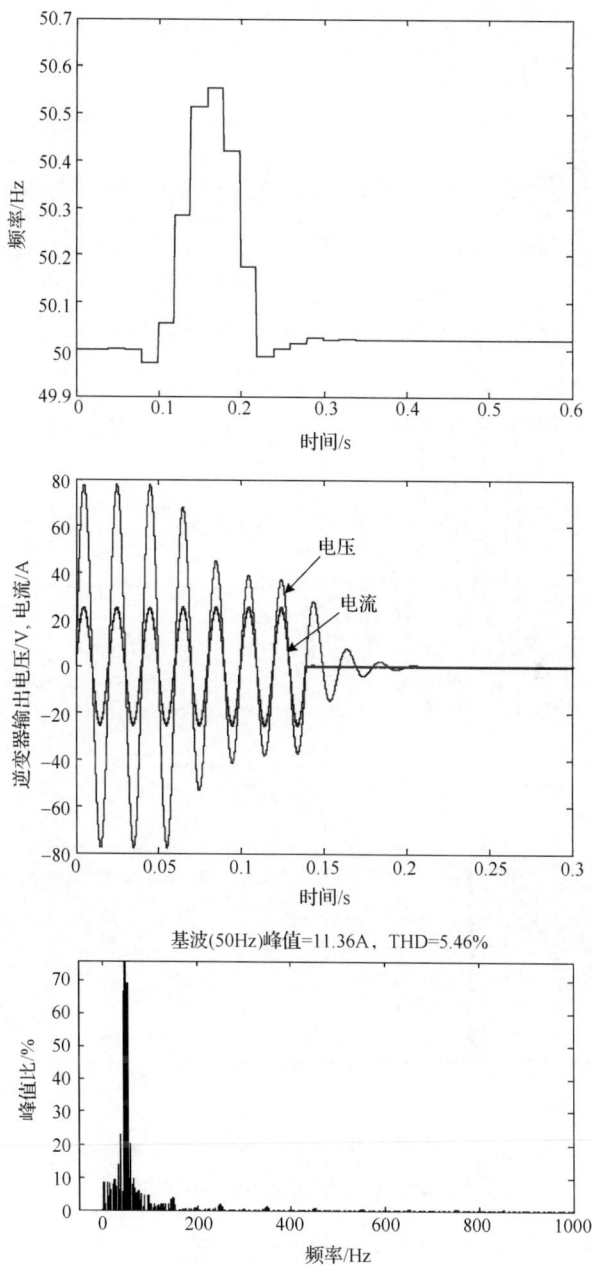

(e) 情况（5）下 PCC 的仿真结果

图 6.10　AFD 孤岛检测法的仿真结果（续）

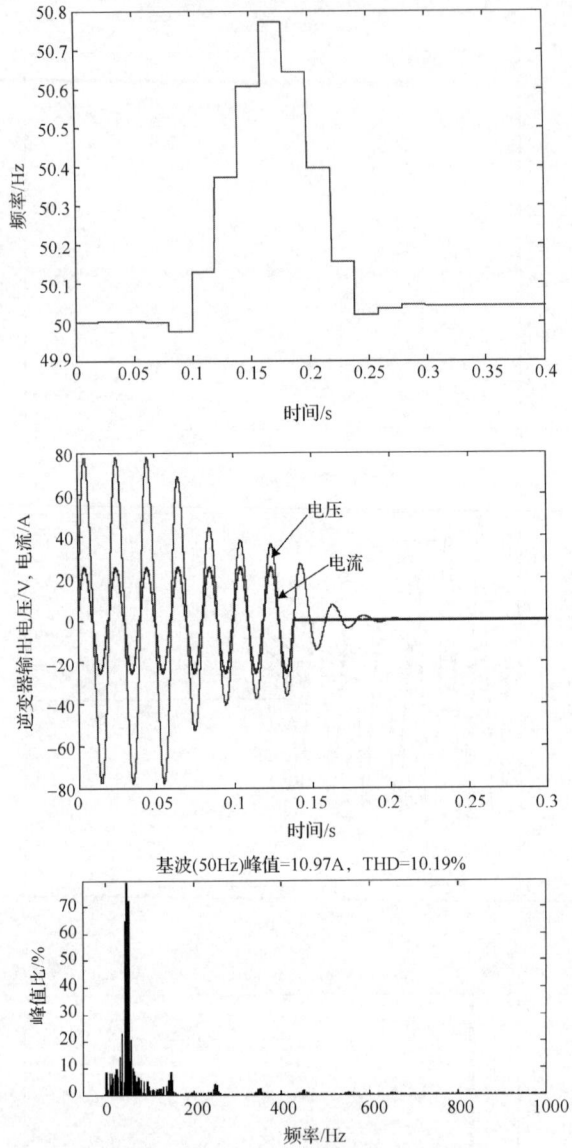

基波(50Hz)峰值=10.97A，THD=10.19%

(f) 情况（6）下 PCC 的仿真结果

图 6.10　AFD 孤岛检测法的仿真结果（续）

从图 6.10 和表 6.7 中的仿真结果可得出如下结论。

（1）只有截断系数 c_f 足够大，AFD 孤岛检测方法才能成功检测出孤岛。同时，检测速度随着 c_f 的增大而加快。

（2）AFD 孤岛检测法中引入的扰动 c_f 会造成电能质量的恶化，如表 6.7 所示，未引入 AFD 孤岛检测法时的总谐波失真度为 0.21%，而随着引入的 AFD 孤岛检测法中

c_f 的不断增加，总谐波失真度也增加到 2.83%、5.46%、10.19%，这也验证了 AFD 孤岛检测法的引入对电能质量造成的不利影响。

（3）c_f 的取值直接影响谐波失真度，并且成正比关系，而谐波失真度越大，对电能质量的影响越大。

（4）负载阻抗角对 AFD 扰动的抵消作用有可能导致检测失败。也就是说，感性负载条件下若频率递减将产生较大盲区，同理，容性负载条件下若频率递增将产生较大盲区，这也验证了 6.6 节中对 AFD 孤岛检测法的盲区的分析结论。

表 6.7　AFD 孤岛检测法的仿真结果表

c_f 的取值	检测时间/s	并网电流的 THD/%
0	检测失败	0.21
0.02	检测失败	2.83
0.05	0.08	5.46
0.1	0.07	10.19

综上所述，为了保证孤岛检测能够成功，AFD 孤岛算法中的 c_f 应该越大越好，但是 c_f 越大谐波失真度也越大，所以在保证成功检测到孤岛的前提下，c_f 的取值应该尽量小，以降低谐波失真度，减小扰动对电能质量的影响。文献[61]从 IEEE Std 929—2000 标准中 THD≤5% 的规定出发研究 THD 与截断系数 c_f 的关系，并通过描绘曲线得到 c_f 在规定的 5% 的 THD 内的最大值 $c_{f\max} = 0.046$ 和最小值 $c_{f\min} = -0.045$，所以为了兼顾检测速度和 THD，AFD 孤岛检测法中的截断系数 c_f 应该在 -0.045～0.046，根据实际情况选取最优值。

6.8.3　AFDPF 孤岛检测法的仿真结果及分析

由 6.4 分析节可知，当 Q_{f_0} 取不同的值时，AFD 孤岛检测法都存在检测盲区，而增大截断系数 c_f 的大小并不能有效地减小检测盲区，仅仅对盲区的位置产生影响，但是 c_f 的增大却会使 THD 增大，降低电能质量。AFDPF 是对 AFD 的一种改进，通过增大反馈增益 k 能够有效减小 NDZ，但是对孤岛的检测效率和 THD 的影响需要通过建模仿真才能得知。AFDPF 孤岛检测法的仿真模型同 AFD 孤岛检测法的仿真模型一样，区别只是通过修改 S 函数的算法来实现不同算法的检测。仿真参数的设置如 AFD 孤岛检测法的仿真参数一致。

在仿真中，将按照 c_{f_0} 分别取 -0.01、0.01、0.02，k 分别取 0.02、0.05、0.1 这八种情况对 AFDPF 孤岛检测法进行仿真验证，具体仿真结果如图 6.11 所示。

（1）$c_f = -0.01 + 0.05\Delta f$，盲区内，检测失败（图 6.11(a)）。

（2）$c_f = -0.01 + 0.1\Delta f$，盲区内，检测失败（图 6.11(b)）。

（3）$c_f = 0.01 + 0.02 \cdot \Delta f$，盲区内，检测失败，总谐波失真度为 2.70%（图 6.11(c)）。

（4）$c_f = 0.01 + 0.05 \cdot \Delta f$，盲区外，检测成功，总谐波失真度为 2.63%（图 6.11(d)）。

（5）$c_f = 0.01 + 0.1 \cdot \Delta f$，盲区外，检测成功，总谐波失真度为 2.92%（图 6.11(e)）。

（6）$c_f = 0.02 + 0.02 \cdot \Delta f$，盲区外，检测成功，总谐波失真度为 3.22%（图 6.11(f)）。

（7）$c_f = 0.02 + 0.05 \cdot \Delta f$，盲区外，检测成功，总谐波失真度为 3.33%（图 6.11(g)）。

（8）$c_f = 0.02 + 0.1 \cdot \Delta f$，盲区外，检测成功，总谐波失真度为 3.53%（图 6.11(h)）。

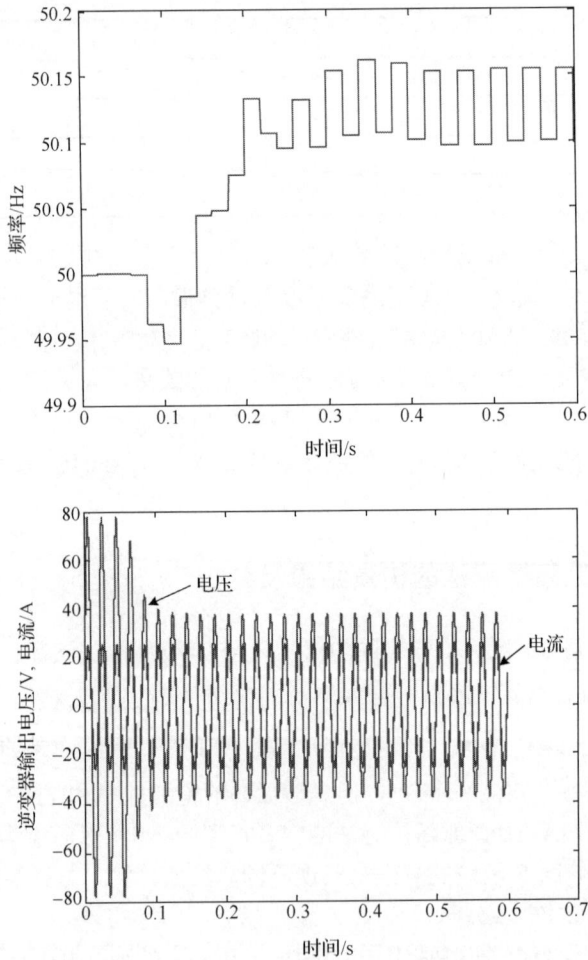

(a) 情况（1）下 PCC 的仿真结果

图 6.11　AFDPF 孤岛检测方法的仿真结果

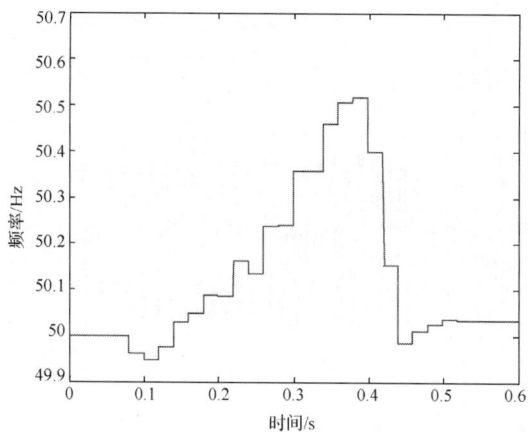

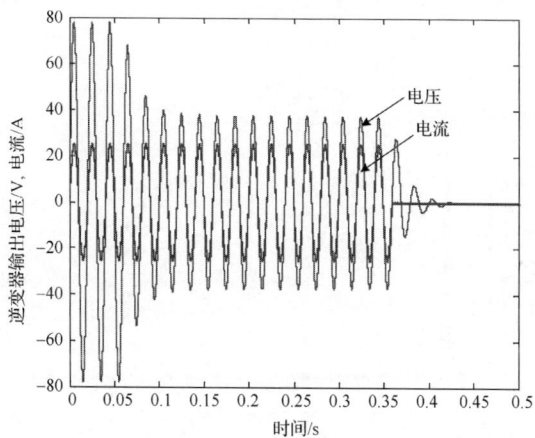

(b) 情况（2）下 PCC 的仿真结果

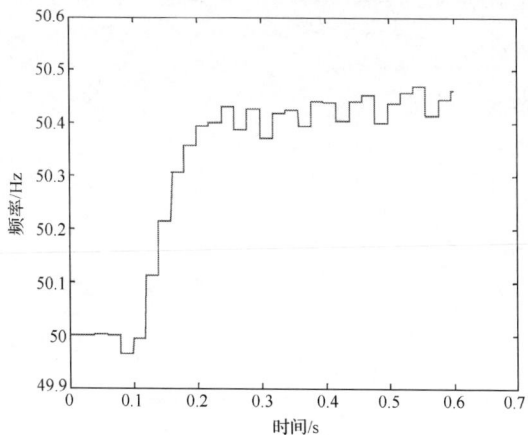

(c) 情况（3）下 PCC 的仿真结果

图 6.11 AFDPF 孤岛检测方法的仿真结果（续）

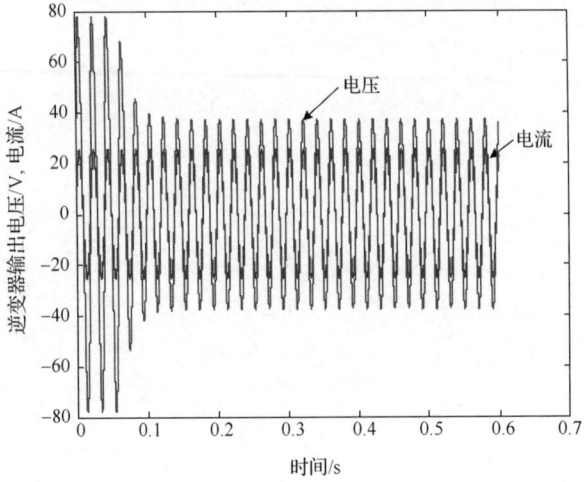

基波(50Hz)峰值=24.52A，THD=2.70%

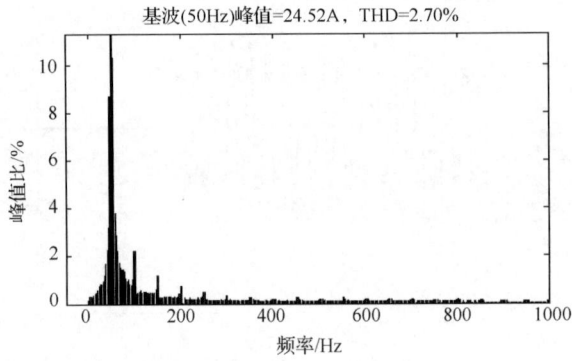

(c) 情况（3）下 PCC 的仿真结果

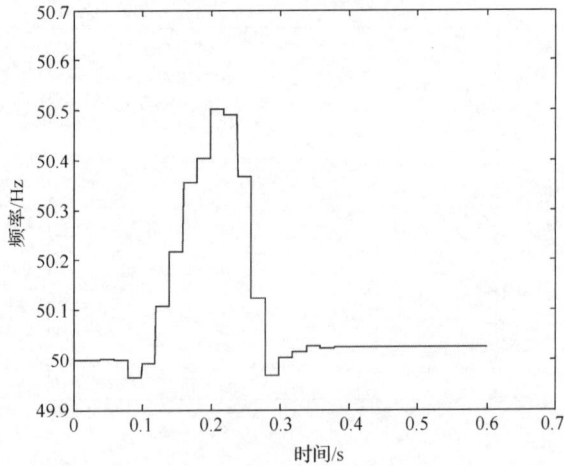

(d) 情况（4）下 PCC 的仿真结果

图 6.11　AFDPF 孤岛检测方法的仿真结果（续）

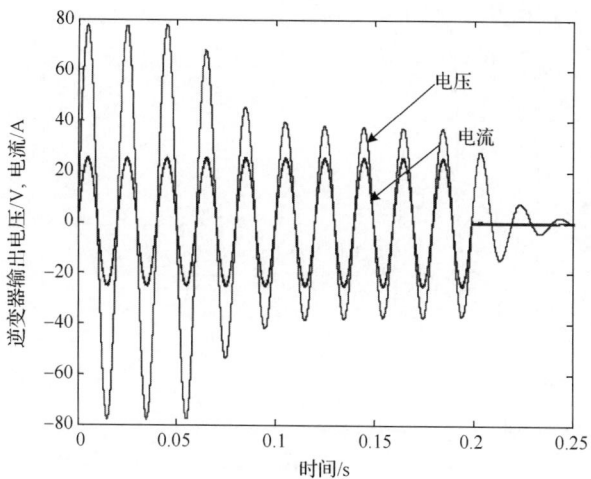

基波(50Hz)峰值=14.76A，THD=2.63%

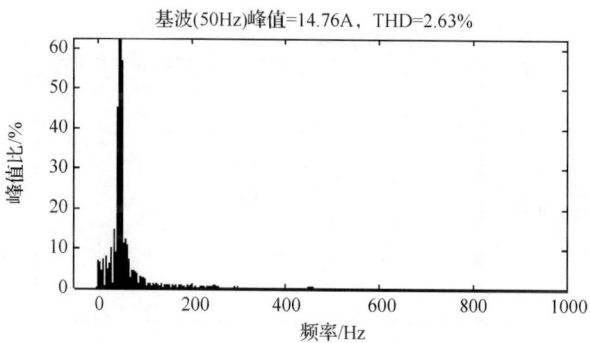

(d) 情况（4）下 PCC 的仿真结果

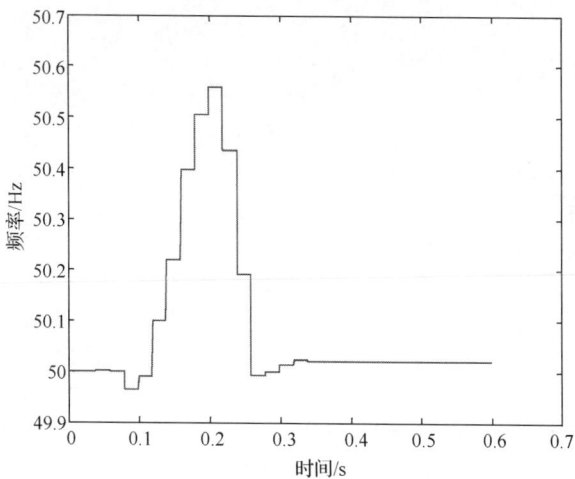

(e) 情况（5）下 PCC 的仿真结果

图 6.11　AFDPF 孤岛检测方法的仿真结果（续）

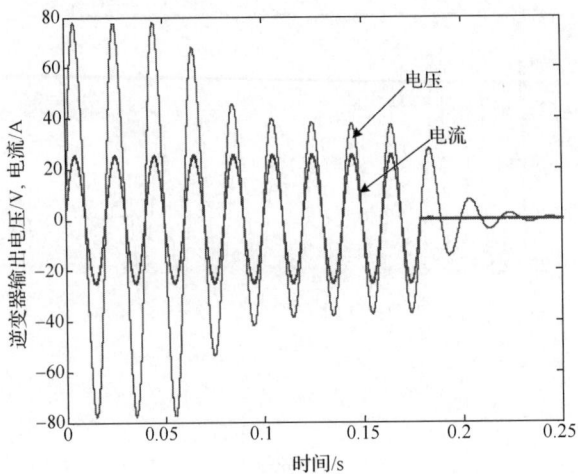

基波(50Hz)峰值=13.13A，THD=2.92%

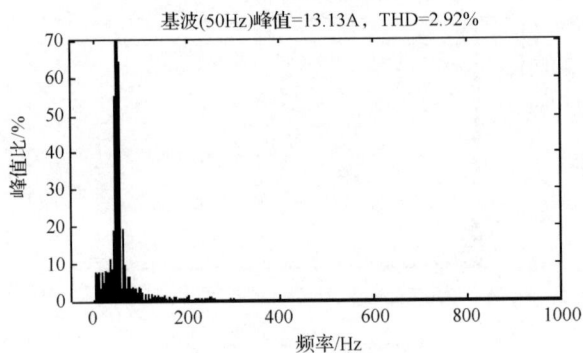

(e) 情况（5）下 PCC 的仿真结果

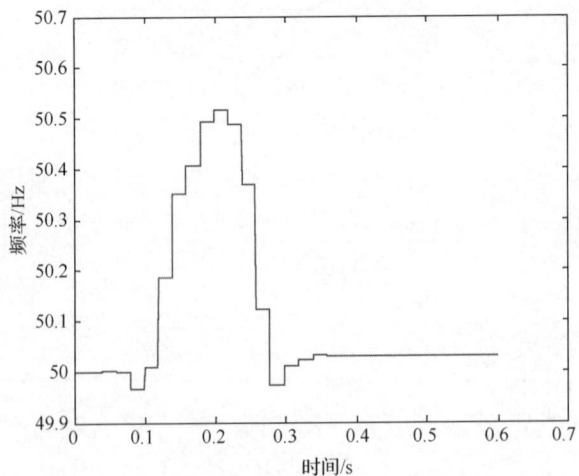

(f) 情况（6）下 PCC 的仿真结果

图 6.11　AFDPF 孤岛检测方法的仿真结果（续）

基波(50Hz)峰值=13.09A，THD=3.22%

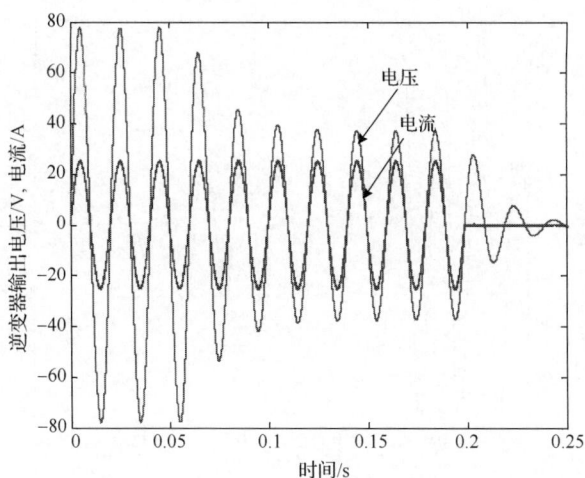

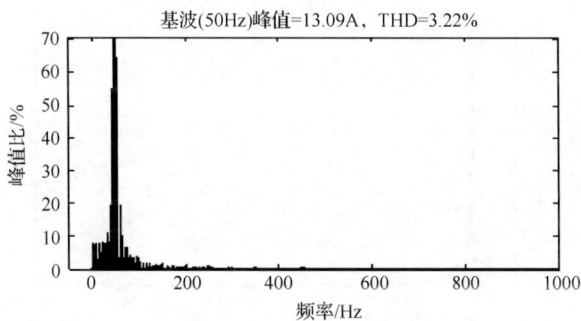

(f) 情况（6）下 PCC 的仿真结果

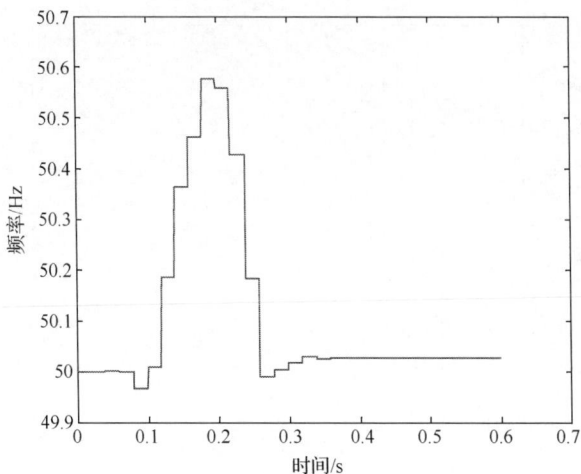

(g) 情况（7）下 PCC 的仿真结果

图 6.11　AFDPF 孤岛检测方法的仿真结果（续）

基波(50Hz)峰值=11.48A，THD=3.33%

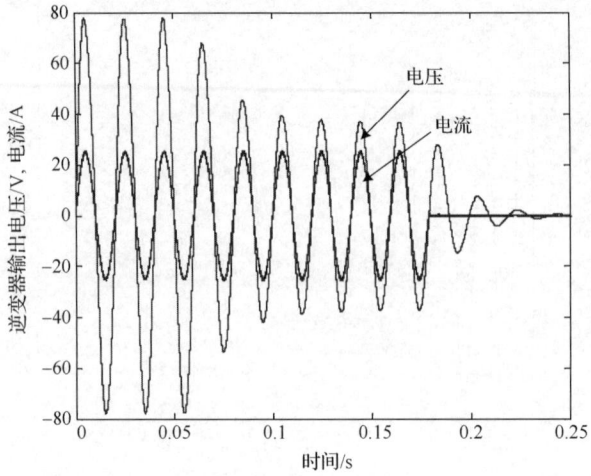

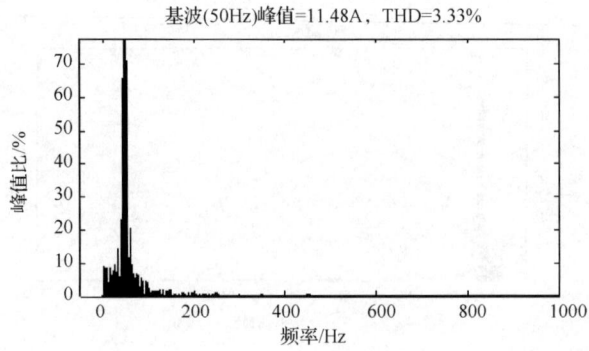

(g) 情况（7）下 PCC 的仿真结果

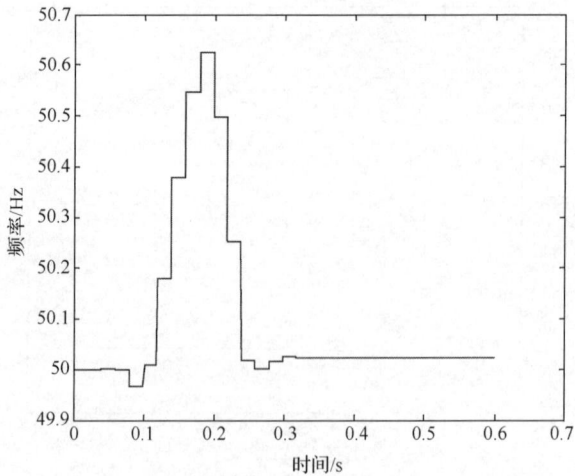

(h) 情况（8）下 PCC 的仿真结果

图 6.11　AFDPF 孤岛检测方法的仿真结果（续）

基波(50Hz)峰值=11.45A，THD=3.53%

(h) 情况（8）下 PCC 的仿真结果

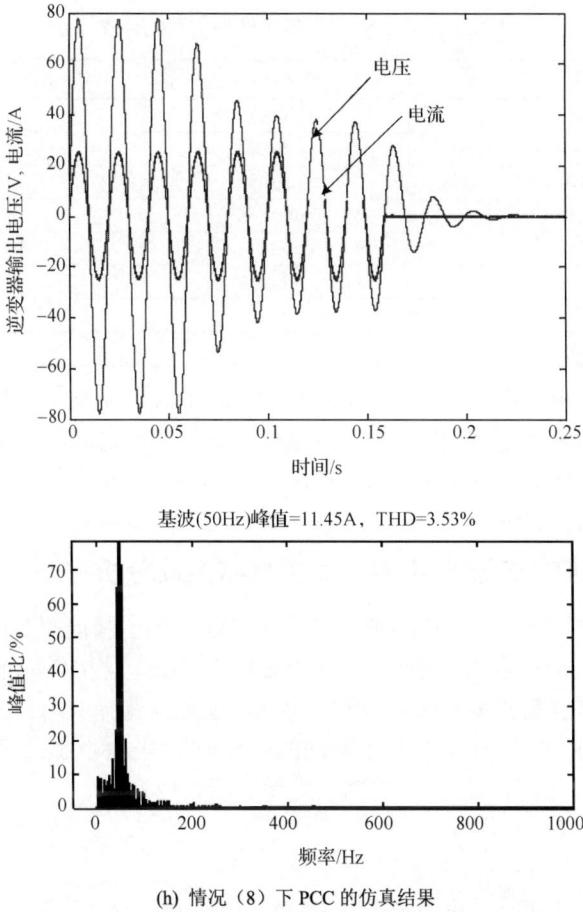

图 6.11　AFDPF 孤岛检测方法的仿真结果（续）

　　对比分析图 6.11 和表 6.8 这八种情况下 AFDPF 检测法的仿真结果，可以得出如下结论。

　　（1）随着截断系数 c_f 的不断增大，该检测方法的检测速度也不断加快，检测孤岛的时间不断缩短，检测时间也符合 IEEE Std 929—2000 相关的标准规定。

　　（2）初始截断系数的增大对检测速度并没有太大的影响，却会增大 THD，所以 c_{f_0} 的取值应该尽量小；但是，c_{f_0} 的作用是触发脱网瞬间的频率偏移，不能过小，因此，在本节的研究中，c_{f_0} 取 0.01。同时，增大反馈增益 k，检测速度会加快，但是 THD 也随之增大，所以加快检测速度是靠牺牲电能质量换来的。

　　（3）负载阻抗角对 AFDPF 的扰动也存在抵消作用，从而使孤岛检测失败。也就是说，感性负载条件下若 c_{f_0} 取负值将产生较大盲区，同理，容性负载条件下若 c_{f_0} 取正值将产生较大盲区。

表 6.8　AFDPF 孤岛检测法的仿真结果表

c_f 的取值	检测时间/s	并网电流的 THD/%
$-0.01 + 0.05\Delta f$	检测失败	—
$-0.01 + 0.1\Delta f$	检测失败	—
$0.01 + 0.02\,\Delta f$	检测失败	2.70
$0.01 + 0.05\,\Delta f$	0.14	2.63
$0.01 + 0.1\,\Delta f$	0.12	2.92
$0.02 + 0.02\,\Delta f$	0.14	3.22
$0.02 + 0.05\,\Delta f$	0.11	3.33
$0.02 + 0.1\,\Delta f$	0.10	3.53

　　综上所述，AFDPF 孤岛检测法具有比 AFD 孤岛检测法更优的检测性能，同时可以通过增大反馈增益 k 的取值来实现 $Q_f < 2.5$ 条件下的检测无盲区，这样可以有效地减小检测盲区，但是高反馈增益 k 也会导致高的谐波失真度，严重降低了电能的质量。也就是说，减小盲区和降低 THD 之间存在矛盾，应该从这个角度出发，试图实现两者的平衡。

6.8.4　改进的 AFDPF 孤岛检测法的仿真结果及分析

　　结合 6.7 节提出的改进的 AFDPF 孤岛检测算法，为了验证该改进方法的有效性，在 MATLAB/Simulink 平台上，将仿真模型与 220V/50Hz 单相配网并网连接进行仿真。仿真参数设置与 AFD 孤岛检测参数设置一致，即逆变器选择 IGBT 功率器件，采用恒电流控制模式。改进的 AFDPF 孤岛检测法的仿真模型同 AFD 孤岛检测法的一样，只需要在算法实现上做适当的修改，其算法流程如图 6.12 所示。

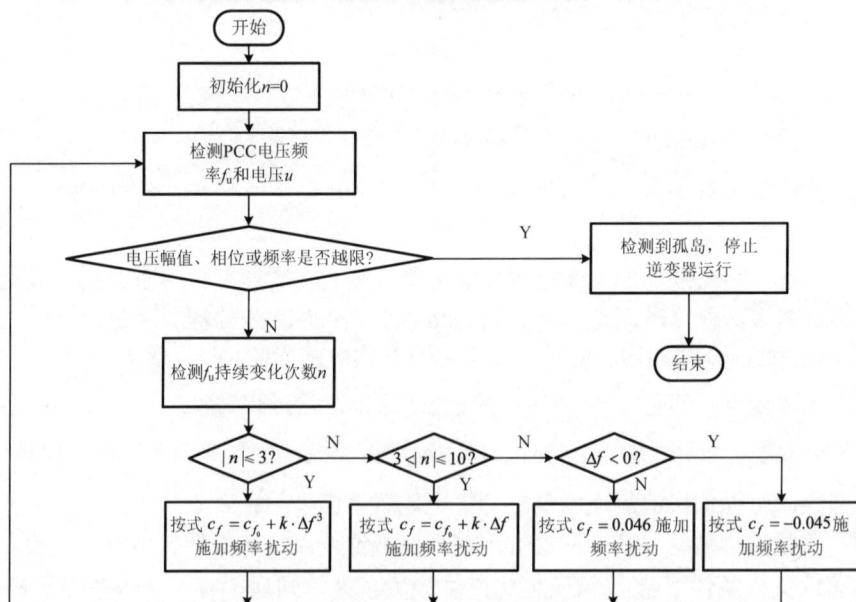

图 6.12　改进的 AFDPF 孤岛检测方法流程图

由 AFDPF 孤岛检测法的分析可知,初始截断系数 c_{f_0} 应该尽量小,同时反馈增益 k 的增大能够有效减小检测盲区并加快检测速度,所以为了与传统的 AFDPF 检测法进行对比,在改进的 AFDPF 检测法中,选取 c_{f_0} 分别为 0.01、−0.01,$k = 0.1$ 在感性负载和容性负载条件下对该检测方法进行仿真验证,其仿真结果如图 6.13 所示。

（1）$c_f = f(\Delta f) = \begin{cases} -0.01 + 0.1\Delta f^3, & |n| \leqslant 3 \\ -0.01 + 0.1\Delta f, & 3 < |n| \leqslant 10 \\ 0.046, & \Delta f > 0, |n| > 10 \\ -0.045, & \Delta f < 0, |n| > 10 \end{cases}$，感性负载条件下,盲区外,检

测成功（图 6.13(a)）。

（2）$c_f = f(\Delta f) = \begin{cases} -0.01 + 0.1\Delta f^3, & |n| \leqslant 3 \\ -0.01 + 0.1\Delta f, & 3 < |n| \leqslant 10 \\ 0.046, & \Delta f > 0, |n| > 10 \\ -0.045, & \Delta f < 0, |n| > 10 \end{cases}$，容性负载条件下,盲区外,检

测成功（图 6.13(b)）。

（3）$c_f = f(\Delta f) = \begin{cases} 0.01 + 0.1\Delta f^3, & |n| \leqslant 3 \\ 0.01 + 0.1\Delta f, & 3 < |n| \leqslant 10 \\ 0.046, & \Delta f > 0, |n| > 10 \\ -0.045, & \Delta f < 0, |n| > 10 \end{cases}$，感性负载条件下,盲区外,检

测成功（图 6.13(c)）。

（4）$c_f = f(\Delta f) = \begin{cases} 0.01 + 0.1\Delta f^3, & |n| \leqslant 3 \\ 0.01 + 0.1\Delta f, & 3 < |n| \leqslant 10 \\ 0.046, & \Delta f > 0, |n| > 10 \\ -0.045, & \Delta f < 0, |n| > 10 \end{cases}$，容性负载条件下,盲区外,检

测成功（图 6.13(d)）。

在 $c_{f_0} = 0.01$，$k = 0.1$ 的条件下,改进的 AFDPF 孤岛检测法和传统的 AFDPF 孤岛检测法的谐波失真度分别如图 6.14 所示。

在 $c_{f_0} = 0.01$，$k = 0.1$ 的条件下,由表 6.8 可知,公共电网在 0.06s 断开后,传统的 AFDPF 孤岛检测法对逆变器输出电流施加的扰动为 $c_f = 0.01 + 0.1\Delta f$,逆变器在 0.14s 时停止运行,即该检测法在 0.08s 内成功检测到孤岛。由图 6.13 可知,0.06s 时公共电网电压断开,改进的 AFDPF 孤岛检测算法对逆变器输出电流施加如下扰动:

$$c_f = f(\Delta f) = \begin{cases} 0.01 + 0.1\Delta f^3, & |n| \leqslant 3 \\ 0.01 + 0.1\Delta f, & 3 < |n| \leqslant 10 \\ 0.046, & \Delta f > 0, |n| > 10 \\ -0.045 & \Delta f < 0, |n| > 10 \end{cases} \qquad (6.39)$$

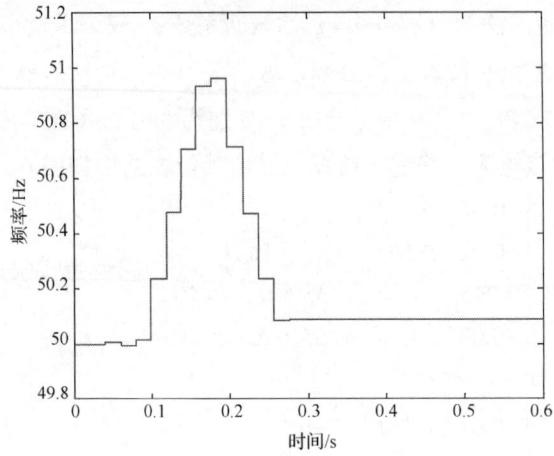

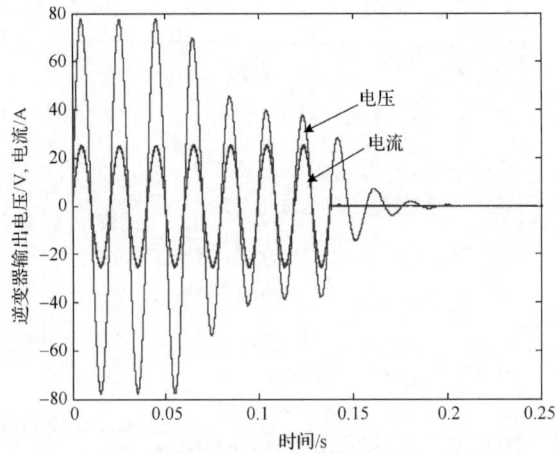

(a) 情况（1）下 PCC 的仿真结果

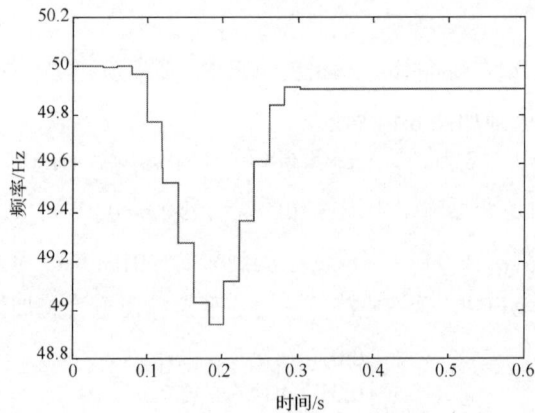

(b) 情况（2）下 PCC 的仿真结果

图 6.13　改进的 AFDPF 孤岛检测法的仿真结果

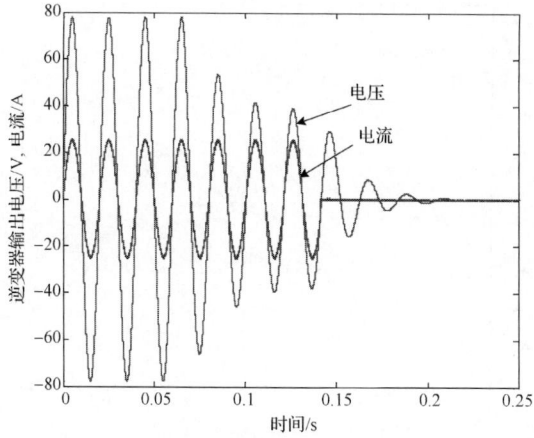

(b) 情况（2）下 PCC 的仿真结果

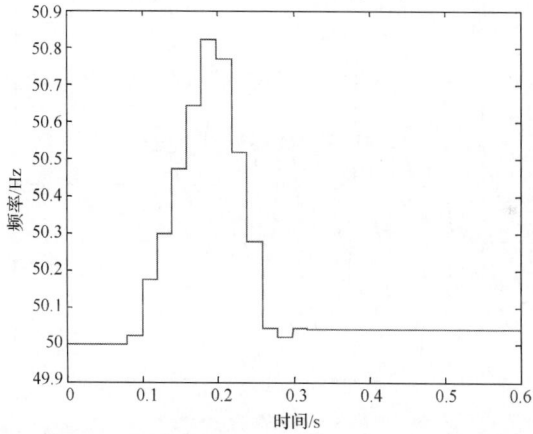

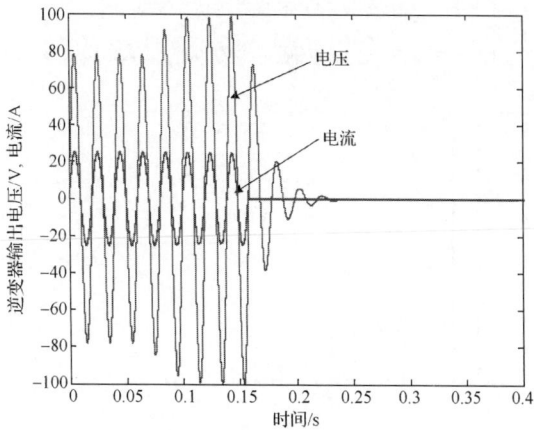

(c) 情况（3）下 PCC 的仿真结果

图 6.13　改进的 AFDPF 孤岛检测法的仿真结果（续）

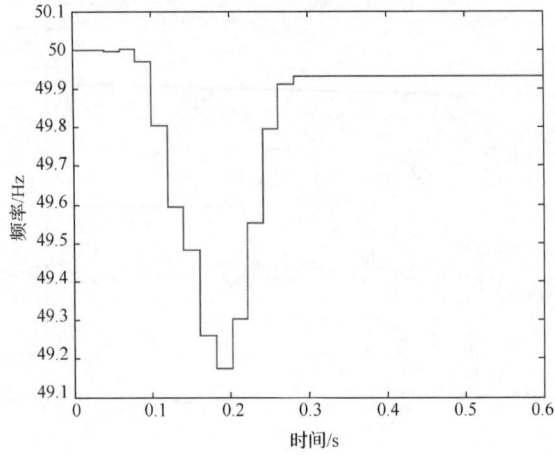

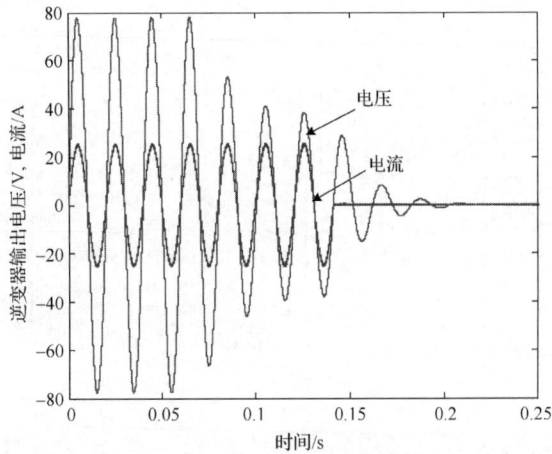

(d) 情况（4）下 PCC 的仿真结果

图 6.13　改进的 AFDPF 孤岛检测法的仿真结果（续）

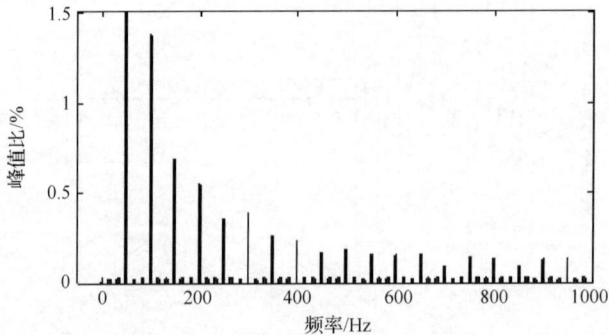

(a) 改进的AFDPF孤岛检测法的谐波失真度（基波（50Hz）峰值=24.9A，THD=1.82%）

图 6.14　改进的 AFDPF 孤岛检测法和传统的 AFDPF 孤岛检测法的 THD 对比图

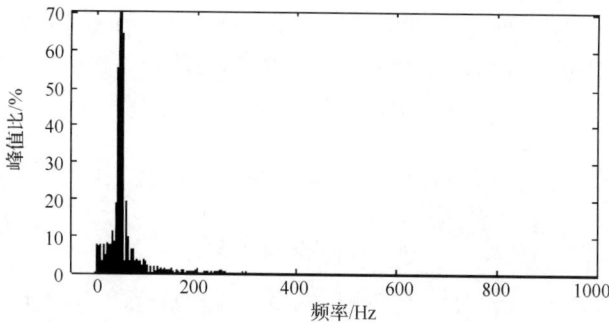

(b) 传统的 AFDPF 孤岛检测法的谐波失真度（基波（50Hz）峰值=13.13A、THD=2.92%）

图 6.14　改进的 AFDPF 孤岛检测法和传统的 AFDPF 孤岛检测法的 THD 对比图（续）

由于频率越限，逆变器在 0.18s 时封锁 PWM 脉冲输出，逆变器输出电压和电流均降为零，在 0.12s 内成功检测到孤岛并停止逆变器运行；由图 6.14 可知，改进的 AFDPF 孤岛检测法逆变器输出电流 THD 为 1.82%，传统 AFDPF 孤岛检测法逆变器输出电流 THD 为 2.92%。仿真结果表明：在规定的检测时间（小于 0.2s）内，改进的 AFDPF 大大降低了电流谐波失真度，降低了频率扰动对电能质量的影响。同时，当存在孤岛且 $3 < |n| \leqslant 10$ 时，此处 $k = 0.1$，由图 6.9 的检测盲区图可知，该检测法使检测盲区右移，实现了在 $Q_{f_0} < 2.5$ 条件下孤岛无盲区；另外，通过图 6.13 中的四种情况，可以看到，改进的 AFDPF 算法在容性负载和感性负载条件下都能迅速检测出孤岛，解决了扰动和负载特性之间的冲突，克服了主动频率偏移类算法在不同负载条件下检测失败的缺陷，减小了检测盲区。

综上所述，本节提出的改进的 AFDPF 孤岛检测法既具备了 AFD 和 AFDPF 孤岛检测法检测效率高的优点，又能避免了 AFDPF 孤岛检测法中由于反馈增益 k 引起的检测盲区和谐波失真度之间的矛盾，能够在兼顾检测速度的同时减小电流谐波失真度，降低扰动对电能质量的影响，具有较好的应用价值。

6.9　基于模糊控制的 APS 孤岛检测新方法

6.9.1　APS 孤岛检测方法

针对 SMS 存在的不足，有研究学者提出了主动移相式（automatic phase shift，APS）检测孤岛的技术[63]。光伏并网发电系统在没有加入 APS 检测法的正常工作情况下，光伏逆变器的输出电流和电网的电压由于电压的钳制作用同频同相；在加入 APS 孤岛检测技术后，光伏逆变器的输出电流与电网电压不再是完全的同频同相，而是在电网电压的原相位上叠加了一个扰动角 θ。当孤岛效应发生时，PCC 的电压频率受到光伏逆变器输出电流的影响而发生变化。APS 实质上是 SMS 的一种改进,即在孤岛状态时另外附加了一个相位偏移,如式(6.40)所示,θ 是 i_{inv} 的初始相位角,这种做法打破了存在稳定点的可能性,因此检测效率比 SMS 的更高。

$$\begin{cases} \theta = \dfrac{1}{\alpha} \cdot \left[\dfrac{f(k-1)-f_0}{f_0} \right] \cdot 360° + \theta_0(k) \\ \theta_0(k) = \theta_0(k-1) + \Delta\theta \cdot \mathrm{sgn}(\Delta f_{ss}) \end{cases} \qquad (6.40)$$

式中,α 为相角调节因子,θ_0 为附加的相位偏移。如果系统在 UF/OF 触发保护前达到 PCC 电压的稳态频率点,则会将附加相位偏移引入 θ 中。$\Delta\theta$ 是固定的相位角增量,Δf_{ss} 是相邻两个稳态间的频率差,且有对 $\forall k \leq 0$ 存在 $\theta_0(k)=0$。该附加相位偏移虽然能使频率持续偏移,从而触发 UF/OF 孤岛保护,但是对于系统的每个稳定工作点,APS 都很难确保每个点都处在 UF/OF 之外。同时,APS 的响应速度较慢,在某些负载情况下会失效。

　　APS 的工作的主要原理是:扰动角 θ 与负载阻抗角 θ_{load} 之间的相位偏差会导致并网逆变器输出电流 i_{inv} 相位有一个小的偏移,在系统正常并网时由于存在电网的钳制作用,导致 i_{inv} 相位不会影响电压相位;当并网系统发生孤岛时,i_{inv} 相位的微小偏移会由于电压波形的超前或滞后致使电压频率不断减小或增加,在这种外加扰动的不断作用下,电压频率偏移值也不断减小或增大,直到超出电压频率的阈值,进而快速地检测出孤岛。

6.9.2　改进的 APS 孤岛检测方法

　　上述孤岛检测方法实现过程烦琐,实时性比较差。针对以上经典的 APS 孤岛检测算法存在的问题,文献[64]提出了如下所示的简单实用的检测算法:

$$\theta = k \cdot \Delta f = k \cdot (f - f_0) \qquad (6.41)$$

式中,k 为反馈系数,该算法的反馈系数取值范围根据不同的负载品质因数来获得,虽然增大 k 能提高孤岛的检测效率,但是对 k 值的增大会增加系统正常工作状态下逆变器输出电流与电网电压间的相位差,从而降低了并网逆变器输出的电能质量。

　　文献[65]的检测方法对文献[64]中的算法做了稍加改进,即将 PCC 与电网电压的频率差的指数增加到三次,如式(6.42),该方法减小了系统在正常工作状态下,并网电流与电网电压之间的相位差,且提高了检测速度。

$$\theta = k \cdot \Delta f^3 = k \cdot (f - f_0)^3 \qquad (6.42)$$

　　对于文献[64]和文献[65]中的两种改进孤岛检测方法,孤岛检测的成败和效率与反馈系数 k 的取值联系非常紧密。两种检测方法均相对提高了检测效率,但存在的不足是当并网系统发生孤岛后,光伏发电系统逆变器侧在实际电网环境下的用户负载或设备的特性是未知的,因此在 k 的取值范围内选取一个固定的、精确的 k 值与系统负载确定对应关系是比较困难的。

为了改进以上不足和进一步提高检测速度，减小检测盲区，将文献[64]和文献[65]的方法做进一步的改进，并对反馈系数 k 进行模糊优化。

$$\theta = k(\Delta f)^3 + \text{sgn}(\Delta f) \cdot \theta_0 = k(f - f_0)^3 + \text{sgn}(f - f_0) \cdot \theta_0 \tag{6.43}$$

式中，$\text{sgn}(\Delta f) = \begin{cases} 1, & f \geqslant f_0 \\ -1, & f < f_0 \end{cases}$；$\theta_0$ 为引入的额外相位偏移量，是一个很小的常数，可以减小噪声和谐波对孤岛检测的影响。当电网频率等于额定频率 f_0 时，由于额外相位偏移量的存在使得频率正反馈，可提高孤岛检测的可靠性。其中，反馈系数 k 的取值范围，可根据标准的并联谐振负载的阻抗角 θ_{load} 与扰动角 θ 之间在系统发生孤岛之后达到另一个平衡状态的关系，以及孤岛发生时 PCC 的电压频率为时间函数的关系获得。

根据系统发生孤岛后，再次达到另一个平衡状态时，满足相位判据，即 $\theta + \theta_{\text{load}} = 0$；同时由于采用 RLC 并联负载来模拟本地负载，根据已推导出其阻抗角的表达式，可得电网断电后稳态工作点满足：

$$\arctan\left[R\left(\omega C - \frac{1}{\omega L} \right) \right] = \arctan\left[R\left(2\pi f C - \frac{1}{2\pi f L} \right) \right] = \theta \tag{6.44}$$

将式（6.43）代入式（6.44），且系统发生孤岛后 PCC 重新达到稳定状态时有 $f = f_0 + \Delta f$，$f_{\text{res}} = f_0 = 50\text{Hz}$，可得

$$\arctan\left[R\left(2\pi (f_{\text{res}} + \Delta f) C - \frac{1}{2\pi (f_{\text{res}} + \Delta f) L} \right) \right] = k(\Delta f)^3 + \text{sgn}(\Delta f) \cdot \theta_0 \tag{6.45}$$

对式（6.45）进行整理，有如下过程：

$$\frac{R}{\omega_{\text{res}} L}\left[\omega_{\text{res}}(\omega_{\text{res}} + \Delta \omega) LC - \frac{\omega_{\text{res}} L}{(\omega_{\text{res}} + \Delta \omega) L} \right] = \tan[k(\Delta f)^3 + \text{sgn}(\Delta f) \cdot \theta_0]$$

$$\frac{R}{\omega_{\text{res}} L}\left[\omega_{\text{res}}(\omega_{\text{res}} + \Delta \omega) LC - \frac{1}{1 + \Delta \omega / \omega_{\text{res}}} \right] = \tan[k(\Delta f)^3 + \text{sgn}(\Delta f) \cdot \theta_0]$$

$$\frac{R}{\omega_{\text{res}} L}\left[\frac{\omega_{\text{res}}^2 LC\left(1 + \Delta f / f_{\text{res}}\right)^2 - 1}{1 + \Delta f / f_{\text{res}}} \right] = \tan[k(\Delta f)^3 + \text{sgn}(\Delta f) \cdot \theta_0]$$

$$\omega_{\text{res}}^2 LC\left(1 + \Delta f / f_{\text{res}}\right)^2 - 1 = \frac{1 + \Delta f / f_{\text{res}}}{\dfrac{R}{\omega_{\text{res}} L}} \cdot \tan[k(\Delta f)^3 + \text{sgn}(\Delta f) \cdot \theta_0]$$

$$\omega_{\text{res}}^2 LC = \left\{ \frac{1 + \Delta f / f_{\text{res}}}{\dfrac{R}{\omega_{\text{res}} L}} \cdot \tan[k(\Delta f)^3 + \text{sgn}(\Delta f) \cdot \theta_0] + 1 \right\} \cdot \frac{1}{\left(1 + \Delta f / f_{\text{res}}\right)^2}$$

$$\omega_{\text{res}}^2 LC - 1 = \frac{1}{\left(1 + \Delta f / f_{\text{res}}\right)^2} \cdot \left\{ \frac{1 + \Delta f / f_{\text{res}}}{\dfrac{R}{\omega_{\text{res}} L}} \cdot \tan[k(\Delta f)^3 + \text{sgn}(\Delta f) \cdot \theta_0] + 1 \right\} - 1 \quad (6.46)$$

又由于有 $Q_f = R/(\omega_{\text{res}} L)$， $Q_{f_0} = R/(\omega_0 L)$， $\omega_{\text{res}} = 1/\sqrt{LC}$，即 $\omega_{\text{res}}^2 LC - 1 = 0$，则式（6.46）变为

$$\frac{1}{\left(1 + \Delta f / f_{\text{res}}\right)^2} \cdot \left\{ \frac{1 + \Delta f / f_{\text{res}}}{Q_{f_0}} \cdot \tan[k(\Delta f)^3 + \text{sgn}(\Delta f) \cdot \theta_0] + 1 \right\} - 1 = 0 \quad (6.47)$$

对式（6.47）整理过程如下：

$$\frac{1 + \Delta f / f_{\text{res}}}{Q_{f_0}} \cdot \tan[k(\Delta f)^3 + \text{sgn}(\Delta f) \cdot \theta_0] = (1 + \Delta f / f_{\text{res}})^2 - 1$$

$$\tan[k(\Delta f)^3 + \text{sgn}(\Delta f) \cdot \theta_0] = \frac{Q_{f_0}[(1 + \Delta f / f_{\text{res}})^2 - 1]}{1 + \Delta f / f_{\text{res}}}$$

$$\tan[k(\Delta f)^3 + \text{sgn}(\Delta f) \cdot \theta_0] = Q_{f_0}\left(1 + \Delta f / f_{\text{res}} - \frac{1}{1 + \Delta f / f_{\text{res}}}\right)$$

$$k(\Delta f)^3 + \text{sgn}(\Delta f) \cdot \theta_0 = \arctan\left[Q_{f_0}\left(1 + \Delta f / f_{\text{res}} - \frac{1}{1 + \Delta f / f_{\text{res}}}\right) \right]$$

$$k = \frac{\arctan\left[Q_{f_0}\left(1 + \Delta f / f_{\text{res}} - \dfrac{1}{1 + \Delta f / f_{\text{res}}}\right) \right]}{(\Delta f)^3} - \frac{\text{sgn}(\Delta f) \cdot \theta_0}{(\Delta f)^3} \quad (6.48)$$

如果要使 APS 孤岛检测方法能成功检测到孤岛效应，则在并网系统重新达到新的稳定状态时，Δf 要求满足条件 $\Delta f > 0.5$，且有负载品质因数 Q_f 取为 2.5，代入式（6.48）可以得到反馈系数 k 的上限约为 23.8，即 $k < 23.8$。

由于孤岛发生时，PCC 的电压频率不是恒定的值（正常工作状态的频率为 50Hz），而是与时间变化有关，即可认为系统发生孤岛效应时 PCC 的电压频率是时间的函数，设为 $f(t)$，则对应的 PCC 电压的相位可表示为 $\theta(t) = 2\pi f(t) \cdot t$，则可对 $\theta(t)$ 求导：

$$\theta'(t) = 2\pi f(t) \cdot f'(t) \quad (6.49)$$

又有 $2\pi f(t) = 3k[f(t) - f_0]^2$，代入式（6.49），得

$$\theta'(t) = 3k[f(t) - f_{\text{res}}]^2 \cdot f'(t) \quad (6.50)$$

由于所施加的扰动是持续的，且这个过程是连续的，因此有频率对时间的一阶导数不为零，即 $f'(t) \neq 0$ 成立，则联立式（6.49）和式（6.50）可得到式（6.51）：

$$2\pi f(t) = 3k[f(t) - f_{\text{res}}]^2 \quad (6.51)$$

再对式（6.51）进行时间求导：

$$2\pi f'(t) = 6k[f(t) - f_{\text{res}}] \cdot f'(t) \qquad (6.52)$$

整理式（6.52）得

$$k = \frac{\pi}{3} \cdot \frac{1}{f(t) - f_{\text{res}}} \qquad (6.53)$$

根据扰动过程中又要满足条件 $f(t) - f_{\text{res}} < 0.5$，因此可以得到反馈系数 k 的下限，代入求得约为 2.1，即 $k > 2.1$。

由此，改进后所施加的扰动角的反馈系数的取值范围为 $k \in (2.1, 23.8)$。

6.9.3　改进的 APS 孤岛检测方法 NDZ 分析

由孤岛检测盲区介绍可知，NDZ 是评价一个孤岛检测方法性能的重要指标之一，本节根据所研究的孤岛检测方法，采用前述基于 $Q_{f_0} \times C_{\text{norm}}$ 坐标系空间来分析该孤岛检测方法的 NDZ。

由式（6.44），且有 $C_{\text{norm}} - 1 = \Delta C_{\text{norm}}$，整理得

$$Q_{f_0} \cdot \frac{C_{\text{norm}}(1 + \Delta f / f_{\text{res}})^2 - 1}{1 + \Delta f / f_{\text{res}}} = \tan \theta \qquad (6.54)$$

$$\Delta C_{\text{norm}} = \frac{1}{(1 + \Delta f / f_{\text{res}})^2} \left[\frac{1 + \Delta f / f_{\text{res}}}{Q_{f_0}} \cdot \tan \theta + 1 \right] - 1 \qquad (6.55)$$

式（6.54）中 $\tan \theta$ 为扰动角的正切值，$\Delta f = \pm 0.5\,\text{Hz}$，对于经典的和改进的两种孤岛检测方法，分别代入其扰动角 θ，在基于 $Q_{f_0} \times C_{\text{norm}}$ 坐标空间下可以得到如图 6.15 所示的孤岛检测盲区分布图。

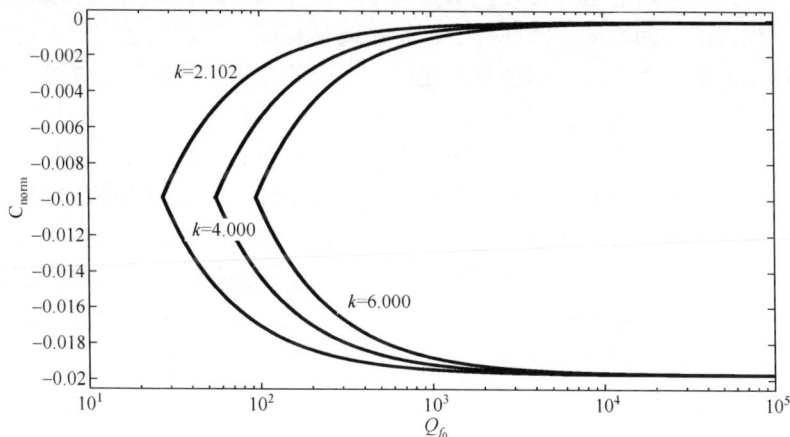

(a) 改进的 APS 孤岛检测方法的检测盲区分布图

图 6.15　孤岛检测盲区分布图

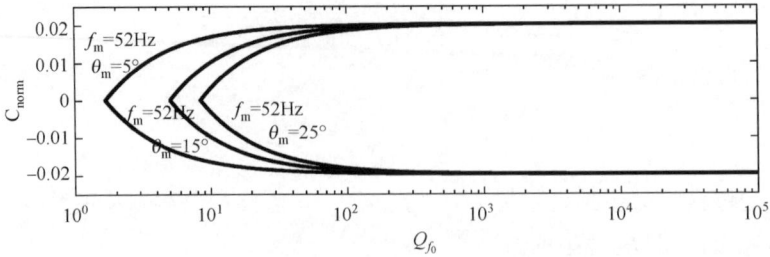

(b) 经典APS孤岛检测方法的检测盲区分布图

图 6.15　孤岛检测盲区分布图（续）

图 6.15(a)是改进后的方法的检测盲区分布图，从图中可以看出反馈系数 k 取值越大，检测盲区就越小。比较图 6.15(a)、(b)检测盲区，改进的方法孤岛检测盲区明显比经典方法的检测盲区小很多，不足的是改进方法中虽然增大 k 值能减小检测盲区，但对逆变器输出的电能质量的影响也会随之增大。因此，需要对反馈系数 k 进一步模糊控制优化。图 6.15(b)是经典 APS 检测盲区分布图，从图中可以看出不同 f_m 与 θ_m 的取值对检测盲区有不同的影响，即在相同的 f_m 下，θ_m 越大，盲区越小。

6.9.4　模糊控制系统的构建

1. 模糊控制结构的确定

模糊控制的最大优势之一是无需知道系统被控制量的精确数学模型，而是利用模糊推理模式对系统实现控制。模糊控制对系统的被控量实现控制具有很多的优势[66]：强的鲁棒性；具有一定的智能特性；易于折中理论算法与实际控制的实现；由于设立模糊语言控制规则较为容易，因此对于控制系统具有较为广泛的适用性。同时还具有控制算法设计简单、易于接受和理解等优点。这样的控制方式对于非线性、时变、滞后等系统的控制更优于传统控制方法。

一般的模糊控制器有一维、二维和三维三种结构[67]。一维的模糊控制器由于其只有一个被控制量，不能全面反映被控制对象的动态特性，因此一维的模糊控制器只用于简单且控制品质要求较低的被控对象。三维的模糊控制器使用的是三个控制量，其结构比较复杂，所用的运算模糊推理的时间较长，实现条件的要求较高，因此在实际应中比较少用。而二维的模糊控制器是目前应用最为广泛的一种控制器，是由于其输入量只有两个，即被控制量的偏差和该偏差的变化率，能较全面地反映被控制量的动态特性。因此，本节采用的模糊控制器是二维的，如图 6.16 所示为二维的模糊控制器框图。

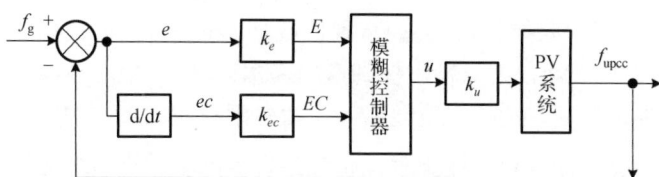

图 6.16　二维模糊控制框图

以 PCC 处的电压频率 f_{upcc} 与电网电压额定频率 f_0 的偏差 e 和偏差 e 的变化率 ec 作为模糊控制器的两个输入控制量，以反馈系数 u 作为输出控制量，图 6.16 中的 k_e、k_{ec} 和 k_u 分别为输入和输出的量化因子。

2. 模糊控制系统的实现

在选定了模糊控制器的结构为二维后，还要配置该模糊控制器的相关参数、模糊控制语言规则以及模糊推理的决策方法等。

1）该二维模糊控制器的输入输出变量的确定

e 和 ec 为输入控制量，u 为输出控制量。

2）所选取的控制量由精确量变模糊化

模糊控制的基本论域被定义为输入输出控制量的实际取值范围 $[-x_e, x_e]$、$[-x_{ec}, x_{ec}]$ 和 $[-y_u, y_u]$，该基本论域的值是连续的模拟量；而模糊控制的输入输出控制量的模糊论域被定义为将基本论域划分为离散取值的有限集合 $[-n, n]$、$[-m, m]$ 和 $[-l, l]$，该模糊论域的离散值为自然数[68]。在对输入、输出控制量进行模糊化处理过程中，需要将输入控制量 e 和 ec 分别乘以对应的量化因子 k_e 和 k_{ec}，使输入控制量从基本论域转换到对应的模糊论域中；而经过模糊控制得到的控制变量还不是直接能被控制的对象，还需要乘以相应的输出量化因子 k_u 才能转换到基本论域中。其中输入、输出控制量的量化因子的计算可以根据式（6.56）获得。

$$\begin{cases} k_e = \dfrac{n-(-n)}{x_e-(-x_e)} = \dfrac{2n}{2x_e} = \dfrac{n}{x_e} \\[3mm] k_{ec} = \dfrac{m-(-m)}{x_{ec}-(-x_{ec})} = \dfrac{2m}{2x_{ec}} = \dfrac{m}{x_{ec}} \\[3mm] k_u = \dfrac{y_u-(-y_u)}{l-(-l)} = \dfrac{2y_u}{2l} = \dfrac{y_u}{l} \end{cases} \tag{6.56}$$

根据光伏并网系统孤岛检测的标准，当电网频率（额定频率为 50Hz）超过 ±0.5 Hz 的频率幅度变化时，应停止并网发电系统向电网供电。据此设一个电网周期内的频率偏差（简称频差）$e \in [-0.5, 0.5]$，即输入控制量 e 的基本论域是 $[-0.5, 0.5]$；频差的变

化率 $ec \in [-50,50]$，即输入控制量 ec 的基本论域是 $[-50,50]$；而根据前面的反馈系数 k 的取值范围 $k \in (2.1, 23.8)$，则取输出控制量的基本论域为 $[2.101, 23.799]$。

并网系统发生孤岛后，PCC 电压频率 f_{upcc} 与电网电压频率 f_0 的偏差值，由于本地负载是感性时偏差会正向变化，或因本地负载是容性时偏差会负向变化的原因，可将输入控制量 e 和 ec 的模糊论域设为 $[-3, 3]$，划分为 7 个对称的模糊子集，即 $E=EC=\{$NB（负大），NM（负中），NS（负小），ZE（零），PS（正小），PM（正中），PB（正大）$\}$；对应地，由于输出控制量 k_u 取值均是正值，因此可设其模糊论域为 $[0, 6]$，亦划分为 7 个对称的模糊子集，即 $U=\{$ZE（零），SS（较小），S（小），M（中），BB（较大），B（大），VB（非常大）$\}$。

因此，由式（6.56）可以得到对应的预置的量化因子 k_e、k_{ec} 和 k_u，即

$$k_e = \frac{3-(-3)}{0.5-(-0.5)} = \frac{2\times3}{2\times0.5} = 6 \text{，} k_{ec} = \frac{3-(-3)}{50-(-50)} = \frac{2\times3}{2\times50} = 0.6 \text{，} k_u = \frac{6-0}{23.799-2.101} = 3.62$$

通过隶属度函数可以实现描述所选语言变量论域上的模糊子集。实现对控制系统模糊控制时所选取的隶属度函数一般是对称和平衡的，一般常见的隶属度函数有三角形、梯形、高斯形[68]等形状的函数。为了不使系统失控，一般情况下，所有模糊集合包括隶属度不为零的数量，对应变量论域元素的个数应当是模糊集合总数的 2～3 倍。本节选取的输入输出控制变量均为三角形隶属度函数，而所选的三角形隶属度函数在论域上是非均匀分布的，这有利于提高系统的控制灵敏度，并通过调整它们的重叠率，直至控制的结果最优。采用的 MATLAB 仿真软件中的 Fuzzy 模糊工具如图 6.17 所示，选取的三角形隶属度函数如图 6.18 所示，图 6.19 为输入输出控制变量模糊论域取值的三维图形。

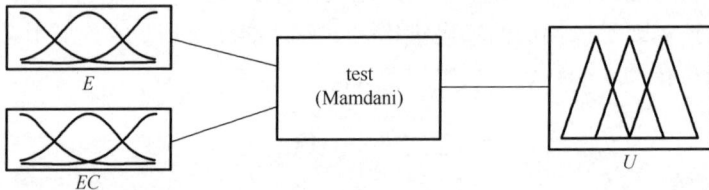

图 6.17　MATLAB 软件中的模糊控制工具 Fuzzy

3）确定模糊控制规则

将相关领域的专家知识经验或是操作者在实践中控制的经验，加以总结而得到的模糊条件语句的集合，被称为实现模糊控制的模糊控制规则，它是用一组彼此通过"或"关系联系起来的模糊条件语句来描述的，一般采用的模糊控制规则为"if E and EC then U"形式来表示[68]。

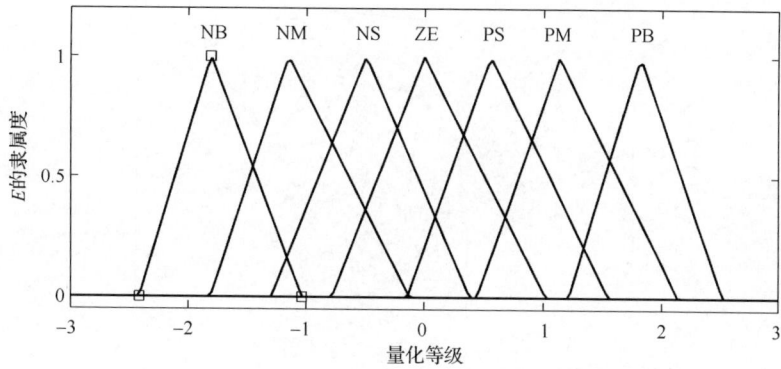

(a) 输入控制变量 e 的三角形隶属度函数

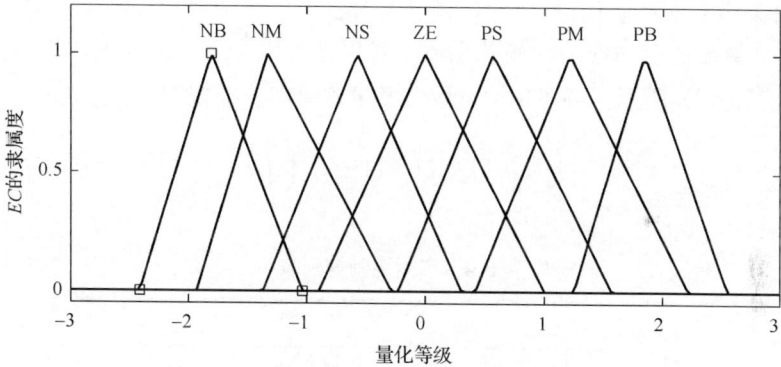

(b) 输入控制变量 ec 的三角形隶属度函数

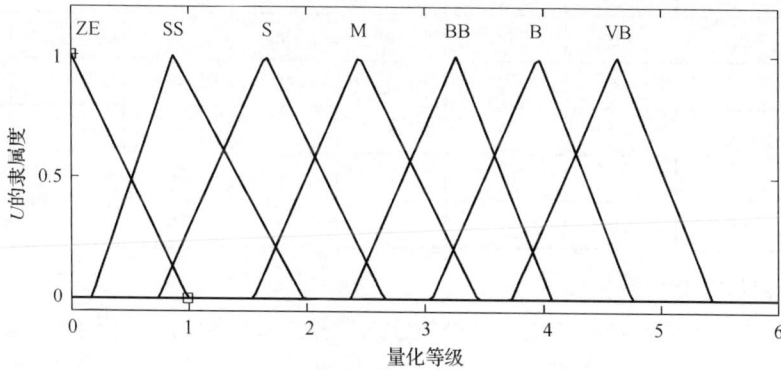

(c) 控制变量 u 的三角形隶属度函数

图 6.18　实现模糊控制的三角形隶属度函数

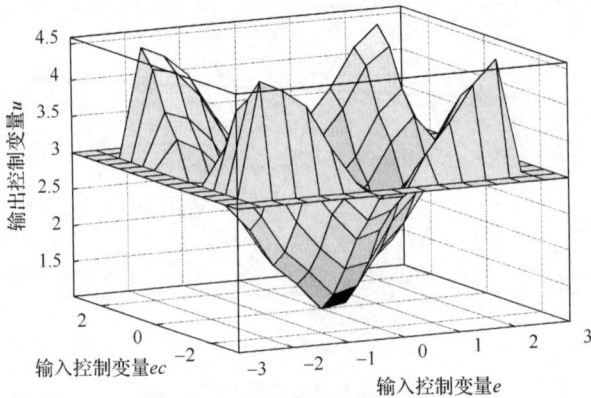

图 6.19　输入输出控制变量模糊论域的三维图形

对于每条模糊条件语句,且已知模糊子集时都可以表示为相应的模糊关系 $R_i(i=1,$ $2,\cdots,49)$,计算出所有对应的模糊关系后,可以得到整个系统控制规则的总的模糊关系[69] R 为式(6.57)所示,亦可用表 6.9 来表述该模糊控制规则。

$$R = R_1 \cup R_2 \cup \cdots \cup R_{49} = \bigcup_{i=1}^{49} R_i \qquad (6.57)$$

表 6.9　模糊控制规则表

U		E						
		NB	NM	NS	ZE	PS	PM	PB
EC	NB	VB	B	BB	M	BB	B	VB
	NM	B	BB	M	S	M	BB	B
	NS	BB	M	S	SS	S	M	BB
	ZE	M	S	SS	ZE	SS	S	M
	PS	BB	M	S	SS	S	M	BB
	PM	B	BB	M	S	M	BB	B
	PB	VB	B	BB	M	BB	B	VB

4)模糊推理及模糊判决

模糊推理作为模糊控制的核心,是将输入模糊变量转变为输出模糊变量的过程,最常用且简单方便的推理算法是 Mamdani 极大极小推理法[69],经过模糊推理得到的是一个模糊集合。而在实际的控制中,要实现控制系统必须是一个确定量才行,因此需要经过模糊判决来求取一个相对最能代表该模糊量的确定值,常用的模糊判决主要有最大隶属度法、加权平均法和中位数判决法,而对于所有的模糊判决方法,加权平均法在实际的应用中最为普遍，因此本节采用加权平均法将模糊量转换成清晰的输出量，然后再乘以量化因子 k_u 即可得到控制系统的实际输出量 u。

6.9.5　基于改进的 APS 孤岛检测方法的建模与仿真分析

1.　基于改进的 APS 孤岛检测方法的单相光伏并网发电系统模型的建立

为了验证参数优化后的 APS 孤岛检测方法的有效性，在 MATLAB/Simulink 环境下建立了孤岛检测仿真模型（具体仿真模型图略）[70,71]。如图 6.20 所示为改进的 APS 孤岛检测的并网系统框图，该仿真模型主要由 APS 孤岛检测模块、模糊控制模块以及 SPWM 控制模块构成。其模型参数设置如表 6.10 所示，其中本地负载选择负载品质因数为 $Q_f = 2.5$，$\theta_0 = 5°$[72]最难检测的 RLC 并联负载情况，且电网在 0.1s 时刻断开。

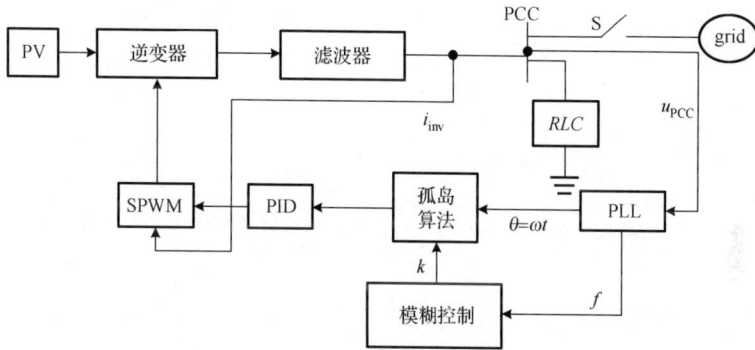

图 6.20　改进的 APS 孤岛检测的系统仿真模型框图

表 6.10　光伏并网发电系统模型的相关参数

电网电压额定值	电网频率	负载参数	滤波器	光伏直流电压	开关频率	其他
$220\sqrt{2}$V	50Hz	$P_{load} = 5$kW $R = 9.68\Omega$ $L = 13.33$mH $C = 822.6\mu$F	$L = 8.3$mH $C = 3.0\mu$F	400V	20kHz	$Q_f = 2.5$ $\theta_0 = 5°$

2.　仿真结果分析

对经典的 APS 孤岛检测方法仿真结果如图 6.21 所示。在 0.1s 时刻光伏并网发电系统发生孤岛，0.221s 时刻的 PCC 频率，由正常并网时的 50Hz 减小到 49.5Hz 及以下，说明该方法能准确检测到孤岛，并发生欠压保护，检测时间为 0.121s。

对反馈系数 $k \in (2.1, 23.8)$ 进行模糊控制优化后的仿真结果如图 6.22 所示。从仿真结果可以看出，在 0.1s 时刻光伏并网发电系统发生孤岛，0.161s 时刻的 PCC 频率，亦由正常并网时的 50Hz 减小到 49.5Hz 及以下，说明该方法能准确检测到并网发电系统的孤岛效应，并发生欠频保护，检测时间为 0.061s。

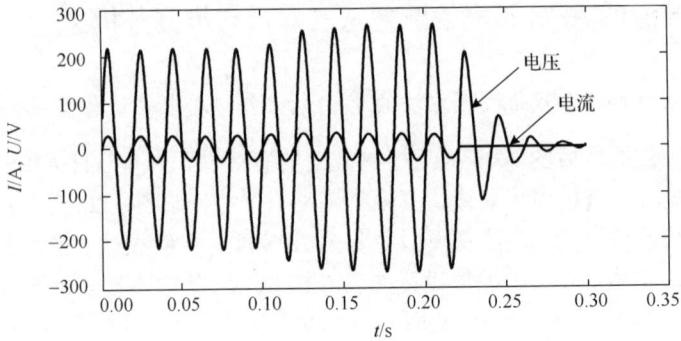

(a) PCC电压与逆变器输出电压电流波形

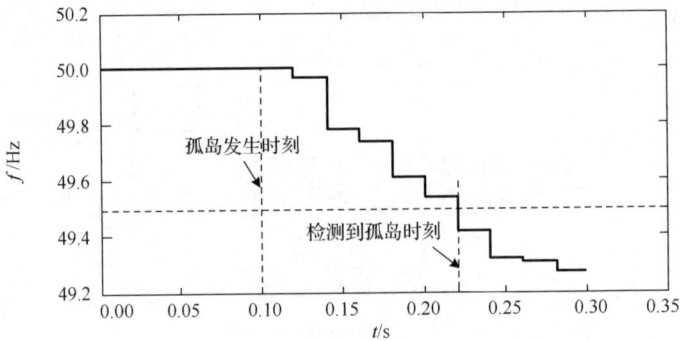

(b) PCC电压频率

图 6.21　经典的 APS 孤岛检测方法的仿真结果

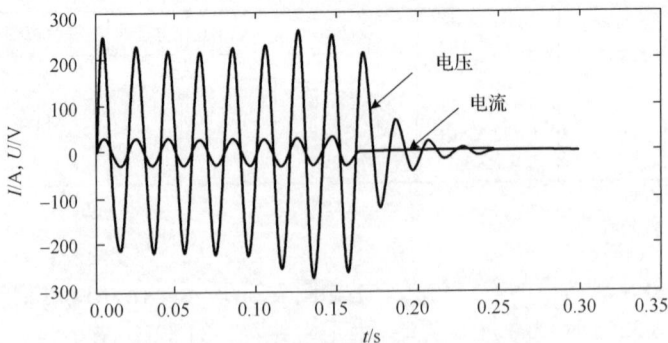

(a) PCC电压与逆变器输出电压电流波形

图 6.22　改进的 APS 方法参数模糊优化后的仿真结果

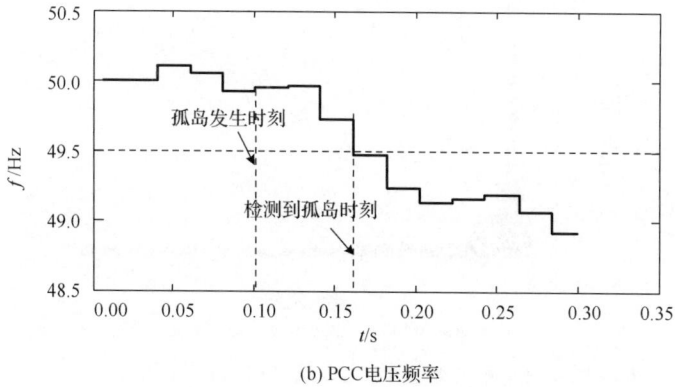

(b) PCC电压频率

图 6.22　改进的 APS 方法参数模糊优化后的仿真结果（续）

逆变器输出电流 i_{inv} 的总谐波失真度（THD）作为评估孤岛检测性能的指标之一，被定义为

$$\text{THD} = \frac{1}{I_{f_1}} \left(\sum_{n \neq 1} I_{f_n}^2 \right)^{1/2} \times 100\% \tag{6.58}$$

式中，I_{f_1} 为逆变器输出电流 i_{inv} 的基波分量的电流幅值，I_{f_n}（$n \neq 1$）为除基波分量以外的其他偶次谐波分量、奇次谐波分量的电流幅值。本节所分析信号的基波分量的频率都是 50Hz。

对以上两种方法的并网逆变器输出电流 i_{inv} 进行 FFT（可以分析出信号所包含的谐波含量）分析，得到的结果如图 6.23 所示，经典 APS 孤岛检测方法的 i_{inv} 的 THD 为 2.37%，改进的 APS 孤岛检测方法参数模糊优化后 i_{inv} 的 THD 为 1.89%。将两者进行比较，后者比前者的 THD 减小了 0.48%，即并网逆变器输出电能质量提高了 0.48%。

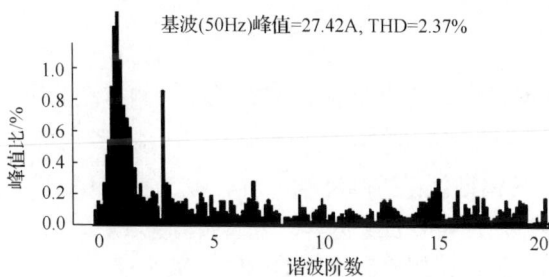

(a) 传统APS方法逆变器输出电流的THD

图 6.23　并网逆变器输出电流的 FFT 分析

基波(50Hz)峰值=27.72A, THD=1.89%

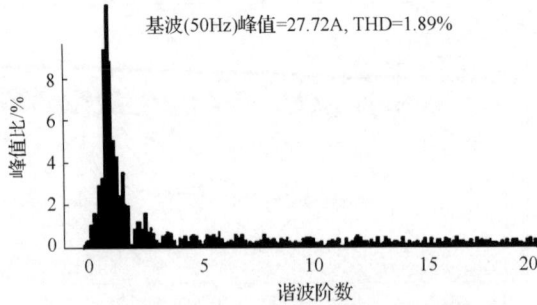

(b) 改进的APS孤岛检测法逆变器输出电流的THD

图 6.23　并网逆变器输出电流的 FFT 分析（续）

　　根据国家对光伏并网发电系统的技术要求，电网断开时，孤岛保护必须在 2s 内动作，将光伏发电系统与电网断开。如表 6.11 可以看出，改进的 APS 孤岛检测方法的检测时间比经典的 APS 孤岛检测方法的检测时间缩短了 0.06s，即电网一旦断开该方法更能快速地检测到孤岛效应的发生，而且减小电流谐波失真度，从而提高并网逆变器的输出电能质量。

表 6.11　不同孤岛检测方法下的检测时间和 THD 的对比

检测方法	参数	检测时间/s	THD/%
$\theta = \theta_m \sin\left(\dfrac{\pi}{2}\dfrac{f-f_g}{f_m-f_g}\right)$	$f_m = 51\text{Hz}$ $\theta_m = 5°$	0.121	2.37
改进的检测方法（k 值固定） $\theta = k(f-f_g)^3 + \text{sgn}(\Delta f)\theta_0$	$k=2.102$ $\theta_0 = 5°$	0.082	1.97
	$k=6.000$ $\theta_0 = 5°$	0.080	1.99
改进的检测方法（对 k 模糊优化） $\theta = k(f-f_g)^3 + \text{sgn}(\Delta f)\theta_0$	k 在(2.1, 23.8)内 $\theta_0 = 5°$	0.061	1.89

6.9.6　小结

　　本节根据光伏并网发电系统逆变器中 APS 孤岛检测方法的原理，首先研究了基于 APS 孤岛检测法的参数模糊优化方法；然后以 $Q_{f_0} \times C_{\text{norm}}$ 坐标系分析了其检测盲区，并研究其反馈系数 k 的模糊优化控制过程；最后通过基于 MATLAB/Simulink 平台搭建仿真模型验证了该方法的有效性。仿真结果表明：改进后的 APS 孤岛检测方法不仅能减小检测盲区，而且能在兼顾检测速度的同时，减小逆变器输出电流谐波失真度，降低扰动对电能质量的影响。且在对反馈系数 k 进行模糊优化后，检测系统不会因 k 值的改变而存在波动，因此系统的性能得到明显提高。

6.10　基于 Morlet 复小波变换的孤岛检测方法

为了解决实小波变换及小波包变换应用于孤岛检测时，存在特征分层烦琐、特征阈值确定过程复杂等问题。本节提出了一种基于 Morlet 复小波变换的孤岛检测方法，通过提取并分析 PCC 相电压的复小波系数的幅值和相位变化，来检测孤岛是否发生。同时，该方法也解决了提取的相位在突变点存在不连续的问题，使得电压突变的特征更容易被检测到，且与主动式的孤岛检测方法相比，该方法具有检测速度快、无谐波干扰等优点[73]。

6.10.1　Morlet 复小波变换

小波变换由于其具有良好的时频局部化特性，因而被广泛应用于分析电力系统中复杂多变的非平稳瞬态信号[74]。一般的常规实值小波（简称为实小波）变换不能充分利用信号的相位信息，只能分析信号的幅频特性，这会导致在检测信号的突变状态时受到影响。然而，包含有信号丰富相位信息的复值小波（简称为复小波）变换在分析信号时，能同时获得信号的幅频和相频特性，从而能够更好地捕捉特征信号突变的奇异点。因此，复小波可用于检测突变信号的实时变化信息，即可实现突变信号的检测与定位。

傅里叶变换和小波变换均可应用于提取信号特征信息，但实践表明，小波变换比傅里叶变换对信号的特征提取更有优势，而选取一个恰当的、适合的小波函数去分析特征信号具有重要的研究价值，在实际的应用中，一般选取紧支性好或衰减较快的小波函数。Morlet 等学者将复三角函数引入到高斯函数中，得到 Morlet 复值小波[75,76]：

$$\psi(t) = (\pi f_d)^{-1/2} \cdot \exp(i2\pi f_c t) \cdot \exp[-(t^2 / f_d)] \tag{6.59}$$

式中，f_d 为带宽参数，决定 Morlet 小波波形振荡衰减的快慢程度；f_c 为小波函数的中心频率，决定 Morlet 小波波形的振荡频率，这两个均为无量纲变量。式（6.59）的傅里叶变换为

$$\hat{\psi}(\omega) = \exp[-(f_d / 4) \cdot (\omega - \omega_c)^2] \tag{6.60}$$

式（6.59）的小波序列及其傅里叶变换为

$$\psi_{a,b}(t) = a^{-1/2} (\pi f_d)^{-1/2} \exp[i2\pi f_c (t - b) / a] \cdot \exp[-((t - b) / a)^2 / f_d] \tag{6.61}$$

$$\hat{\psi}_{a,b}(\omega) = a^{1/2} \exp(-ib\omega) \cdot \exp[-(f_d a^2 / 4)(\omega - \omega_c / a)^2] \tag{6.62}$$

式中，a 为尺度因子；ω_c 为母小波的中心角频率，由式（6.62）得小波的中心角频率为 ω_c / a。Morlet 小波的时间和频率分辨率分别为

$$\begin{cases} \Delta t_a = \dfrac{f_c f_s}{f_a} \cdot \dfrac{\sqrt{f_d}}{2} \\[3mm] \Delta f_a = \dfrac{f_a}{f_c f_s} \cdot \dfrac{1}{2\pi\sqrt{f_d}} \end{cases} \tag{6.63}$$

式中，f_s 为采样频率；f_a 为对应尺度 a 的准频率。式（6.63）表明，通过调整 f_c 与 f_d 来获得所需要的时频分辨率。如果 f_c 取为常数时，可通过调整 a 与 f_d 来改变 Morlet 小波的时频分辨率。

$f(t)$ 的连续小波变换公式为[76,77]

$$CWT(a,b) = \int_{-\infty}^{+\infty} f(t)\psi_{a,b}(t)\mathrm{d}t \tag{6.64}$$

对特征信号 $f(t)$，以 Morlet 小波为母小波函数进行连续小波变换，可获得特征信号的小波系数。经过小波变换得到的小波系数是一个复数，对应的可以分析特征信号幅值和相位的变化信息，对提取到的幅值和相位特征进行分析，可以判断信号发生突变的性质和位置。

6.10.2　基于 Morlet 复小波变换的孤岛检测方法

为实现快速、准确地检测到孤岛的发生，本节基于 Morlet 复小波理论提取 PCC 相电压幅值和相位特征，根据这些特征实现孤岛检测。

假设 PCC 相电压的表达式为

$$u(t) = A\sin(\omega t) \tag{6.65}$$

以 $u(t)$ 为特征信号，进行基于 Morlet 复小波变换，可得

$$\begin{aligned} CWT(a,b) &= \int_{-\infty}^{+\infty} u(t)\psi_{a,b}(t)\mathrm{d}t \\[2mm] &= \frac{A\sqrt{a}}{2}\mathrm{i} \cdot \exp(ib\omega) \cdot \exp[-(f_d a^2/4)(\omega + \omega_c/a)^2] \\[2mm] &\quad - \frac{A\sqrt{a}}{2}\mathrm{i} \cdot \exp(-ib\omega) \cdot \exp[-(f_d a^2/4)(\omega - \omega_c/a)^2] \end{aligned} \tag{6.66}$$

式中，a 为尺度因子；b 为时间参数；ω_c 为母小波的中心角频率。进一步可得到复小波系数 $CWT(a,b)$ 的幅值和相位的表达式，如式（6.67）和式（6.68）所示。

$$\begin{aligned} |CWT(a,b)| &= \frac{A\sqrt{a}}{2}\{[\exp(-(f_d^2 a^4/16)(\omega + \omega_c/a)^4) \\[2mm] &\quad + \exp(-(f_d^2 a^4/16)(\omega - \omega_c/a)^4) \\[2mm] &\quad - 2\exp[-(f_d a^2/2)(\omega^2 + (\omega_c/a)^2)]\cos(2b\omega)\}^{1/2} \end{aligned} \tag{6.67}$$

$$\arg[\mathrm{CWT}(a,b)] = \arctan\frac{\cos(b\omega)[1 - \exp(-f_\mathrm{d} a\omega_\mathrm{c}\omega/2)]}{\sin(b\omega)[1 + \exp(-f_\mathrm{d} a\omega_\mathrm{c}\omega/2)]} \tag{6.68}$$

由式（6.67）和式（6.68）可知，复小波系数的幅值和相位都与 f_d、f_c 及 a 有关，因此选择合适的参数 f_d、f_c 与 a，对实现孤岛的快速、准确检测很重要。f_d 与 f_c 可根据实验仿真对比，来选取效果最优的参数值，而尺度因子 a 可根据 $a = (f_\mathrm{a} \cdot f_\mathrm{c})/f_\mathrm{d}$ 计算得到。

同时从式（6.67）还可以看出，在其他参数都确定之后，对于固定的信号频率，其幅值突变仅与信号的幅度 A 有关，其函数是一单调函数，即当发生孤岛效应时，如果逆变器输出的相电压、电流在主电网断开之后减小为相对较小的值，此时对应的复小波系数幅值亦是一个较小的值。

经复小波变换得到式（6.68）相位信息，其一般情况下的变化范围是 $(-\pi, \pi)$，而当获得的相位变化波形超出 $(-\pi, \pi)$ 的范围时，要转换该相位，此时相位波形会有 2π 幅值的突变，这些相位的跃变及非连续变化，会给检测特征信号畸变带来不同程度的干扰，因此需要对不连续变化的相位进行改进[78]。而一般情况下，特征信号 $f(t)$ 无突变时，$f(t)$ 的相位连续变化无奇异点。假设特征信号当前时刻为 n，则信号无突变时其前一时刻 $n-1$ 与后一时刻 n 的相位变化的幅度不是很大；当信号有突变发生时，信号的前一时刻 $n-1$ 与后一时刻 n 的相位幅度变化比较大[78]。基于此，对式（6.67）的复小波变换系数 $|\mathrm{CWT}(a,b)|$ 进行改进，得到 $d_a(n)$，可令：

$$d_a(n) = C_a(n)/C_a(n-1) \tag{6.69}$$

式中，$C_a(n)$ 为尺度为 a 时的复小波系数。对应的可以构造出新的复小波系数的相位，记为

$$\varphi_{d_a(n)}(n) = 2\varphi_{C_a(n)}(n) - \varphi_{C_a(n-1)}(n-1) \tag{6.70}$$

式中，$\varphi_{C_a(n)}(n)$ 和 $\varphi_{C_a(n-1)}(n-1)$ 分别对应 $C_a(n)$ 和 $C_a(n-1)$ 的相位角。

这样，可根据 PCC 相电压的复小波变换系数的幅值和经改进后的复小波系数相位的变化来检测孤岛是否发生。根据式（6.67）和式（6.70），孤岛发生时对应电压的复小波系数幅值的阈值，可由孤岛判断标准中电压幅值正常工作阈值（88%A～110%A）来确定。但当其他的电力系统故障导致系统 PCC 的电压幅值变化与孤岛发生导致 PCC 电压幅值的变化基本一致时，此时仅通过式（6.67）的小波系数易造成误判断孤岛；此时为了避免这种误判，可通过式（6.70）的小波系数相位信息来判断孤岛。由于实小波对电压信号的相位变化不敏感，因而无法从相位上检测到孤岛，这将失去部分有用信息，而复小波由于其具有丰富的相位信息，因此通过利用这些相位信息可以进一步快速检测到孤岛的发生，图 6.24 所示为基于 Morlet 复小波变换实现孤岛检测的流程图。

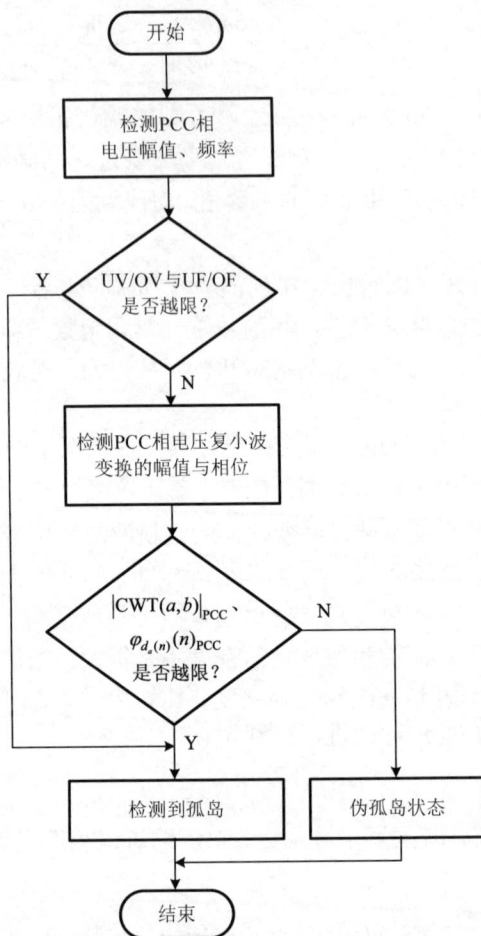

图 6.24　基于 Morlet 复小波变换的孤岛检测方法流程图

6.10.3　基于 Morlet 复小波变换的孤岛检测方法的建模与仿真结果分析

1. 三相光伏并网发电系统模型的建立

　　针对以电网供电为主、光伏发电系统供电为辅的电力系统，假设选取的负载总功率为 50kW，电网提供的功率约为 38.9kW，光伏发电系统逆变器输出的功率约为 11.1kW。为了验证基于 Morlet 复小波的孤岛检测方法的有效性，图 6.25 是光伏并网发电三相系统的仿真框图（在 MATLAB/Simulink 环境下建立的系统仿真模型图略），该模型的关键系统参数如表 6.12 所示。分别在孤岛与负载突变和谐波扰动的伪孤岛（pseudo-islanding）状态下，对 PCC 处的相电压进行仿真。伪孤岛状态是指不是孤岛发生时的系统状态。

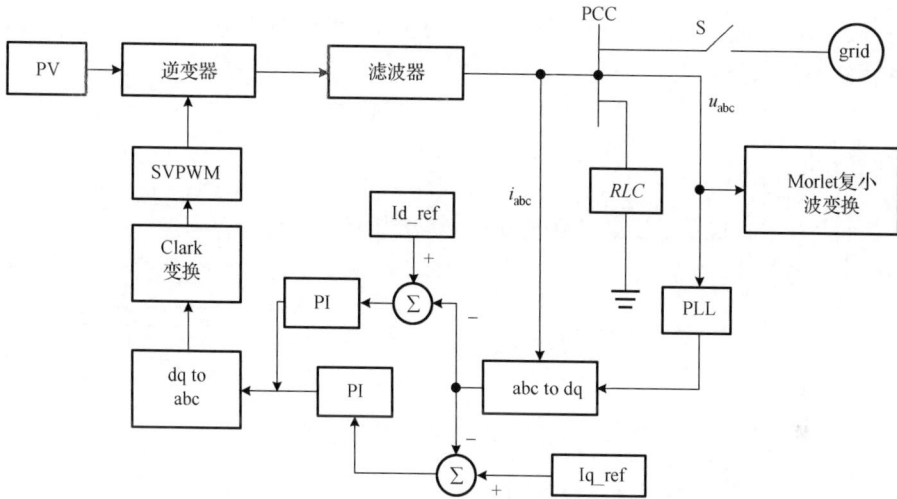

图 6.25　基于 Morlet 复小波变换的孤岛检测方法的并网系统框图

表 6.12　光伏并网发电系统的相关参数

电网电压 额定值	电网 频率	负载参数	滤波器	光伏直 流电压	Morlet 复小波	采样 频率
380V	50Hz	$P_{load} = 50kW$ $Q_L = 41660Var$ $Q_C = 41663Var$	$L = 10mH$ $C = 3.7\mu F$	600V	$f_d = f_c = 1$	20kHz

2. 仿真结果分析[71]

在 0.1s 时刻主电网断开，此时产生孤岛效应，对 PCC 的某相电压进行复小波变换。图 6.26(a)是 PCC 的相电压信号，图 6.26(b)是对应信号的小波系数的幅值，图 6.26(c)是对应信号的小波系数的相位，图 6.26(d)是改进后的小波系数的相位。电网断开后，在开关再次合闸之前，图 6.26(b)中相电压的复小波系数幅值在 0.1s 时刻发生突变，从某一固定的幅值开始减小，最后减小到一个比较小的值（经计算孤岛发生的阈值为 50V）；而在图 6.26(d)中，改进后的相位在 0.122s 时刻有突变，幅值变化约为 0.04rad，对应着图 6.26(b)中复小波系数幅值减小的时刻，说明相位的变化也可以准确判断孤岛，检测出孤岛发生需要的时间为 0.022s，比国家行业判断孤岛时间标准要求快 10 倍左右。因此复小波变换检测方法能快速准确地辨识孤岛现象。

在图 6.27 中，是两个相互并联的负载在 0.1s 时刻将其中一个断开的仿真结果，即系统负载在 0.1s 时刻发生突变，此时对 PCC 的某相电压进行复小波变换。其中图 6.27(a)是 PCC 的相电压信号，图 6.27(b)是对应信号的小波系数的幅值，图 6.27(c)是对应信号的小波系数的相位，图 6.27(d)是改进后的小波系数的相位。如图 6.27(b)所示，小波变换系数的幅值在 0.1s 时刻发生波动，而在 0.1s 之后波动的幅值并没有达到孤岛阈值，同时图 6.27(d)中的相位变化很小，仅约为 0.002rad，为孤岛状态的 1/20。因此可以判断该种状态不是孤岛状态。

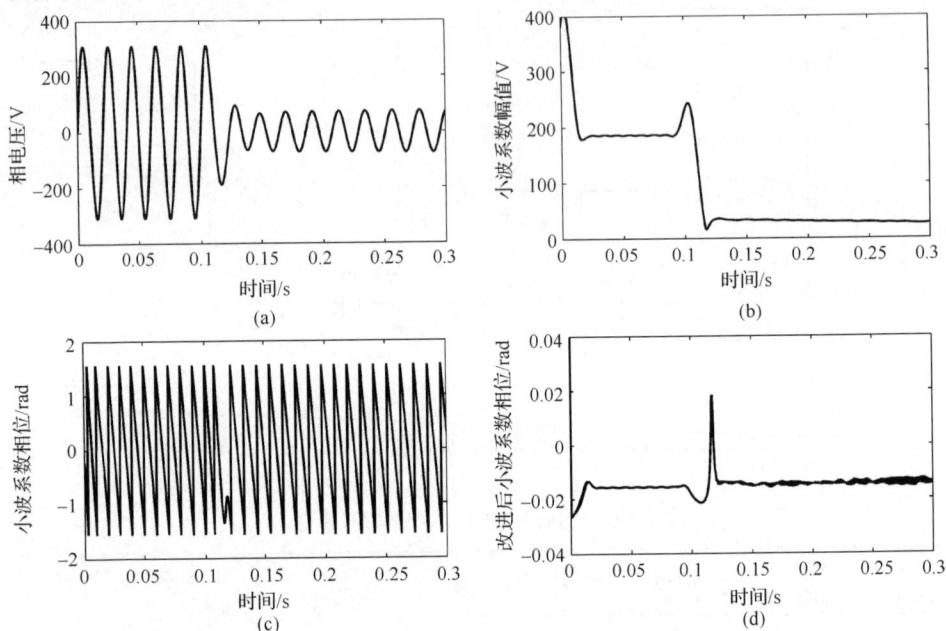

图 6.26　孤岛发生时基于复小波变换的小波系数幅值和相位变化波形

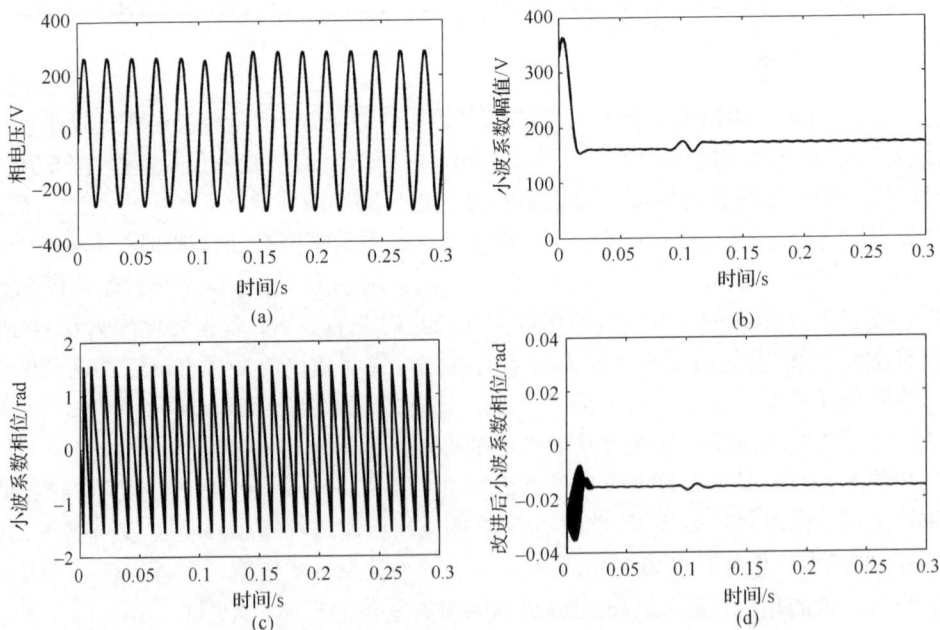

图 6.27　负载突变时基于复小波变换的小波系数的幅值和相位变化波形

　　图 6.28 为在 0.1～0.3s 时间段施加奇次谐波的仿真结果。由图 6.28(a)可以看出，PCC 某相电压波形出现失真，图 6.28(b)中复小波变换的系数幅值维持在某一值，只有在 0.1s 时刻的干扰动作时有波动，波动之后的幅值也没有达到孤岛的阈值，而是与原来幅值保持一致；同时图 6.28(d)中改进的复小波变换系数的相位在 0.1s 加入谐波后也仅有轻微的变化，仅约为 0.003rad，亦约为孤岛状态的 1/20。因此可以判断该种状态亦不是孤岛状态。

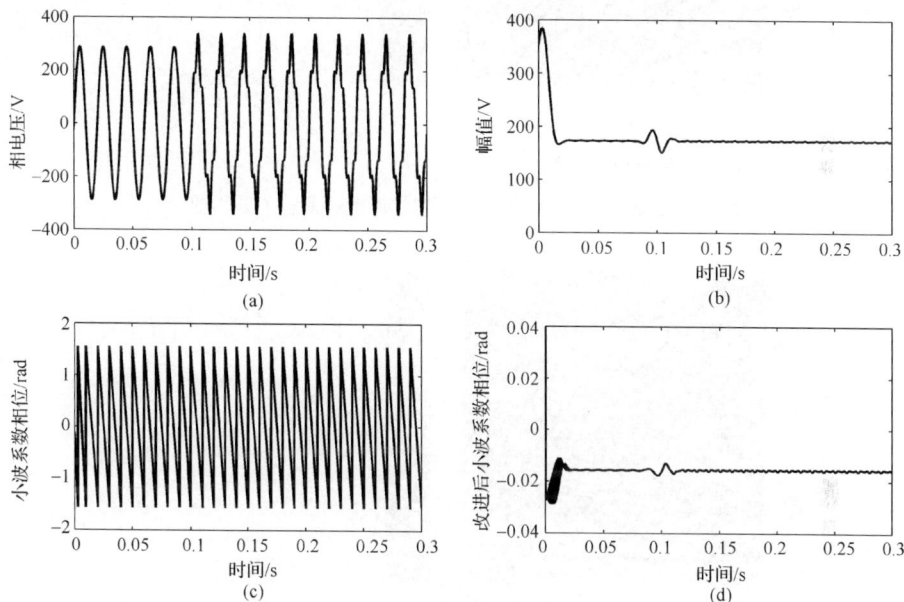

图 6.28　谐波干扰时基于复小波变换的小波系数幅值和相位变化波形

　　图 6.29～图 6.31 是对各状态进行时频分析和功率谱分析的结果，不同状态对应的时频图也不一样。除了谐波干扰时的波形存在奇次谐波幅值较大，其他状态的时频图上和功率谱上都只有基波 50Hz 成分，其他的谐波成分幅值很小，相对于基波而言可以忽略不计，即不存在谐波干扰。孤岛与伪孤岛状态根据时频图上基波幅值的变化可以判别出，同时通过功率谱分析图可检测出存在的谐波成分，电能质量未受到影响，这进一步验证基于复小波变换的孤岛检测方法的有效性。

　　从以上孤岛与伪孤岛状态的仿真对比结果可以看出，基于 Morlet 复小波变换的孤岛检测方法可以准确、有效地将孤岛与伪孤岛状态区分开；而对于孤岛状态，只需要 0.022s 就可以判断出孤岛，因此该检测方法的检测时间很短，满足孤岛保护 2s 内动作的要求；同时由于是被动的检测方法，无需引入外加扰动，因此不会对电能质量造成任何影响，且该被动检测法设定阈值简单，通过 UV/OV 方法确定复小波系数幅值的孤岛阈值，若电压幅值检测失败，可由小波系数的相位信息进一步检测孤岛。综上所述，本节研究的基于 Morlet 复小波变换的孤岛检测方法是有效的。

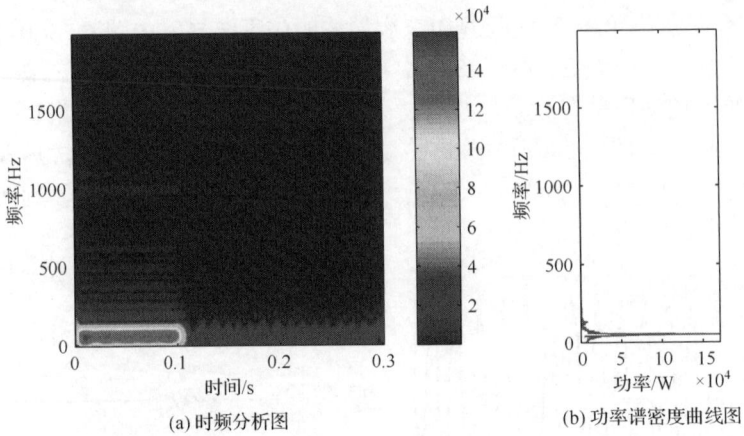

(a) 时频分析图　　　　　　　　(b) 功率谱密度曲线图

图 6.29　孤岛状态时时频分析图和功率谱曲线图（见彩图）

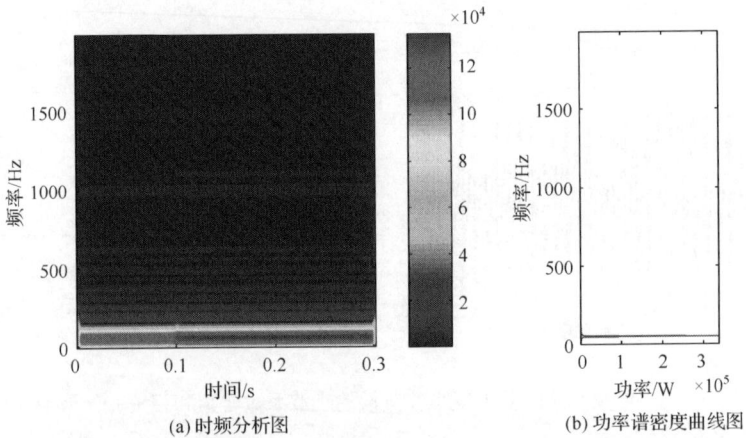

(a) 时频分析图　　　　　　　　(b) 功率谱密度曲线图

图 6.30　负载突变时时频分析图和功率谱曲线图（见彩图）

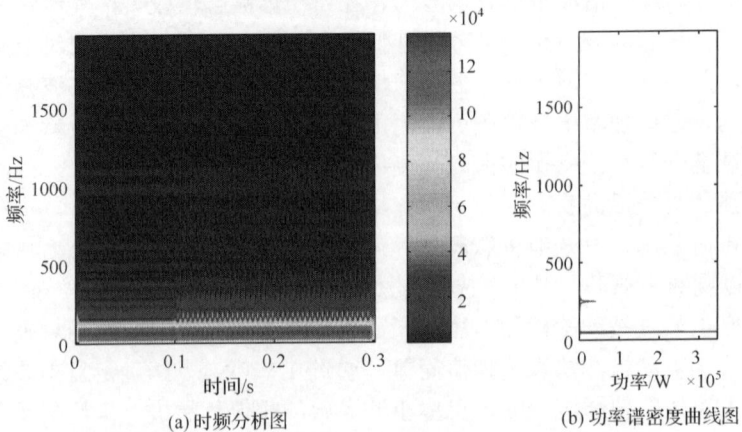

(a) 时频分析图　　　　　　　　(b) 功率谱密度曲线图

图 6.31　谐波干扰时时频分析图和功率谱曲线图（见彩图）

6.11 复小波与实小波变换在孤岛检测中的对比研究

为了深入研究复小波变换的孤岛检测方法,下面分别从有效性和可实现性两方面对比复小波与实小波变换检测方法。

6.11.1 有关参数设置和 Morlet 复小波与 db10 实小波的小波函数

对应的光伏并网发电仿真系统的参数选取如表 6.13 所示。

表 6.13 光伏并网发电系统的相关参数

电网电压额定值	电网频率	负载参数	滤波器	光伏直流电压	Morlet 复小波	采样频率
380V	50Hz	$P_{load} = 30kW$ $Q_L = 25kVar$ $Q_C = 25kVar$	$L = 10mH$ $C = 3.7\mu F$	600V	$f_d = f_c = 1$	20kHz

图 6.32(a)、(b)分别是 Morlet 复小波函数的实部和虚部曲线图和 db10 实小波的小波函数和尺度函数曲线图。在利用复小波对特征信号进行分析时,小波函数的实部和虚部均包含特征信号的一些重要信息,因此相对于实小波函数可以更全面地体现信号包含的信息。

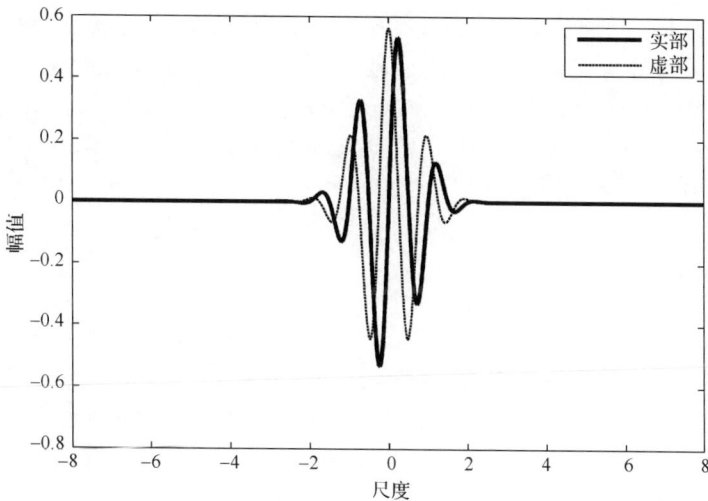

(a) Morlet复小波函数的实部与虚部

图 6.32 Morlet 复小波与 db10 实小波的小波函数波形对比

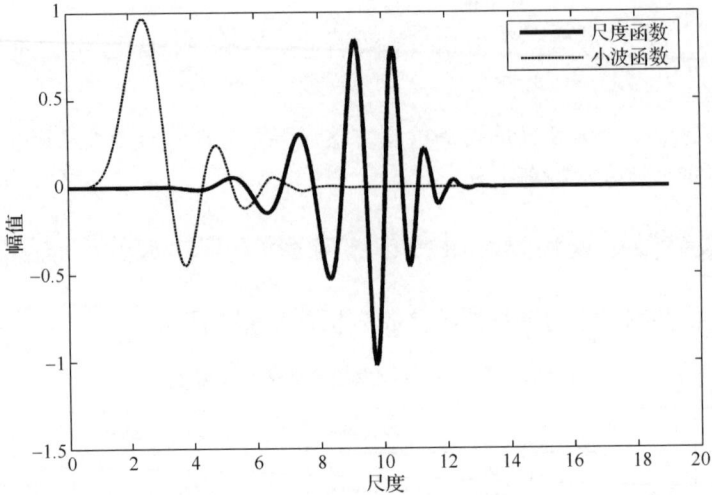

(b) db10实小波函数的尺度函数和小波函数

图 6.32　Morlet 复小波与 db10 实小波的小波函数波形对比（续）

具有紧支性的母小波函数可以减小各个层间的能量泄露，来确保母小波函数对信号分析的局部化能力；具有消失矩大的母小波函数，在离散变换时提取信号得到的特征信息较为完整和准确。此处选取的实小波函数是 db10 小波，是由于 db$N$（N 为小波序号）具有紧支性好、消失矩较大、正交性好以及允许重构原始信号的特点，非常适合瞬态信号的分析，且通过大量的仿真结果对比分析，以 db10 小波对特征信号进行处理后获得的信号奇异变化最明显，在进行孤岛检测时获得的效果相对于其他的 db 类小波效果最好。

6.11.2　仿真结果与分析

1. 仿真结果

在 0.1s 时刻主电网断开，即此时发生孤岛效应。图 6.33 和图 6.34 分别对应孤岛发生时无噪声干扰和有噪声干扰的 Morlet 复小波仿真结果：(a)是 PCC 电压信号，(b)是电压信号的小波变换系数的幅值，(c)是电压信号的小波变换系数的相位，(d)是改进后的复小波变换系数的相位。而图 6.35 和图 6.36 则分别对应孤岛发生时无噪声干扰和有噪声干扰的 db10 实小波变换仿真结果：(a)是 PCC 电压信号，(b)是 db10 实小波分解的第四层细节系数，(c)是 db10 实小波分解的第五层细节系数，(d)是 db10 实小波分解的第六层细节系数。

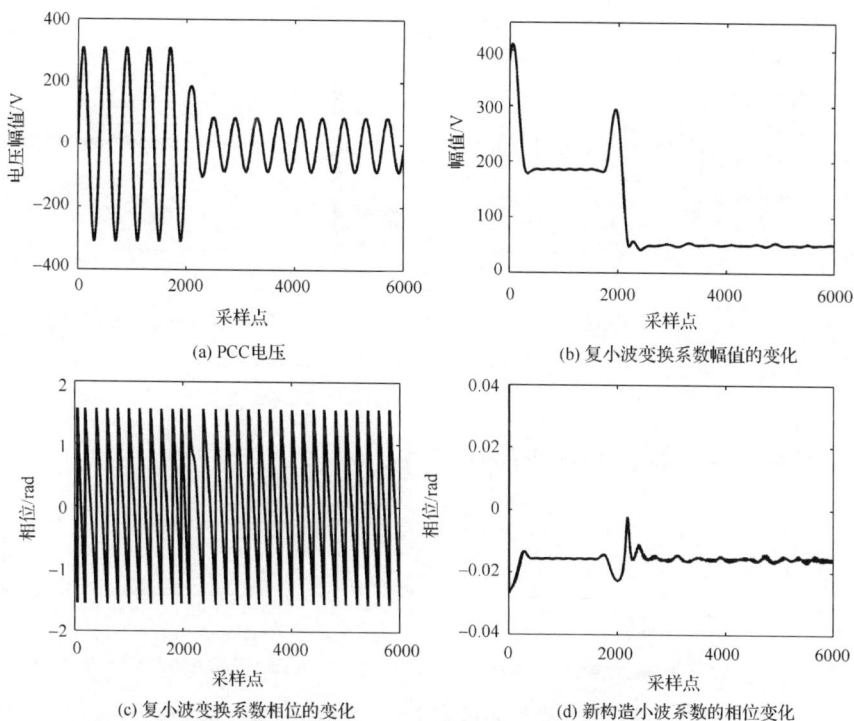

(a) PCC电压

(b) 复小波变换系数幅值的变化

(c) 复小波变换系数相位的变化

(d) 新构造小波系数的相位变化

图 6.33　孤岛发生时基于 Morlet 复小波变换的结果波形（无噪声）

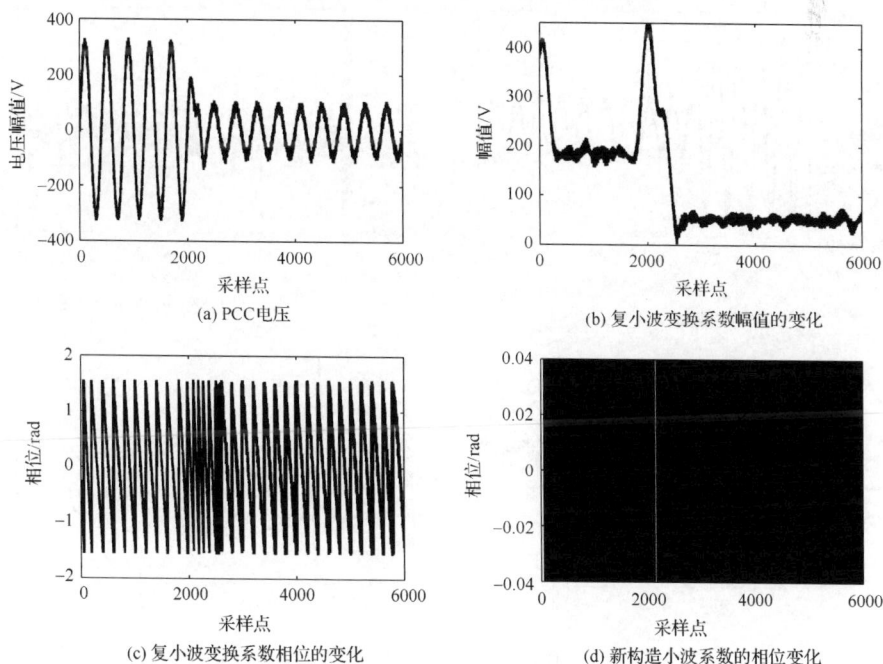

(a) PCC电压

(b) 复小波变换系数幅值的变化

(c) 复小波变换系数相位的变化

(d) 新构造小波系数的相位变化

图 6.34　孤岛发生时基于 Morlet 复小波变换的结果波形（有 20dB 噪声）

(a) PCC电压

(b) db10小波分解的第四层细节系数

(c) db10小波分解的第五层细节系数

(d) db10小波分解的第六层细节系数

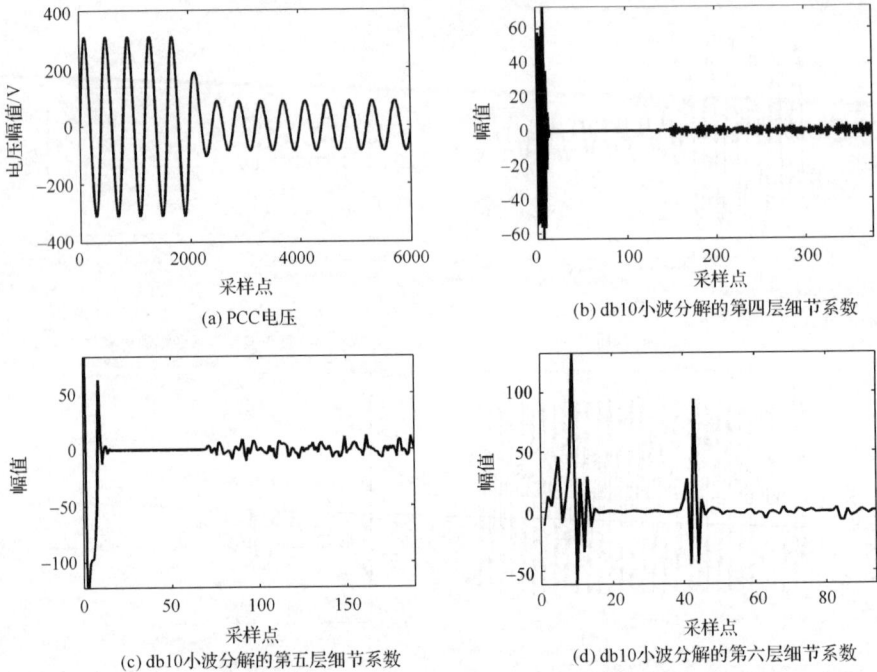

图 6.35　孤岛发生时基于 db10 实小波变换的结果波形（无噪声）

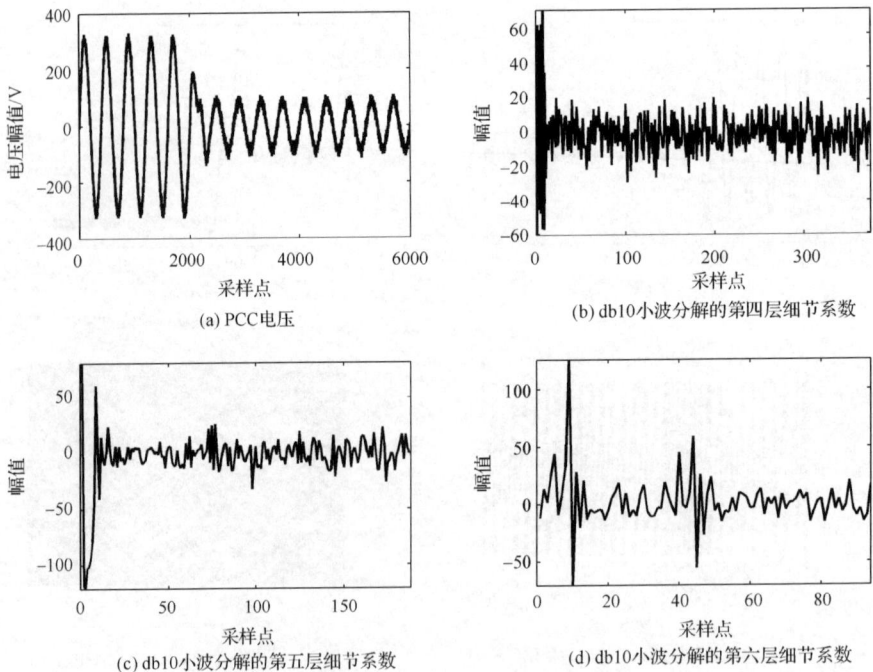

(a) PCC电压

(b) db10小波分解的第四层细节系数

(c) db10小波分解的第五层细节系数

(d) db10小波分解的第六层细节系数

图 6.36　孤岛发生时基于 db10 实小波变换的结果波形（有 20dB 噪声）

2. 复小波与实小波变换孤岛检测方法的有效性对比分析

由 6.10.3 节的理论分析可知,基于 Morlet 复小波变换的孤岛检测法的阈值为 50V,如图 6.33(b)和图 6.34(b)所示,在无噪声和有 20dB 噪声状态下的孤岛发生均能被检测到。同时,由复小波变换提取到的电压信号的相位信息,如图 6.33(d)和图 6.34(d)所示,孤岛发生时刻在无噪声状态约有 0.024rad 幅度变化,且在有 20dB 噪声的状态相对于其他时刻也有明显区别。因此,在有无噪声状态下的系统发生孤岛效应均能被准确检测到。

图 6.35 和图 6.36 分别是无噪声和有 20dB 噪声孤岛状态下,基于实小波变换的结果,均是对 PCC 电压信号进行离散小波变换分层,筛选第四、第五和第六层的细节系数为特征信息进行分析。在无噪声状态下,所选的三层细节系数在孤岛发生时有明显的变化,因此此种情况能检测出孤岛;而在并网发电系统有 20dB 噪声影响的情况下,所选取的三层细节系数在孤岛发生时刻均无明显变化,细节信息被湮没在噪声中,因此无法检测出孤岛。

综上,基于复小波变换的孤岛检测方法在有无噪声影响情况下,系统发生孤岛均能被检测出来;而对于基于实小波变换的孤岛检测方法只有在无噪声干扰时能检测出孤岛。因此,基于复小波变换的孤岛检测方法更有效。

3. 复小波与实小波变换孤岛检测方法的可实现性对比分析

如图 6.33(b)、(d)和图 6.34(b)、(d)所示,基于复小波变换的孤岛检测方法仅需根据 PCC 电压在复小波变换得到的系数的幅值和相位的变化情况来快速、准确检测孤岛是否发生。

基于实小波变换的孤岛检测方法在实现检测孤岛过程中对特征信号进行分层分析时,需要分析在所选尺度下的每层的细节信息。具体的分层、阈值确定过程如下。

（1）选取 db10 小波对 PCC 电压进行离散小波变换。

（2）在合适的尺度因子下,计算并比较孤岛、伪孤岛状态下每层细节系数。

（3）筛选出细节信息突出的作为特征层,再将孤岛、伪孤岛的这些特征层的细节系数对比分析,得出孤岛发生的小波变换细节系数阈值范围。

（4）最后根据很多次的分层及筛选细节系数来检测孤岛。

从以上分析可以得出,用实小波变换实现孤岛检测相对于用复小波变换实现孤岛检测,过程十分繁琐,且用实小波变换实现孤岛检测无相位信息的支撑,仅从细节系数幅值变化判断,可能会产生一些误检测。因此,基于复小波变换的孤岛检测方法根据计算公式可以得到孤岛阈值比基于实小波变换的检测法的阈值确定过程更简单。

综上对比结果分析可知,复小波变换应用于孤岛检测中,是根据复小波变换获得的系数的幅值和相位变化,来快速准确地检测到孤岛;而由于实小波变换应用于孤岛检测时,存在分层确定阈值过程复杂、无相位信息等缺点。故基于复小波变换的检测法与实小波变换的检测法相比,在实现孤岛检测的效率性、可实现性和稳定性上更有优势。

6.12　电力系统故障影响下孤岛检测新方法的有效性研究

电力系统故障的类型比较多，但是其中对电力系统危害最严重的应该属于短路故障。因此，如果电力系统发生短路故障，则需要及时被检测出来。本节基于前面介绍的 Morlet 复小波变换孤岛检测法，在系统发生短路故障的状态下进一步研究该孤岛检测方法的有效性,通过仿真结果分析该方法能将短路故障与孤岛状态有效地判别出来，这进一步验证了该方法的有效性。

6.12.1　电力系统故障概述

电力系统的短路故障是指除电力系统正常工作以外的所有相与地间或相与相间的"短接"情况[78]，若这种"短接"情况放在三相系统中，则称为三相短路。若三相中各相的阻抗均相同，则发生的三相短路称为对称短路；如果电力系统是在同一地点发生单相接地短路、两相接地短路或两相短路，则称为不对称短路。根据电力系统的运行经验可以得到表 6.14 中各类短路故障可能发生的概率。

表 6.14　短路故障可能发生的概率

短路故障类型	单相接地短路	两相接地短路	两相短路	三相短路
发生的概率/%	≈ 65	≈ 20	≈ 10	≈ 5

短路故障的发生对电力系统中的电压、电流等会造成比较大的冲击影响，例如，发生电压骤降（voltage sags）又称为电压凹陷、电压骤升（voltage swells）又称为电压凸起、电压缺口（voltage notches）[79,80]等，这些短暂的电压变化会对电能质量造成较大的影响，使系统不稳定。其中，电压骤降是指交流电压的基波幅值（有效值）暂时下跌，持续时间在 0.5～30 个周期，下跌幅度为基波幅值的 10%～90%[81]，具体下跌的幅值和持续的时间与产生的原因和系统结构等因素有关；电压骤升是指交流电压幅值上升为原先幅值的 110%～180%，持续时间一般在 0.5 个周期到 1min，产生的原因有故障自清除的非故障相或系统减负荷等。

在三相电力系统中，每相电压有效值为 220V，电压凹陷时相电压下跌幅值范围在 22～198V，持续的时间可在 0.01～0.6s；电压凸起时相电压上升幅值范围在 242～386V，持续时间在 0.01s～1min。在实际的电力系统中，由系统短路故障引起的电压骤降是危害比较大的，它波及距离远、幅值跌落较大，在电压骤降的开始和结束时刻一般都会有较大的相位跳变。

信号中的这些突变信息，可将之称为奇异变化，这些奇异点一般包含了信号比较重要的信息，是信号的重要特征之一，通过傅里叶变换或是小波变换等方法可以将这些奇异点凸显出来，现在使用最多的工具是小波分析。小波分析由于其具有傅里叶变换没有的频域分析功能，可以监测到信号的任意细节，观测不同时间尺度和不同频带上的信号特征，因而可以准确抓住信号的瞬变信息，实现奇异点特征检测。根据电力系统故障检测的基本判据和补充判据[79]可知电力系统正常运行时被检测信号的小波变换的模极大值[82]小于设置的门限值，此时认为不存在奇异点，系统没有发生故障；若越限，则认为系统可能存在故障。

6.12.2　电力系统故障影响下孤岛检测的有效性分析

虽然以上的短路故障的发生同样对电力系统造成很大的危害，但与光伏并网发电系统发生的孤岛效应还是存在一定的区别，因此为了准确检测孤岛效应，要将此类电力系统故障与孤岛区分开，这样才能针对不同的故障类型进行继电保护。

根据 6.10 节的 Morlet 复小波变换理论知识，建立 MATLAB/Simulink 环境下的仿真模型（仿真图略），分别模拟系统发生单相接地短路故障、两相接地短路故障、三相故障以及孤岛效应四种情况，其中以系统发生概率可能性最大的单相接地短路检测作为电力系统短路故障的代表，与孤岛效应检测进行对比分析。

系统发生单相接地故障对故障相和非故障相的电压都会有影响，故障相电压的骤降会持续一段时间，而非故障相的电压则骤升持续一段时间。图 6.37 和图 6.38 分别是对应发生单相接地故障而产生的电压骤降和骤升的检测结果，图 6.37(a)和 6.38(a)中PCC 相电压在 0.1～0.2s 幅值减小、增大，持续时间为 0.1s，与图 6.26 孤岛检测的结果相比较，电压骤降或骤升的复小波变换的系数幅值小于孤岛发生的阈值。

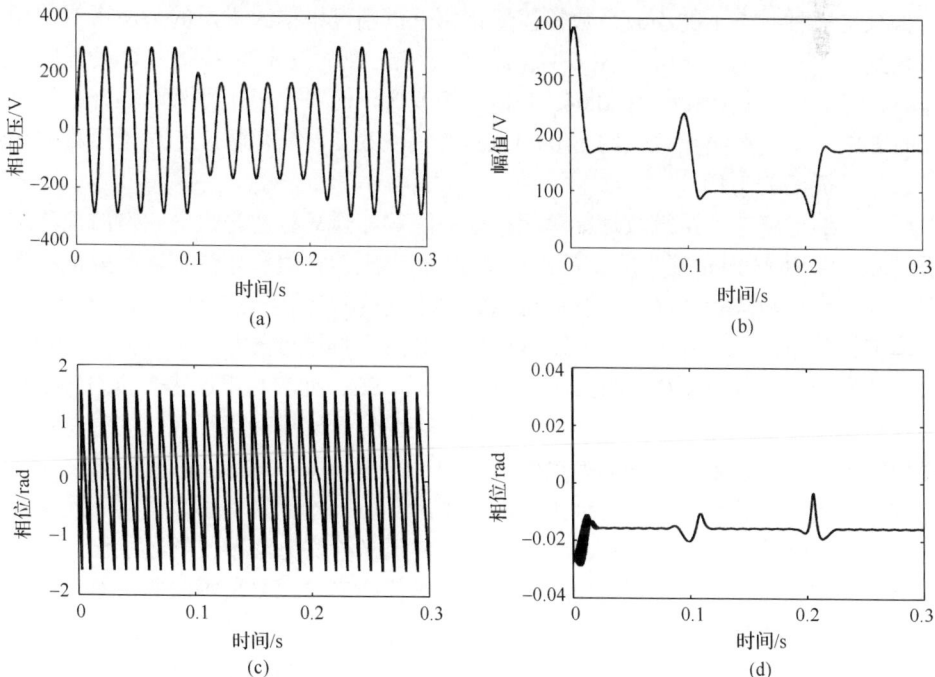

图 6.37　单相接地故障时故障相电压骤降情况的检测结果

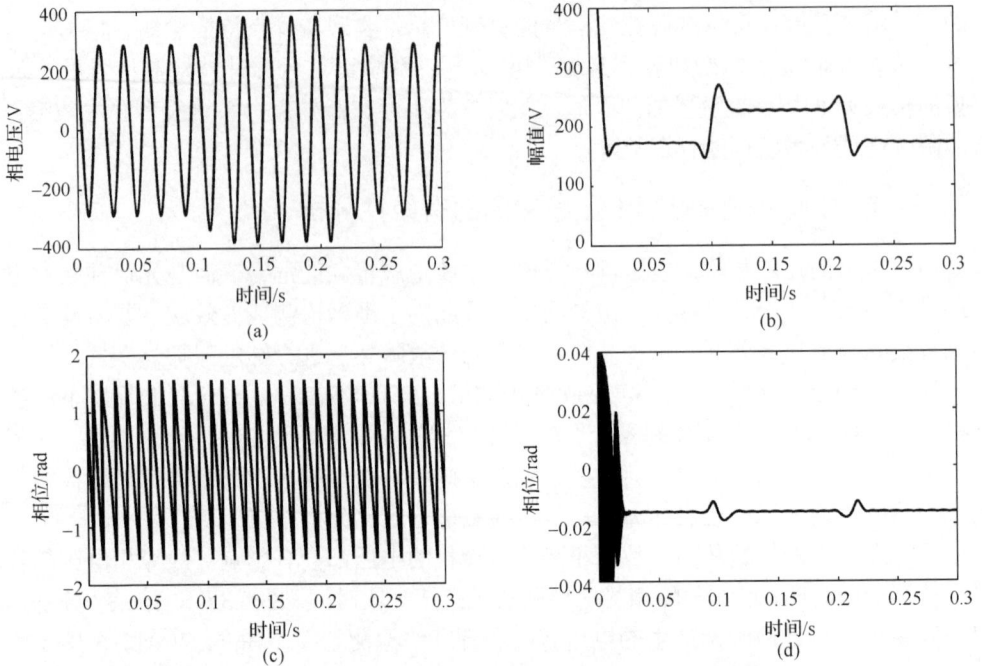

图 6.38　单相接地故障时非故障相电压骤升情况的检测结果

如果这三种状态下的小波系数幅值变化相近，则可根据改进后的小波系数的相位信息来判断。对比图 6.26(d)与图 6.37(d)和 6.38(d)，孤岛发生时刻即 PCC 处开关断开动作时，复小波系数相位约有 0.04rad 幅度的改变，而对于电压骤降、骤升的开始与结束时刻的复小波系数相位仅约有 0.004rad 的幅值改变，变化幅度相对于孤岛的相位很小，约是孤岛的 1/10。

因此，通过将电力系统故障如单相接地故障等非孤岛状态与孤岛状态的检测对比分析可知，利用 Morlet 复小波变换检测 PCC 相电压的幅值和相位可以有效地将孤岛状态与电力系统故障状态区分，从而可以针对不同的故障状态进行继电保护。

本节针对电网供电为主、光伏发电系统供电为辅的并网电力系统，基于 Morlet 复小波变换理论，提出一种有效的孤岛检测方法。以 PCC 处的相电压为分析对象，提取其幅值和相位特征，从理论上分析了其对检测突变信号优势和可行性，并通过搭建仿真模型，进一步验证了该方法的有效性。

同时，还从有效性和可实现性上，对比了用于孤岛检测的复小波与实小波变换的检测性能。结果表明，基于 Morlet 复小波变换的孤岛检测方法不仅解决了已有小波变换的孤岛检测方法存在的特征分层烦琐、特征阈值确定过程复杂等问题，而且检测时间很短，仅需 0.022s。

本节还对电力系统故障的一些基本类型进行了简单概述，利用 Morlet 复小波变换检测这些故障状态，并将检测结果与孤岛发生时的检测结果进行了对比研究，可以从小波系数的幅值和相位上有效地检测孤岛状态与短路故障状态，进一步验证了 Morlet 复小波变换的检测方法，从而有效地将孤岛现象检测出来。因此，基于 Morlet 复小波变换的孤岛检测方法对于光伏并网发电系统的孤岛检测与保护有着较大的应用价值。

6.13　基于一维离散非线性映射的李雅普诺夫指数变化的光伏发电孤岛检测方法及装置

6.13.1　基于一维离散非线性映射的李雅普诺夫指数变化的孤岛检测的系统组成及检测原理概述

实际的光伏并网发电系统是一个强非线性系统，已有研究表明：在这种典型的非线性系统中存在复杂的动力学行为[83]。利用非线性系统在不同参数条件下的不同动力学性质，混沌检测理论方法在诸多领域已经得到应用[84]，到目前为止，混沌检测理论在光伏并网发电孤岛检测中并未得到实际应用。现有的基于混沌理论的孤岛检测方法则只是简单地把 UV/OV 信号取出，根据信号强度改变系统的某个参数，然后用示波器在时域上观察动力学系统的运动相图，来判断孤岛是否产生[85]。这种通过系统动力学相图判断孤岛现象有明显缺陷。一方面，系统的相图随时间演化不断处于变化之中，机器不便于直接进行判断，必须要有人实时观测，很难实现孤岛的检测、报警自动化；另一方面，一个完整的相图需要较长时间才能形成，因此，通过相图判断孤岛现象实时性不好。

为了解决传统孤岛检测方法存在检测灵敏度低、可靠性差、对输出电能质量产生谐波污染等问题，需要提供一种可靠、有效、高灵敏度且智能化的孤岛检测方法。本节提出和设计了基于一维离散非线性映射的李雅普诺夫（Lyapunov）指数变化的光伏发电孤岛检测方法及装置[86]，该方法和装置属于被动式孤岛检测法，该孤岛检测方法和装置的原理如图 6.39 所示，工作原理阐述如下。

由图 6.39 可见，该孤岛检测方法与装置，主要由混沌检测模块、数字锁相环模块、最大功率点跟踪模块、乘法器、同步控制模块、IGBT 驱动模块和孤岛报警通信模块组成。其所针对的光伏并网发电系统由光伏阵列、DC/AC 转换模块、并网控制开关、本地用户负载、公共主电网等组成。光伏电池板阵列输出端连接 DC/AC 转换模块的输入端，DC/AC 转换模块的输出端经并网控制开关与公共主电网相连。本地用户负载连接在 DC/AC 转换模块的输出端与并网控制开关之间的 PCC 上。

混沌检测模块的输入端和数字锁相环模块的输入端同时连接在光伏并网发电系统的公共连接点处，数字锁相环模块的输出端和最大功率点跟踪模块的输出端分别连接在乘法器的两个输入端上，乘法器的输出端和混沌检测模块的输出端分别接入同步控制模块的两个输入端，同步控制模块的输出端经 IGBT 驱动模块与光伏阵列输出端处的 DC/AC 转换模块相连。该孤岛报警通信模块的输入端连接在混沌检测模块的输出端上，孤岛报警通信模块的输出端与远程监控服务器相连。

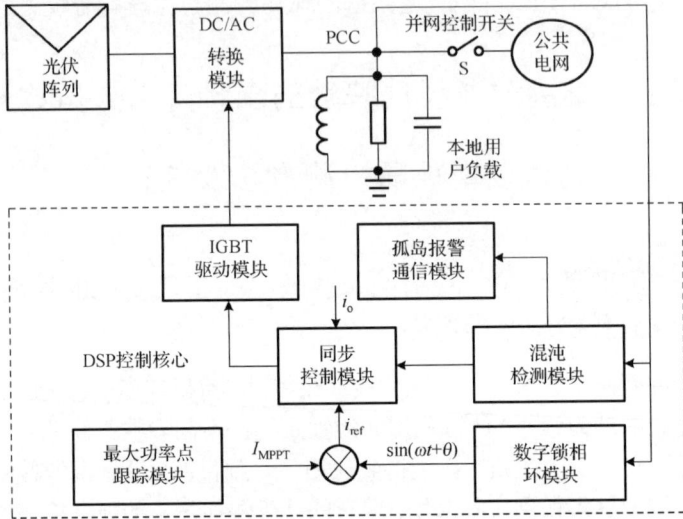

图 6.39　基于一维离散非线性映射的李雅普诺夫指数变化的光伏发电
孤岛检测方法及装置原理框图

　　混沌检测模块主要负责对光伏并网发电系统的公共连接点的电压进行采样和频率检测，然后通过两种方法形成电压扰动型号 Δu。一种方式是直接将采样电压 u 按比例 k 进行适当的衰减后形成扰动电压信号 Δu；第二种方式是在一定时间内计算采样电压过零点的次数，得到采样电压 u 的频率 f 后，将频率 f 与公共电网的参考频率 $\hat{f}$ 的频率差值转换成扰动电压信号 Δu。将上述两种途径形成的扰动电压信号 Δu 输入到预先构建的一维非线性映射的迭代方程中，调制该迭代方程的参数 β，根据一维非线性映射的 Lyapunov 指数在调制前后的变化，检测出光伏并网发电系统是否出现孤岛现象。

　　数字锁相环模块通过对公共连接点的电压信号取样后进行锁相，输出当前电网的频率和相位信息 $\sin(\omega t + \theta)$，并与最大功率点跟踪模块的运算结果 I_{MPPT} 在乘法器中相乘，得到并网运行的参考电流信号 i_{ref}，同步控制模块根据参考电流信号 i_{ref} 和混沌检测模块发出的孤岛产生信号，对公共主电网电压的频率、相位进行跟踪和同步控制；同步控制模块的控制信号由 IGBT 驱动模块进行功率放大后直接驱动光伏阵列输出端处的 DC/AC 转换模块的 IGBT 功率管，实现 DC/AC 变换，将光伏阵列输出的直流电能转换成与公共电网电压同步的交流电，馈入公共主电网中。

　　上述系统还包括孤岛报警通信模块，该孤岛报警通信模块的输入端连接在混沌检测模块的输出端上，孤岛报警通信模块的输出端与远程监控服务器相连；孤岛报警通信模块在接收到混沌检测模块发出的孤岛产生信号后，向远程监控服务器发送孤岛报警信息。当光伏并网发电系统出现孤岛效应时，混沌检测模块向孤岛报警通信模块和同步控制模块发出孤岛产生信号，孤岛报警通信模块将会向远程监控服务器发送孤岛报警信息，同时，同步控制模块将停止跟踪同步控制，并发出 IGBT 关断信号至 IGBT 驱动模块，从而使 DC/AC 转换模块停止输出，保证电网的安全。

　　该孤岛检测方法的关键是在混沌检测模块内构造一个一维非线性映射，它的特点是，在混沌运动区域内，随着某个参数的变化，会出现一个较窄的周期窗口，周期窗口两侧具有较宽的混沌带。本节所构造一维非线性映射的迭代方程为[87]

$$x(n+1) = \pi\left\{A - \beta\sin^2[x(n)-v]\right\} \tag{6.71}$$

式中，$x(n)$ 为非线性映射的迭代变量；A 为偏置值；β 为与放大倍数相关的量；v 为驱动源的偏压。β 作为上述映射动力学特性的控制参数，使一维非线性映射式（6.71）呈现不同的动力学行为。由混沌理论可知，当上述非线性映射式（6.71）处于周期运动时，其 Lyapunov 指数<0；当上述非线性映射式（6.71）处于混沌运动时，其 Lyapunov 指数>0，这样通过一维非线性映射的 Lyapunov 指数正、负变化情况就能很方便和准确地判断孤岛现象是否发生。

　　在该孤岛检测方法中，首先对对一维非线性映射式（6.71）进行参数扫描，作分叉图，由分叉图可方便地找出一个合适的周期窗口并确定合适的 $\beta*$ 值，见图 6.40。

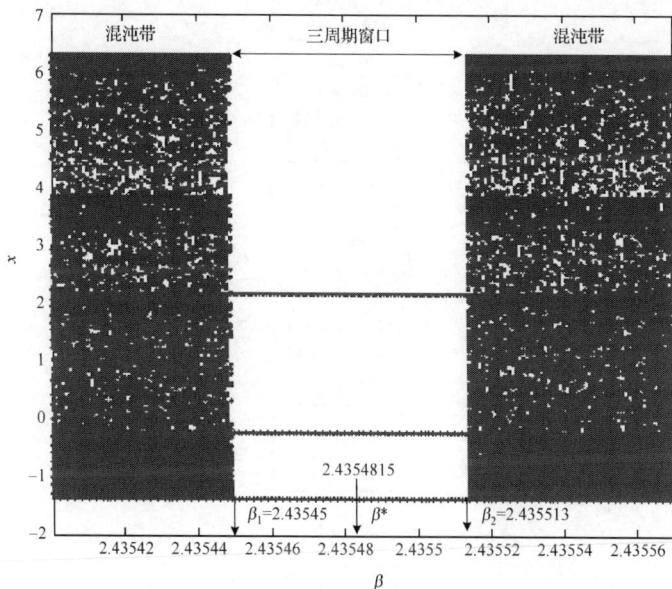

图 6.40　控制参数的偏置值 $\beta*$ 取值示意图

　　设定扰动信号为 Δu =0 时，一维非线性映射的迭代方程（6.71）处于周期窗口（如 3P 轨道）的中心。然后考虑以下两种情况对式（6.71）中的参数 β 进行调制，根据参数 β 调制前后，一维非线性映射式（6.71）的 Lyapunov 指数符号的变化情况，判断孤岛现象是否发生。

（1）当光伏发电与主电网的 PCC 电压 u 幅度异常，超过光伏并网发电系统孤岛发生时要求的电压阈值，将在 PCC 处采样得到的电压信号经适当比例 k（$0 < k < 1$）衰减后得到扰动电压信号 Δu（$\Delta u = ku$），用 Δu 调制一维非线性映射式（6.71）中的参数 β，调制形式为 $\beta = \beta^* + \Delta u$。当孤岛现象发生时，一维非线性映射式（6.71）由周期运动转变为混沌运动，即当 $\Delta u > 0$ 时，一维非线性映射式（6.71）从周期窗口由左向右进入混沌运动；当 $\Delta u < 0$ 时，一维非线性映射式（6.71）从周期窗口由右向左进入混沌运动。由于一维非线性映射式（6.71）的周期窗口的参数范围很小，所以只要适当选择比例系数 k，就可以实现高灵敏度的孤岛检测。如果 PCC 处电压 u 幅度变化未超过光伏并网发电系统技术要求的阈值时，通过适当选取比例系数 k，使扰动电压 Δu 不能使一维非线性映射式（6.71）进入混沌运动，仍然处于周期运动，其 Lyapunov 指数保持小于零，表明未出现孤岛现象。光伏发电与主电网的 PCC 电压 u 幅度异常的孤岛检测程序流程图如图 6.41 所示。

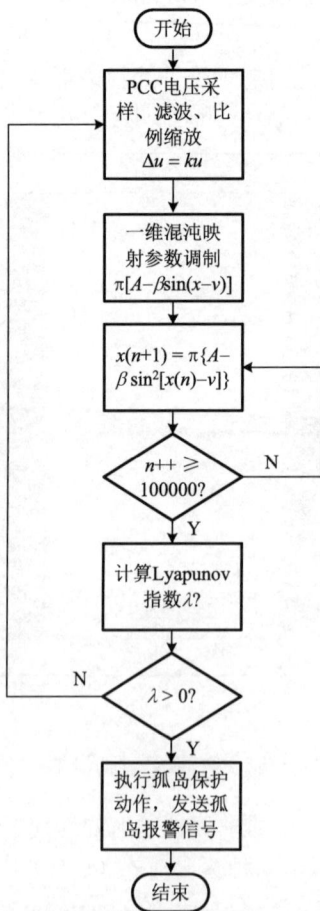

图 6.41　PCC 处检测电压异常时孤岛检测方法程序框图

（2）当光伏发电与主电网的 PCC 电压的频率 f 异常，超过光伏并网发电系统孤岛发生时要求的频率阈值时，通过电压信号过零检测方法，获得当前 PCC 电压的频率 f，公共电网电压的参考频率 $\hat{f}$ 可采用前向预测器获得。当光伏并网系统未出现孤岛现象时，$(f-\hat{f})$ 的差值几乎等于 0；当孤岛现象产生时，$(f-\hat{f})$ 的差值较大。利用鉴相器将 $(f-\hat{f})$ 的频率差值转换成扰动电压 $\Delta u=\gamma(f-\hat{f})=\gamma\Delta f$，然后将扰动电压 Δu 对映射式（6.71）的参数进行上述同样方式的调制。根据参数调制前后映射式（6.71）的 Lyapunov 指数正、负变化情况，同样可以判断在 PCC 处电压的频率 f 异常时，孤岛现象是否发生。光伏发电与主电网的 PCC 电压的频率 f 异常的孤岛检测程序流程图如图 6.41 所示。

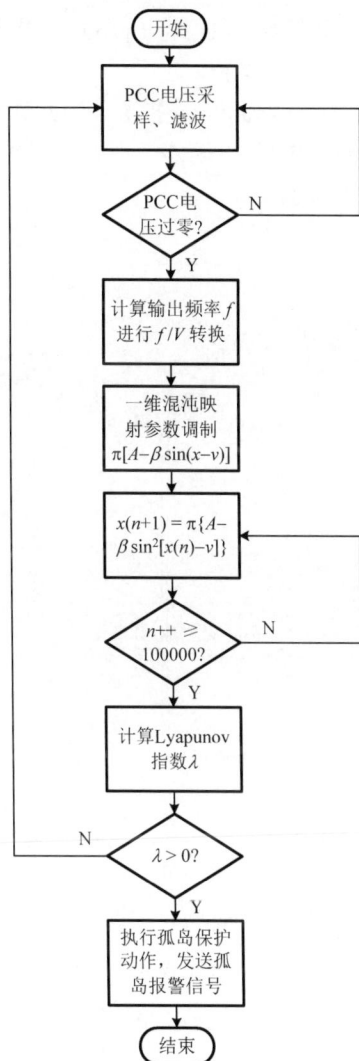

图 6.42　PCC 处检测频率异常时孤岛检测方法程序框图

6.13.2 有关参数的计算

1. 一维非线性映射式（6.71）的 Lyapunov 指数计算

由混沌理论可知，一维非线性映射的 Lyapunov 指数的计算公式如下[86]：

$$\lambda = \lim_{n \to \infty} \frac{1}{n} \sum_{i=0}^{n-1} \ln |f'(x_i)| \qquad (6.72)$$

式中，$f'(x_i)$ 为一维非线性映射的迭代方程；n 为迭代次数；当 Lyapunov 指数 $\lambda < 0$ 时，则表明光伏并网发电系统未出现孤岛现象；当 Lyapunov 指数 $\lambda \geq 0$ 时，则表明光伏并网发电系统出现孤岛现象，执行孤岛保护。

由于一维非线性映射只有一个 Lyapunov 指数，因此计算 Lyapunov 指数速度非常快。采用现代的 DSP 芯片，即使迭代 10 万步，所花时间也是μs 量级，因此这种孤岛检测方法十分快速，如图 6.43 所示。

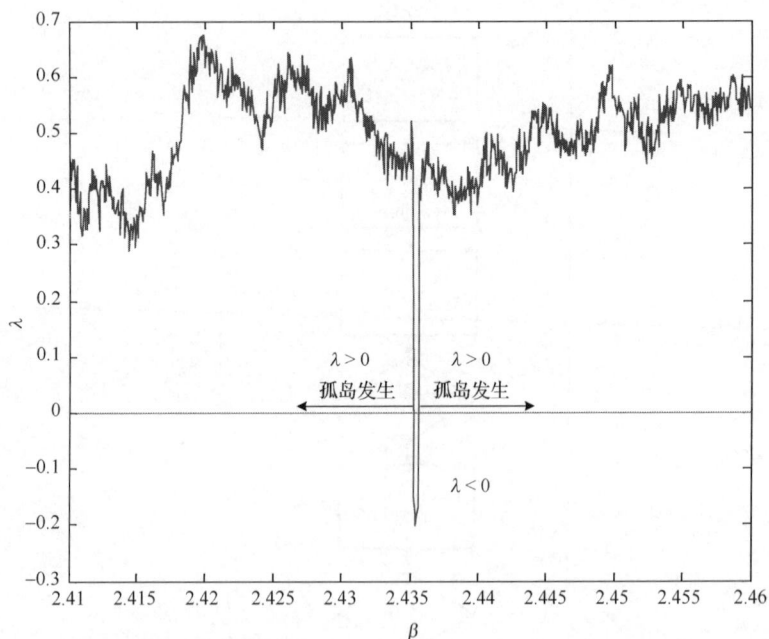

图 6.43 一维非线性映射的 Lyapunov 指数变化反映孤岛检测原理图

为了增强孤岛检测的抗噪声性能，提高孤岛检测的可靠性，即防止偶发脉冲的干扰造成孤岛误判，对 PCC 处的采集信号进行平滑滤波，即采用自适应 FIR 滤波器对信号 $u(t)$ 进行滤波。

2. 比例系数 k，鉴相系数 γ、控制参数的偏置值 $\beta*$ 的计算[88]

比例系数 k 的确定方法如下：设周期窗口为 $\beta_1 < \beta = \beta* + \Delta u = \beta* + ku < \beta_2$，取 $\beta* = \dfrac{\beta_1 + \beta_2}{2}$，为了确定合适的比例系数 k，使得 PCC 处电压 u 的幅度在国家标准规定的正常范围内（$193.6 < u < 242.0$）。孤岛没有发生时，一维非线性映射的迭代方程（6.71）仍处于周期运动，可采用如下临界值计算方法得到例系数 k：

$$\begin{cases} \beta* + 242.0k = \beta_2 \\ \beta* + 193.6k = \beta_1 \end{cases} \tag{6.73}$$

解上述方程可得

$$k = \frac{\beta_2 - \beta_1}{242.0 - 193.6} = \frac{\beta_2 - \beta_1}{48.4} \tag{6.74}$$

选取 3P 作为周期窗口，由图 6.40 可知，$\beta_1 = 2.43545$，$\beta_2 = 2.435513$，$\beta* = \dfrac{\beta_1 + \beta_2}{2} = 2.4354815$，则比例系数 $k = \dfrac{\beta_2 - \beta_1}{48.4} = 1.3 \times 10^{-6}$。

由 $\beta = \beta* + \gamma(f - \hat{f}) = \beta* + \gamma\Delta f$，设周期窗口为 $\beta_1 < \beta = \beta* + \gamma\Delta f < \beta_2$，取 $\beta* = \dfrac{\beta_1 + \beta_2}{2}$，根据国家光伏发电系统的并网标准，允许频率偏差为 $\Delta f = \pm 0.5\text{Hz}$，为了确定一个合适的鉴相系数 γ，采用临界值计算法，取 $\Delta f = 0.5\text{Hz}$ 时，有

$$\beta = \beta* + \gamma\Delta f = \frac{\beta_1 + \beta_2}{2} + 0.5\gamma = \beta_2 \tag{6.75}$$

取 $\Delta f = -0.5\text{Hz}$ 时，有

$$\beta = \beta* + \gamma\Delta f = \frac{\beta_1 + \beta_2}{2} - 0.5\gamma = \beta_1 \tag{6.76}$$

由此可以计算出鉴相系数 $\gamma = (\beta_2 - \beta_1) = 0.63 \times 10^{-4}$。

6.13.3　孤岛检测流程与检测结果

图 6.43 是由 Lyapunov 指数变化反映孤岛检测原理示意图，$\lambda > 0$ 的区域对应检测系统的混沌带，说明产生了孤岛现象，$\lambda < 0$ 对应检测系统的周期窗口，说明孤岛现象未产生，系统正常工作。混沌检测系统由负的 Lyapunov 指数向正的 Lyapunov 指数转变，说明光伏并网发电系统由正常工作状态向孤岛状态转变，光伏并网发电系统没有发生孤岛正常工作时，混沌检测系统仍处在狭窄的三周期窗口中。图 6.44 为一维非线性映射的分岔显示孤岛检测原理。由于周期窗口参数值范围很小，即使很微弱的信号扰动也能使一维非线性映射的迭代方程（6.71）映射由周期窗口进入混沌带，因此，该孤岛检测方法的灵敏度很高，具有较大的应用价值。

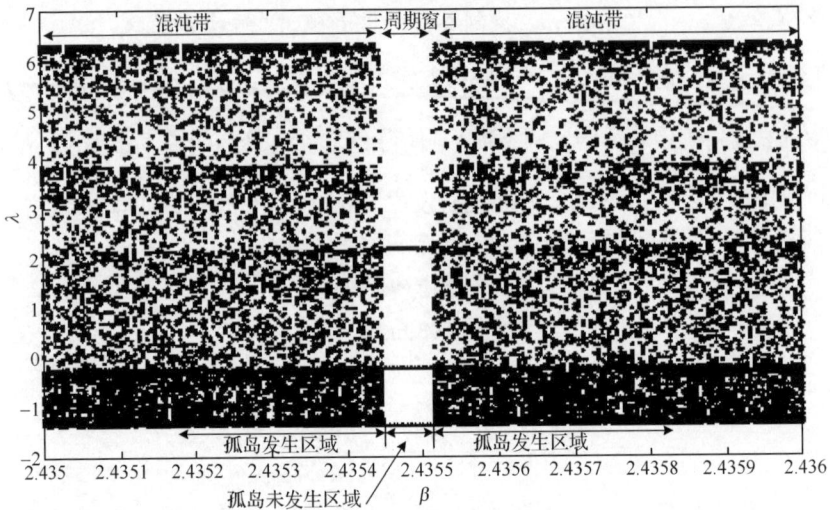

图 6.44　一维非线性映射的分岔显示孤岛检测原理图

6.13.4　孤岛检测特性分析

本节提出的一种基于李雅普诺夫指数变化的光伏发电孤岛检测方法及装置与现有的孤岛检测技术相比的优点如下所示。

（1）以非线性动力学理论为基础，基于一维非线性映射 Lyapunov 指数变化的光伏并网发电系统孤岛检测方法及装置，采用混沌检测理论和自适应 FIR 滤波器，比传统方法具有更高的灵敏度和可靠性。

（2）采用高性能的 DSP、FPGA 或 ARM 处理器，一维非线性映射的 Lyapunov 指数计算非常快，使得本控制方法比传统方法实时性好，能快速地检测到孤岛现象。

（3）该孤岛检测方法的另一个特征是采用数字化的方法，利用一维混沌映射的离散模型构建混沌检测系统，参数配置灵活、可靠，并可方便多次连续检测。

（4）通过一维非线性映射参数调制前后其 Lyapunov 指数的正、负变化，来判断光伏并网发电系统孤岛现象的发生，由于是二值逻辑，所以非常易于实现孤岛检测的自动化。

（5）该孤岛检测方法不仅解决了传统孤岛被动检测法的检测灵敏度低的问题，同时又不会向系统注入新的谐波污染，对光伏并网发电系统性能的提高具有非常重要的价值。

综上所述，该孤岛检测方法和装置易于实现孤岛检测的自动化，具有更高的智能、更高的检测灵敏度、更快的检测速度，而且不会对系统输出电能质量产生影响，具有非常广阔的应用前景。

参 考 文 献

[1] 谷永刚, 王琨, 张波. 分布式发电技术及其应用现状. 电网与清洁能源, 2010, 26(6): 38-43.

[2] 姚丹. 分布式发电系统孤岛效应的研究. 合肥: 合肥工业大学, 2006.

[3] IEEE Std 929—2000. IEEE Recommended Practice for Utility Interface of Photovoltaic Systems. IEEE Std, 2000: 929-2000.

[4] Yafaoui A, Wu B, Kouro S. Improved active frequency drift anti-islanding detection method for grid connected photovoltaic systems. IEEE Transactions on Power Electronic, 2012, 27(5): 2367-2375.

[5] 刘传洋, 何礼高. 基于相位突变与电流扰动结合的并网孤岛检测. 通信电源技术, 2009, 26(6): 6-9.

[6] 吴芳德, 张奔奔, 胥芳. 基于正反馈主动频移式孤岛检测算法的模糊优化. 机电工程, 2013, 30(2): 223-227.

[7] 宋飞, 于德政, 田新全. 一种光伏并网系统无功扰动孤岛检测方法. 电力电子技术, 2013, 47(6): 47-49.

[8] 张凯航, 袁越, 傅质馨. 带频率正反馈的无功电流扰动孤岛检测方法. 电力系统及其自动化学报, 2013, 25(1): 96-101.

[9] Zheng F, Fei S M, Zhou X P. A novel intergrated detection methods based on adaptive accelerating frequency drift. International Conference on Electric Information and Control Engineering, 2011: 2912-2915.

[10] 陈少杰, 钱苏翔, 熊远生, 等. 相位突变结合电压扰动在孤岛检测中应用. 电力电子技术, 2012, 46(6): 7-9.

[11] 刘洋, 王明渝, 高文祥. 基于相位偏移的主动频移式孤岛检测方法. 电子技术应用, 2011, 37(11): 76-79.

[12] 林明耀, 顾娟, 单竹杰, 等. 一种实用的组合式光伏并网系统孤岛效应检测方法. 电力系统自动化, 2009, 33(23): 85-89.

[13] 刘芙蓉, 康勇, 段善旭, 等. 主动频移式孤岛检测方法的参数优化. 中国电机工程学报, 2008, 28(1): 95-99.

[14] 张扬, 张浩, 张明, 等. 基于 $Q_{f_0} \times C_{norm}$ 坐标系法的一个周期主动移频式孤岛检测盲区的研究. 电网与清洁能源, 2011, 27(5): 77-80.

[15] 肖龙, 杨国华, 鲍丽芳, 等. 基于改进滑模频率偏移法的光伏孤岛检测研究. 电测与仪表, 2012, 49(6): 52-56.

[16] 刘宝其, 段善旭, 陈昌松, 等. 三相并网逆变器主动移相孤岛检测研究. 电力电子技术, 2012, 46(10): 39-41.

[17] 刘芙蓉, 康勇, 段善旭, 等. 主动移频式孤岛检测方法的参数优化. 中国电机工程学报, 2008,

28(1): 95-99.

[18] Vatani M R, Sabjari M J, Gharehpetian G. Detection of islanding condition in distribution network with penetration of DGs based on wavelet analysis. Smart Grid Conference(SGC), Tehra, 2013: 26-30.

[19] Ning J X, Wang C S. Feature extraction for islanding detection using wavelet transform-based multi-resolution analysis. Power and Energy Society General Meeting, San Diego, CA, 2012: 1-6.

[20] Morsi W G, Diduch C P, Chang L. A new islanding detection approach using wavelet packet transform for wind-based distributed generation. Power Electronics for Distributed Generation Systems (PEDG), Hefei, China, 2010: 495-500.

[21] Shayeghi H, Sobhani B. Zero NDZ assessment for anti-islanding protection using wavelet analysis and neuro-fuzzy system in inverter based distributed generation. Energy Conversion and Management, 2014, 79: 616-625.

[22] Samui A, Stamantaray S R. Performance assessment of wavelet transform based islanding detection relay. India Conference(INDICON), Kochi, 2012: 545-550.

[23] Sharma R, Singh P. Islanding detection and control in grid based system using wavelet transform. Power India Conference, Murthal, 2012: 1-4.

[24] Zhu Y P, Yang Q X, Wu J J, et al. A novel islanding detection method of distributed generator based on wavelet transform. Electrical Machines and Systems Conference, Wuhan, 2008: 2686-2688.

[25] Shariatinasab R, Akbari M. New islanding detection technique for DG using discrete wavelet transform. Power and Energy Conference, Kuala Lumpur, 2010: 294-299.

[26] Aljankawey A S, Liu N, Diduch C P, et al. A new passive islanding detection scheme for distributed generation systems based on wavelet. Energy Conversion Congress and Exposition(ECCE), Raleigh, 2012: 4378-4382.

[27] 郑文英, 王国强. 光伏并网发电系统中的孤岛检测. 变频器世界, 2011: 61-64.

[28] 徐青山. 分布式发电与微电网技术. 北京: 人民邮电出版社, 2011.

[29] 刘建, 崔德民, 李晓博, 等. 常见孤岛检测盲区描述方法. 山东电力技术, 2013, 6: 39-42.

[30] 蔡济玮. 并网系统孤岛检测及划分方法的研究. 秦皇岛: 燕山大学, 2012.

[31] 程明, 张建忠, 赵俊杰. 分布式发电系统逆变器侧孤岛检测及盲区描述. 电力科学与技术程, 2008, 23(4): 44-50.

[32] 张兴. 太阳能光伏并网发电及其逆变控制. 北京: 机械工业出版社, 2010.

[33] BS Institution. Photovoltaic Semiconductor Converters Part 1: Utility Interactive Fail Safe Protective Interface for PV-Line Commutated Converters-Design Qualification and Type Approval. European Std. EN 5330-1, 1999.

[34] El-Arroudi K, Joos G, Kamwa I. Intelligent-based approach to islanding detection in distributed generation. IEEE Transactions on Power Delivery, 2007, 22(2): 828-835.

[35] Mahat P, Chen Z, Bak-Jensen B. Review of islanding detection methods for distributed generation.

DRPT, 2008: 2743-2748.

[36] de Mango F, Liserre M, Aquila A D, et al. Overview of anti-islanding algorithms for PV systems. International Power Electronics and Motion Control Conference, 2006.

[37] Ahmad K N E K, Selvaraj J, Rahim N A. A review of the islanding detection methods in grid-connected PV inverters. Renewable and Sustainable Energy Reviews, 2013, 21(5): 756-766.

[38] Hou M, Gao H L, Lu Y J. A composite method for islanding detection based on vector shift and frequency variation. Power and Energy Engineering Conference, 2010: 1-4.

[39] Alaboudy A H K, Zeineldin H H. Islanding detection for inverter-based DG coupled with frequency-dependent static loads. IEEE Transactions on Power Delivery, 2011, 26(2): 1053-1063.

[40] Vahedi H, Noroozian R, Jalivand A, et al. Hybrid SFS and Q-f islanding detection method for inverter-based DG. IEEE International Conference on Power and Energy, 2010: 672-676.

[41] 程启明, 王映斐, 程尹曼, 等. 分布式发电并网系统中孤岛检测方法的综述. 电力系统保护与控制, 2011, 39(6): 148-153.

[42] 刘晓飞, 董飞飞. 孤岛检测方法及问题概述. 中国电力教育, 2009, S2: 231-232.

[43] 鹿婷, 段善旭, 康勇. 逆变器并网的孤岛检测方法. 通信电源技术, 2006, 23(3): 28-41.

[44] 郭小强, 赵清林, 邬伟扬. 光伏并网发电系统孤岛检测技术. 电工技术学报, 2007, 22(4): 157-162.

[45] 臾淡基, 徐德鸿, 沈国桥, 等. 基于过/欠电压和高/低频率保护的孤岛状态检测. 中国电工技术学会电力电子学会第十届学术年会论文集, 2006.

[46] Menon V, Nehrir M H. A hybrid islanding detection technique using voltage unbalance and frequency set point. IEEE Transactions on Power Systems, 2007, 22(1): 442-448.

[47] Agematsu S, Imai S. Islanding detection system with active and reactive power-balancing control for the Tokyo metropolitan power system and actual operational experience. International Conference on Developments in Power Protection, 2001, 479: 351-354.

[48] 冯轲, 贺明治, 游小杰. 光伏并网发电系统孤岛检测技术研究. 电气自动化, 2010, 32(2): 40-42.

[49] 杨鲁发. 光伏并网发电系统 MPPT 和孤岛检测技术的研究和实现. 北京: 华北电力大学, 2009.

[50] 胡希文. 分布式发电系统孤岛检测方法研究. 北京: 中国矿业大学, 2010, 6: 11-25.

[51] Zhu X C, Shen G Q, Xu D H. Evaluation of AFD detection methods based on NDZs described in power mismatch space. Energy Conversion Congress and Exposition, 2009, 2733-2739.

[52] 刘方锐, 余蜜, 张宇, 等. 主动频移法在光伏并网逆变器并联运行下的孤岛检测机理研究. 中国机电工程学报, 2009, 29(12): 47-51.

[53] Singam B, Hui L Y. Assessing SMS and PJD schemes of anti-islanding with varying quality factor. IEEE Power and Energy Conf. , 2006: 196-201.

[54] Reigosa D, Briz F, Blanco C, et al. Active islanding detection for multiple parallel-connected inverter-based distributed generators using high-frequency signal injection. IEEE Transactions on Power Electronics, 2014, 29(3): 1192-1199.

[55] 杨海柱, 金新民. 基于正反馈频率漂移的光伏并网逆变器反孤岛控制. 太阳能学报, 2005, 26(3): 409-412.

[56] 邓燕妮, 桂卫华. 一种低畸变的主动频移式孤岛检测算法. 电工技术学报, 2009, 24(4): 219-223.

[57] Ye Z, Kowalkar A, Zhang Y, et al. Evaluation of anti-islanding schemes based on nondetection zone concept. IEEE Transactions on Power Electronics, 2001, 19(5): 1171-1176.

[58] 姚丹, 张兴, 倪华. 基于 Sandia 频移方案的并网光伏主动式反孤岛效应的研究. 华东六省一市自动化学术年会, 2005: 470-474.

[59] 刘方锐, 康勇, 张宇, 等. 带正反馈的主动频移孤岛检测法的参数优化. 电工电能新技术, 2008, 27(3): 22-25.

[60] 黎璋霞, 罗晓曙, 廖志贤. 改进的正反馈主动频移式孤岛检测方法, 电力系统及其自动化学报, 2015, 127(4): 13-17.

[61] Jung Y, Choi J, Yu G, et al. A novel active frequency drift method of islanding prevention for the grid-connected photovoltaic inverter. Power Electronics Specialists Conference, 2005: 1915-1921.

[62] 黎璋霞. 光伏并网发电系统孤岛检测算法研究. 桂林: 广西师范大学, 2014.

[63] Hung G K, Chang C C, Chen C L. Automatic phase-shift method for islanding detection of grid-connected photovoltaic inverters. IEEE Transactions on Energy Conversion, 2003, 18(1): 169-173.

[64] 刘芙蓉, 康勇, 王辉, 等. 主动移相式孤岛检测的一种改进的算法. 电工技术学报, 2012, 25(3): 172-176.

[65] 陈跃, 郑寿森, 祁新梅, 等. 光伏并网系统主动移相式孤岛检测方法的改进. 系统仿真学报, 2013, 25(4): 748-752.

[66] 罗世华. 基于预测函数模型的模糊预测控制在倒立摆上的应用研究. 贵阳: 贵州大学, 2007.

[67] 李明然. 基于 GA 的自调整模糊 PID 控制器在磁悬浮球系统中的应用. 长沙: 中南大学, 2012.

[68] Tanak K, Sugeno M. Stability analysis and design of fuzzy control systems. Fuzzy Sets and Systems, 1992, 45(2): 135-156.

[69] Mamdani E H. Application of fuzzy algorithms for simple dynamic plant. Proceeding of the Institution of Eletrical Engineer, 1994(D-121): 1585-1588.

[70] 方小妹, 宋树祥, 蒋品群, 等. 基于模糊控制的新型主动移相式孤岛检测方法. 电力系统保护与控制, 2014, 42(20): 19-24.

[71] 方小妹. 光伏并网发电系统孤岛检测方法研究. 桂林: 广西师范大学, 2015.

[72] 刘芙蓉, 王辉, 康勇, 等. 滑模频率偏移法的孤岛检测盲区分析. 电工技术学报, 2009, 24(2): 178-182.

[73] 方小妹, 罗晓曙, 蒋品群, 等. 孤岛检测中复小波变换与实小波变换的对比. 应用科学学报, 2016, 34(1): 42-48.

[74] Hernández-Pérez J F, Vela-Arvizo D, Rodríguez-Lelis J M, et al. A Morlet wavelet signal analysis with a daubechies filter for power quality disturbances. Electronics, Robotics and Automotive Mechanics Conference, Morelos, 2007: 765-680.

[75] Li H. Complex Morlet wavelet amplitude and phase map based bearing fault diagnosis. Proceedings of the 8th World Congress on Intelligent Control and Automation, Jinan, China, 2010, 25(11): 6923-6926.

[76] 薛蕙, 杨仁刚, 郭永芳. 利用复小波变换检测轻微的电力系统扰动. 电网技术, 2004, 28(17): 24-27.

[77] Putra T E, Abdullah S, Nuawi M Z. An extraction computational algorithm based on the Morlet wavelet coefficient spectrum. Signal and Image Processing Applications (ICSIPA), Kuala Lumpur, 2009: 68-73.

[78] 刘毅华. 电力系统故障检测新方法研究. 杭州: 浙江大学, 2002.

[79] 冯浩, 周雏维, 刘毅. 基于复小波变换的暂态电能质量扰动检测与分类. 电网技术, 2010, 34(3): 91-95.

[80] 刘守亮. 基于复小波和 S 变换的短时电能质量扰动检测. 成都: 四川大学, 2006.

[81] IEEE Std 1250—1995. IEEE Guide for service to equipment sensitive to momentary voltage disturbances. IEEE Standards Board, 1995.

[82] Mallat S, Hwang W L. Singularity detection and processing with wavelets. IEEE Transaction on Information, 1992, 38(2): 617-643.

[83] 谢瑞良, 郝翔, 王跃, 等. 考虑死区非线性的 L 滤波单相并网逆变器的精确离散迭代模型及其分岔行为. 物理学报, 2014, 63(12): 120510.

[84] Qiang G, Pulong N. Method for feature extraction of radar full pulses based on EMD and chaos detection. Journal of Communications and Networks, 2014, 16 (1): 92-97.

[85] 张兴科. 基于混沌理论的光伏并网发电系统孤岛检测研究. 电气技术, 2011(8): 20-24.

[86] 罗晓曙. 混沌控制、同步的理论方法及其应用. 桂林: 广西师范大学出版社, 2007: 2-11.

[87] 刘玉怀, 王胜远, 高闽光, 等. 声光双稳系统中的混沌调制效应. 物理学报, 1999, 48(5): 801.

[88] 廖志贤, 罗晓曙, 黄国现. 基于李雅普诺夫指数变化的光伏发电孤岛检测方法及装置: 中国, ZL201310263073. 2015-10-28.

第 7 章　光伏微网发电技术

7.1　概　　述

在集中式发电和大电网的基础上发展起来的分布式发电，已经成为国内外电力系统发展的必然趋势。为了整合各种分布式能源的优势，减弱分布式发电对大电网的冲击和不利影响，充分挖掘分布式发电的经济效益，由美国可靠性技术解决方案协会（the consortium for electric reliability technology solutions，CERTS）提出的微网概念为分布式发电注入了新的活力，微网优越性在于既可以与公网并联运行，也可以与公网解列在孤岛模式下自主运行。微网能在孤岛模式下自主运行为本地关键负荷供电的特性可极大地提高分布式电能的利用率。此外，微网优越的结构和控制方法可使分布式电源大量接入公网，且对公网不会造成不良影响，实现对负荷多种能源形式的高可靠供给。微网作为未来智能电网中管理数量庞大、地域分散的分布式电源的有效解决途径，受到许多国家和研究人员的重视。随着智能电网如火如荼地开展，作为智能电网有机组成部分的微网，将会有更加广阔的发展前景[1]。

另外，光伏发电（photovoltaic generation，PG）系统是一种强非线性、强耦合、动态的复杂动力系统。近年来，随着用户用电要求的提高以及环保、资源压力的增大，基于可再生能源的光伏发电成为当前分布式发电及电网技术发展的主流方向，而光伏发电技术与微网概念的结合给未来分布式能源和可再生能源的利用描绘了美好的前景——光伏微网（photovoltaic micro-grid，PVMG）[2-4]。PVMG 的广泛应用将使大电网的发电和输电变得更经济、更高效。与此同时，由于 PVMG 与传统电网进行并联运行的方式有不同的选择，且大量电力电子设备和电容、电感的引入，将改变传统电力系统的网络拓扑，从而改变了配电系统的潮流分布，给联合电网的稳定性带来了不确定性，加上 PVMG 本身存在发生故障的可能性，会导致联合电网失稳，从而拖垮整个系统，给国民经济和人们的生活造成巨大损失和严重危害[5,6]。因此，研究 PVMG 的非线性动力学行为及其控制对保证电网的稳定运行具有极其重要的理论探索价值和应用参考价值。为此本章首先综述了 PVMG 发电技术的研究现状，然后建立 PVMG 逆变器严格的分段线性状态方程，分析其非线性动力学行为，并以 PVMG 逆变器为网络节点，研究基于复杂网络理论的 PVMG 系统同步方法。研究发现，基于小世界网络模型的 PVMG 系统比传统的基于邻近耦合规则的 PVMG 系统具有更短的同步时间，在外加扰动的情况下也具有更快的恢复时间。研究结果对 PVMG 的稳定运行可望提供有价值的参考和新见解。

7.2　微网及微网研究进展

7.2.1　微网定义

近年来以光伏发电和风力发电为主的分布式发电系统发展速度很快,然而,分布式发电的应用也存在不少的挑战。例如,可再生能源不可控而且随机波动较大,这意味着一旦分布式发电机不能被有效控制,而大量接入电网,将会对大电网造成严重危害。根据 IEEE Std 1547—2003[7]的规定,当公网出现波动或发生故障时,必须立即断开分布式电源与公网的连接,并停机避免造成安全事故。这样的利用形式无疑严重制约了分布式电源的利用效益。为解决分布式电能利用的矛盾,CERTS 于 2002 年提出了一种新的分布式能源组织方式和结构——微网[8],其定义为:一种微型电源和负荷共同组成的系统,它可以同时提供电能和热量;采用电力电子设备实现能量转换,并且系统内提供必需的控制;微网相对于外部的大电网表现为单一的受控单元,在满足用户电能质量要求的同时还必须保证供电的安全性等要求[9]。

由以上定义可知,微网由分布式电源(distributed energy resources/micro-sources, DER)[10]、可控负荷(controllable loads)和通信基础设施(communication infrastructure)组成的,通过 PCC 与公共电网相连的小型电力系统。其中分布式电源是模块化、分散化,可并网和解列微网的供能装置。一般由发电单元、储能单元和传输单元组成,通常靠近电能消费场所安装。在微网的背景下分布式电源也称为微电源,在本书中特指通过光伏效应发电的太阳能光伏微电源,由光伏阵列、直流变换器、储能单元、并网逆变器、并网滤波接口电路和相应的控制器组成。分布式电源有电压控制模式和电流控制模式两种工作模式。在电压控制模式下微电源具有电压源输出特性,可等效为交流电压源;在电流控制模式下微电源具有电流源输出特性,可等效为交流电流源。微网的分布式电源可以直接或通过功率电子电路互联,并协作为本地负荷和公网提供电能。将分布式电源组织成微网,除了能够获得单台分布式电源无法提供大功率之外,还能有效解决大量分布式电源接入引起的电能质量问题、可控性问题、可靠性问题和继电保护问题等[11]。因此,将分布式电源组织成微网可发挥分布式发电的最大效益,并使得分布式发电机接入的数量不再受到限制,实现能源的最大化利用[12]。

微网的运行模式包括并网模式(grid-tied mode, parallel mode)和孤岛模式(islanded mode, standalone mode)两种。并网模式和孤岛模式之间的切换通过控制 PCC 的开关完成。在并网模式下,微网通过 PCC 与公网相连,公网为微网提供电压支撑。此时微网微电源向公网输送电能或和公网一起向本地负荷提供电能。在孤岛模式下微网仅能依靠内部的微电源维持自身的电压和功率平衡。

CERTS 最早提出的微网体系结构如图 7.1 所示。

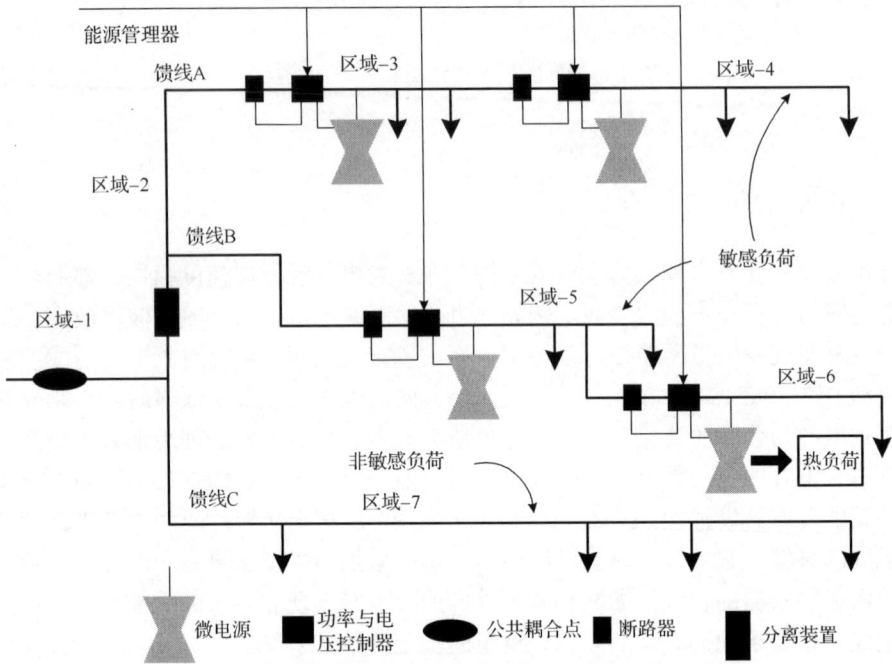

图 7.1　CERTS 最早提出的微网体系结构[8]

世界各国和研究组织对微网的研究有各自关注的方面，总体上有如下几个方面：提高供电可靠性保障本地关键负荷、分布式电源大量接入对电网的不利影响、大规模有效利用再生能源、为偏远地区和特殊场合供电等。由于关注点和对发展方向的不同见解，各国和研究组织对微网的定义也有差异。从总体上看各种微网定义赋予微网如下主要特点[13,14]。

（1）微网的微电源统一通过 PCC 与外网互联。公网配电系统将微网等效为一个可控的电源或负荷。

（2）微网可以与公网并联，也可以有意地与公网解列自主运行（孤岛运行）。

（3）微网内的负荷可以划分为普通负荷、敏感负荷（关键负荷）。当孤岛运行时，可切断普通负荷，保障关键负荷的供电。

（4）分布式电源通过电力电子设备接入。

（5）分布式电源可以灵活地接入微网或从微网断开，即"即插即用（plug&play）"。

7.2.2　光伏微网技术研究进展

微网概念提出后受到各国的广泛重视，美国能源部（department of energy，DOE）将微网的研究与建设列为美国下一代电网"Grid 2030"的三个要素之一[15]。我国已将研究发展新型能源和新一代电网写入《国家中长期科学与技术发展规划纲要（2006—2020 年）》和《国家重大科技基础设施建设中长期规划（2012—2030 年）》[16-18]。

近十年来，世界范围内对微网开展了卓有成效的研究，已建成了多个试验、示范微网工程[19]。欧盟、美国、日本等发达国家和地区从各自关注的方面展开微网的研究，取得不少成绩，包括针对微网提出了新的控制结构、技术和方法。相比之下，我国的微网研究与美日等国有很大差距[20,21]。

光伏发电技术与微网概念的结合给未来分布式能源和可再生能源的利用描绘了美好的前景——光伏微网。然而，光伏微网的优点要依靠先进的电力电子技术以及先进的微网控制方法和技术来实现[22]。当前光伏微网所依靠的控制方法和技术中有很多还只是构想。微网实用化还有很多有待研究和解决的难题[23]。微网可以与公网并联运行，也可以与公网解列在孤岛模式下自主运行，是微网区别于传统分布式发电的最大特点之一。微网与公网并联运行的控制与传统分布式发电的控制要求基本相同，微网公共耦合点的电压幅度与频率取决于公网，微网内的所有微电源都以电流源模式工作，微网内的所有微电源的电流与公网的电压同步以调节功率因数[22,23]。然而，当微网与公网解列自主运行时，微网是独立的。它要维持自身的电压幅度和频率，还要引入有效的功率平衡措施，因此孤岛微网的控制相对于并网微网控制需考虑更多因素，且更具挑战，是当前光伏微网技术研究的热点问题。在孤岛模式下任何一个微电源的电压幅度、频率和相位哪怕出现非常短暂的失同步都将引起极高的无功环流，造成故障或事故。由此可见，实现稳定可靠的光伏微网微电源并网同步是实现光伏微网实用化的前提。另外，微电源的逆变器电路是一种强非线性系统，存在非常复杂的非线性动力学行为[24-27]，由多个光伏逆变器按照一定拓扑连接而成的光伏微网系统将会存在更复杂的动力学行为，这对光伏微网系统的同步和控制的分析研究带来新的挑战，只有通过建立光伏微网系统严格的非线性动力学方程，才能更全面地揭示光伏微网系统的物理性能，如谐波抑制、稳定性、鲁棒性、同步等。以下简要阐述光伏微网微电源的动力学和光伏微网同步控制方法的研究现状。

1. 光伏微网的动力学研究现状

微网的优点源于功率电子电路。功率电子电路构成的系统具有非线性特性。研究人员发现电力电子电路可能有复杂的非线性动力学行为[28]。例如，光伏微电源的DC/DC 变换器、DC/AC 变换器（逆变器）都是典型的电力电子电路，这些电路中存在复杂的非线性行为，如分岔、混沌等。

目前，国内外研究人员对功率电子电路的非线性动力学特征做了相关研究。其中，在 DC/DC 变换器的非线性动力学特性的研究方面，罗晓曙等建立了 Buck 型 DC/DC 变换器的非线性动力学方程，如图 7.2 所示，深入研究了 Buck 型 DC/DC 变换器的非线性动力学行为[29]。该研究发现，负载电容的变化可能使系统出现混沌运动。此外，当参数变化使得系统从混沌运动转为周期运动时，DC/DC 变换器的电压转换效率会突然大幅度提高，研究结果如图 7.3(a)和(b)所示。这项发现对提高实际电路系统的转换效率有重要的理论指导意义。而后，贤燕华等建立了并联 Buck 型 DC/DC 变换器的 8

维分段光滑非线性动力学模型，并基于该模型研究了并联 Buck 型 DC/DC 变换器的非线性动力学特性[30]。该项研究发现，在一定参数条件下该系统有超混沌系统行为特征。目前，研究人员对 Boost 型[31]、Buck-Boost 型[32]、Cuk 型[23,34]和 H 桥型 DC/DC 变换器的动力学行为的研究也取得了丰富的成果[35]。

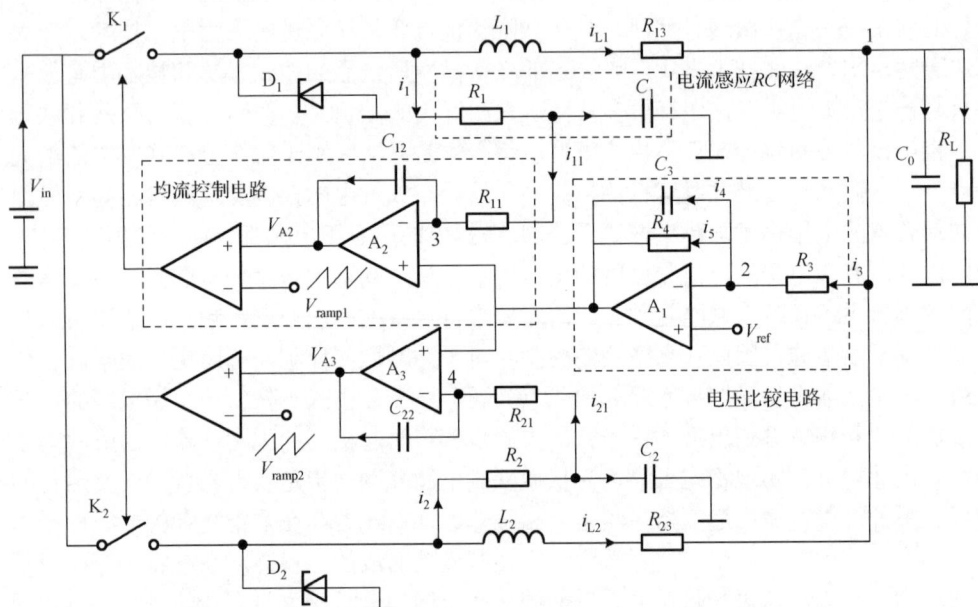

图 7.2　Buck 型 DC/DC 变换器并联系统结构图

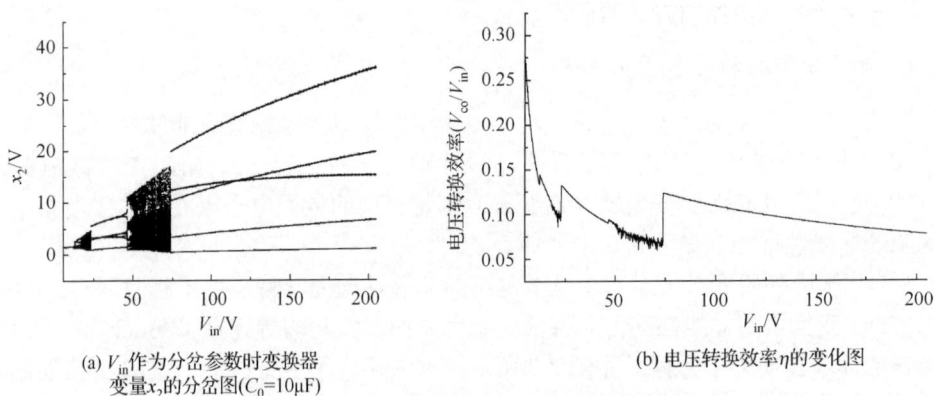

(a) V_{in} 作为分岔参数时变换器
变量 x_2 的分岔图(C_0=10μF)

(b) 电压转换效率 η 的变化图

图 7.3　DC-DC 变换器分岔及电压转换效率图

　　关于 DC/AC 变换器的非线性动力学方面的研究，Li 等建立了电压控制型 DC/AC 逆变电路的非线性动力学模型[36]。对该模型的仿真研究发现，该系统在一定的控制参数下产生快标分岔现象。胡乃红等深入地研究了离网单相 SPWM，逆变器的峰值电流模式控制的非线性动力学特性，发现在一定参数条件下逆变器的某些状态变量将会出现分岔，甚至出现混沌[37]，当状态变量出现分岔时，逆变器的性能会变差。针对这一问题设计了一种利用斜波补偿控制快标分岔的方法，有效抑制了逆变器电路系统中的分岔与混沌行为。廖志贤等建立了单相全桥并网逆变器的非线性动力学模型，并以光伏阵列电压 U_{pv} 为分岔参数仿真单相全桥并网逆变器的非线性动力学行为[38]。结果显示，随着光伏阵列输出电压的变化，在 U_{pv} 的某些区间里系统出现混沌。

2．光伏微网的同步控制研究进展

解决微网的控制问题是实现微网实用化的关键。Blaabjerg 等认为微网运行所需的控制任务如图 7.4 所示，分为输入侧控制和并网侧控制两大部分[39]。

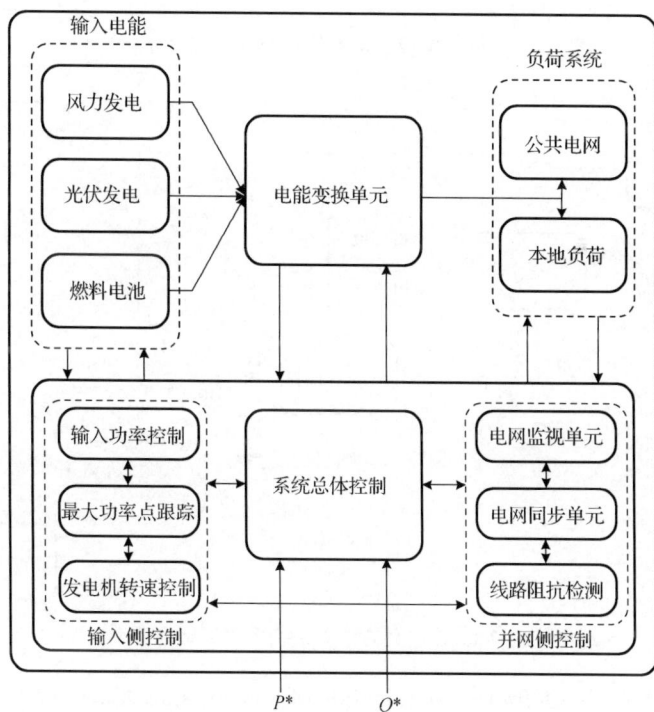

图 7.4　多种能源输入的微网一般的控制结构[39]

输入侧控制主要目的是从输入的能源中获得尽可能大的功率。并网侧控制也称并联控制，是发电机并联所需的控制，其内容包括如下几个。

（1）控制微网输出的有功功率和微网与电网之间、微网内部微电源之间的无功功率。

（2）控制输入逆变器的直流电压。

（3）控制微网输出的电能质量。

（4）控制微网微电源间的同步以及微网与公网的同步。

根据图 7.5 所示的微网控制结构，落实到光伏微电源中各个硬件模块对应的控制如图 7.6 所示，同步控制属于并网侧的控制，主要是对 DC/AC 变换器的控制。

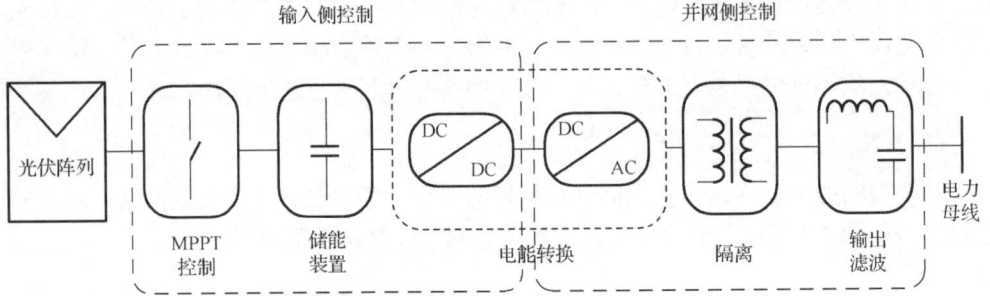

图 7.5　光伏微电源的硬件结构及其相应的控制[39]

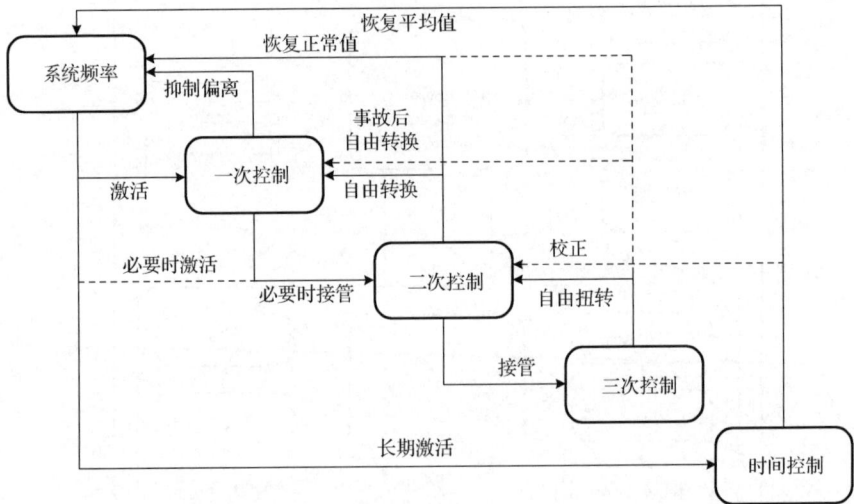

图 7.6　UCTE 定义的电力系统多层控制框架[20]

欧洲的 UCTE（union for the coordination of transmission of electricity）根据控制所需的基础设施不同、响应速度的快慢和操作所在的时间帧将微网的控制划分成了三个层次，如图 7.7 所示。虽然这样的划分不是必须的，但研究表明，对于协调控制数量众多的微电源而言，该多层控制架构有利于提高微网的性能[20]。

从图 7.7 可以看出，UCTE 将微网的控制分成了一次控制（primary control）、二次控制（secondary control）和三次控制（tertiary control）。该微网中各控制层各司其职：一次控制也称本地控制或终端控制，其响应速度最快，通常仅依赖于本地的直接测量，而不用通信就能完成，包括微电源输出电压和电流幅度、频率和相位调制所需的控制；

二次控制通常也称微网能源管理，负责微网运行可靠性和经济性相关的控制，包括为设定一次控制电压幅值、频率的参考点；三次控制负责微网与公网的协调控制。由于在孤岛微网中没有三次控制，因而二次控制是孤岛微网最顶层的控制。

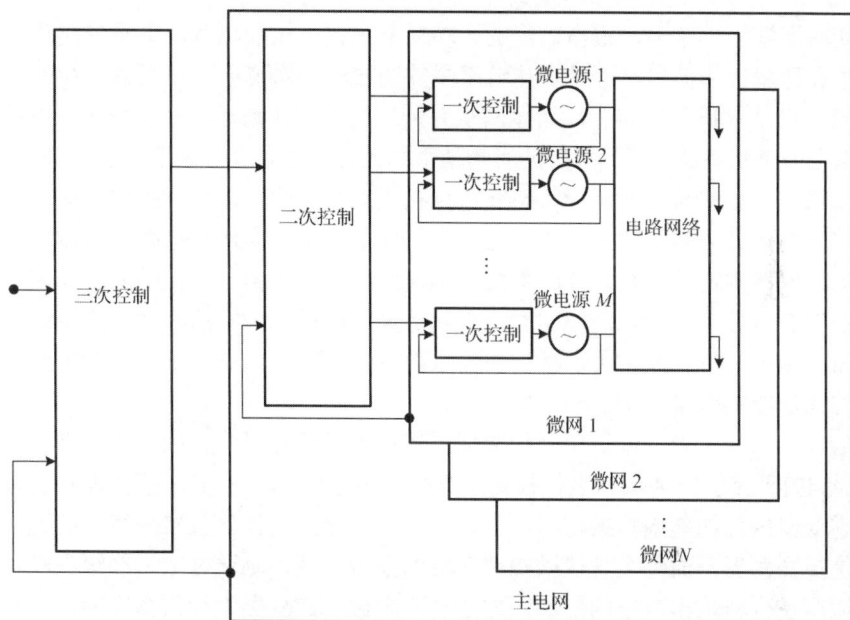

图 7.7　面向微网的三层控制[40]

同步控制属于并网侧的控制，在 UCTE 的三层结构中处于第一层，为一次控制的内容。控制手段主要在微电源的 DC/AC 转换器即逆变器上实施。在孤岛微网中同步控制可归结为电压、电流幅度、频率和相位的建立、维持、调整与恢复。在实际系统中，微网微电源发电同步通常不是一个孤立的问题，它通常和功率因数控制同时进行。

目前已有的同步控制方法一般包含两个步骤：先取得同步变量，即电压或电流之间的幅度、频率和相位的误差作为同步控制信号；再通过微电源的电压或电流的控制手段来调整幅度、频率和相位消除误差，达到同步的目的。微网的同步控制必须满足相关指标[41]。传统的同步方法中如何获得精确的正弦交流的相位是同步控制的关键，在不同的控制条件下有不同的相位提取方法。过零检测法（zero-crossing method）是最简单的相位提取方法，但是过零检测法在每个正弦周期只能检测到两次，这种方法的动态性能比较差，不利于微网的快速控制，而且由于谐波干扰和主抗的变化等，波形在过零处可能会有抖动和畸变。因此，过零检测法精度和可靠性均比较低。锁相环技术是应用最广的相位提取方法，相比过零检测方法有了很大改进，其抗谐波干扰和波形失真的性能很好，但是如果因出现电压非对称故障所产生的二次谐波将会影响锁相环的测量性能。

在现有微网同步控制方法中，最引人关注且应用最广泛的是下垂控制法[42]。下垂控制法可以有效避免微电源之间产生环流，且对通信要求极低，所以常被用于微网控制[43]。Chandorkar 等率先将下垂控制方法（P–f, Q–V droops）引入基于逆变器的离网UPS 系统[44]——一种与孤岛微网极其相似的系统。该方法无需锁相环，可以根据输出的有功功率调整输出频率，根据输出的无功功率调整电压的幅度。下垂控制法有很好的可靠性和适用性，但也有不足。传统下垂控制方法当系统中有非线性负荷或线路阻抗阻性成分明显时是无效的[45]。当微网从并网运行转到孤岛运行时，传统下垂控制法通过继承上一个状态及并网运行时的有功功率和无功功率设置点继续运行[46]，而对于纯粹的孤岛微网是无法从并网运行状态获得设置点的。因此，传统下垂控制法无法胜任需要黑启动的孤岛微网。此外，在孤岛运行模式下，微网电压和频率会随着负荷的变化而浮动，偏离额定的参数，控制手段应迅速地调整这种偏差，陡峭的下垂曲线会使得下垂控制有更好功率分配，但同时会引起更大的电压和频率的漂移。为了解决这一问题，Guerrero 等分别将解耦处理[47]和虚拟输出阻抗[48]引入传统下垂控制方法中，取得较好的同步控制效果。

此后，国内外学者相继提出光伏微网系统在孤岛运行模式下的同步控制方法，例如，文献[49]研究了一种孤岛运行模式下光伏微网系统同步方法，其原理是在每个光伏微网逆变器内部构建虚拟振荡器，并通过微处理器控制光伏微网逆变器的输出跟踪自身的虚拟振荡器，而每个光伏微网逆变器的虚拟振荡器则通过电力线级联耦合，实现光伏微网逆变器输出电压的同步。通过对 3 个微网逆变器进行仿真实验，实验结果证实其方法的有效性。文献[50]通过在光伏微网系统中增加一定数量的混合发电机组，将混合发电机组的输出电压作为参考电压源，并将所有光伏微网逆变器作为电流源，使得光伏微网逆变器的输出跟踪参考电压源信号，以实现光伏微网系统的同步。当作为参考电压源的混合发电机组发生故障时，整个光伏微网系统有可能会无法同步并停止工作。文献[51]在光伏微网发电系统中，利用柴油发电机提供稳定的频率，光伏微网逆变器提供稳定的电压幅度，两者相互维持、跟踪，实现系统的同步。Simpson-Porco 等将微网微电源等效为相位耦合振子，基于 Kuramoto 模型研究了微网同步行为的动态特性[52]。

7.3　基于小世界网络模型的光伏微网系统非线性

动力学行为及其同步方法研究

光伏微网系统由多个光伏逆变器按照一定的拓扑结构相连接，形成一个供电网络，它既可以通过 PCC 与公共电网相连接，也可以脱离公共电网，形成一个自治的孤岛供电网络[5,6]。光伏微网系统与公共电网相连接时，其工作原理与传统的光伏并网发电系统一致。可以孤岛运行是光伏微网系统的重要特性。传统的光伏并网发电系统，其运行依赖于公共电网的驱动,当公共电网停止供电时,系统也停止运行。光伏微网发电系统较之于传统光伏发电系统,具有更好的灵活性和更高的能源利用率。在孤岛运行模式下,光伏微网系统的 N 个逆变器作为电压源来分担共同的负载,其关键问题在于逆变器之间输出电压相互同步,以保证系统的可靠运行。目前,光伏微网系统在孤岛运行模式下的同步研究得到了科研工作者的广泛关注。但是这些方法和技术基本上是基于线性化的微电源模型提出的。然而,微电源逆变器电路是一种强非线性系统,存在非常复杂的非线性动力学行为,只有通过建立光伏微网系统严格的非线性动力学方程,才能全面地揭示光伏微网系统的物理性能,为如谐波抑制、稳定性、鲁棒性、同步等打下理论基础。阐述孤岛微网光伏微电源的非线性动力学模型,然后基于该模型分析光伏微电源的非线性动力学特性。此外,基于光伏微电源并联的等效模型,分析了光伏微电源并联运行的行为特性,从而给出同步控制必要性的依据。

复杂网络是具有复杂拓扑结构和动力行为的大规模网络,而复杂网络理论则是基于网络结构和系统性能的关系,研究各种复杂系统之间的共性和处理它们的普适方法[53-55]。为了用合适的网络拓扑结构描述真实系统,研究人员依次提出了几种方案:规则网络、随机网络(ER 模型)、小世界网络和无标度网络[56-59]。大量的研究成果表明,现实世界中存在的许多复杂系统,如分子生物学、食物链网络、演员关系网、因特网、科研合作网络、电力系统网络、无线通信网络、交通网络等,都具备复杂网络特征[60-62]。小世界网络是一种介于规则网络和随机网络之间的网络结构,其构建方法是将规则网络中的每条边以概率 p 重新连接,重新连接的边称为捷径。当 $p=0$ 时,小世界网络成为规则网络;当 $p=1$ 时则是完全随机的网络。一些新的研究结果表明,现实世界中许多系统都具有小世界网络结构特性,如脑神经网络、Web 网络、电力能源网络、无线传感器网络等。由于小世界网络能很好地描述真实世界的复杂网络,其同步问题引起了广大学者的研究兴趣[63,64],这些研究发现,小世界网络中的捷径使得网络同步性能得到增强。随着光伏微网系统规模的不断扩大,有必要建立光伏微网系统的小世界网络模型,从复杂网络同步的角度对其进行深入研究,从而为光伏微网系统新型网络拓扑、新控制方法的探索提供理论基础。因此,本书首先建立光伏微网逆变器严格的分段光滑动力学模型,研究其非线性动力学行为;其次以光伏微网逆变器为节点,建立光伏微网系统的小世界网络模型,并研究基于小世界网络模型的光伏微网系统的同步。

7.3.1　模型与方法

1. 光伏微网逆变器的电路结构

图 7.8 是一种采用双极性 SPWM 控制的光伏微网逆变器电路结构,U_{PV} 是光伏阵列的直流电压,$S_1 \sim S_4$ 为全桥电路的 4 个功率开关管,i_L、u_C 分别为滤波电感电流和滤波电容两端的电压,R_L 为负载等效电阻。

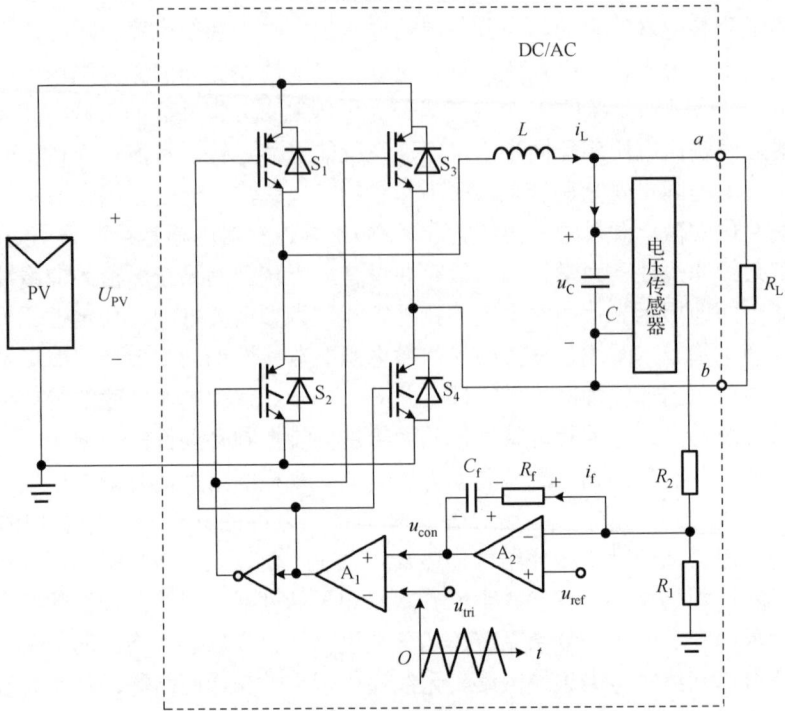

图 7.8　光伏微网逆变器电路

图中，u_{ref} 是光伏微网逆变器的参考信号，表达式如下：

$$u_{ref} = A\sin(\omega t) \tag{7.1}$$

式中，A 和 ω 分别是参考电压信号的幅值和频率。参考信号和逆变器输出电压反馈信号之差经由运算放大器 A_2 构成的比例积分单元，得到控制信号 u_{con}。控制信号 u_{con} 与三角波 u_{tri} 进行比较后，得到开关（$S_1 \sim S_4$）的控制逻辑。三角波 u_{tri} 的表达式如下：

$$u_{tri} = \begin{cases} \dfrac{4V_H}{T}\left[\mathrm{MOD}(t,T) - \dfrac{1}{4}T\right], & 0 < \mathrm{MOD}(t,T) \leqslant \dfrac{T}{2} \\[3mm] -\dfrac{4V_H}{T}\left[\mathrm{MOD}(t,T) - \dfrac{3}{4}T\right], & \dfrac{T}{2} < \mathrm{MOD}(t,T) \leqslant T \end{cases} \tag{7.2}$$

式中，V_H 为三角波的峰值；T 为三角波信号的周期。

$S_1 \sim S_4$ 的开关控制逻辑表示为：$S_{1,4} = S$，$S_{2,3} = \overline{S}$，其中

$$S = \begin{cases} 0, & u_{tri} > u_{con} \\ 1, & u_{tri} \leqslant u_{con} \end{cases} \tag{7.3}$$

2. 光伏微网逆变器的分段光滑状态方程

由 KCL、KVL 及欧姆定律，并考虑理想运算放大器的特性，通过理论推导，并

令 $\tau = R_{\mathrm{L}}C$，$\tau_{\mathrm{f}} = R_{\mathrm{f}}C_{\mathrm{f}}$，$\delta = \dfrac{R_{\mathrm{f}}}{R_2}$，$\gamma = \dfrac{R_{\mathrm{f}}}{R_1}$，$\vartheta = \dfrac{R_1}{R_1 + R_2}U_{\mathrm{m}}\cos\omega t$，得到图 7.8 所示逆变器的状态方程为

$$\begin{cases} \dot{i}_{\mathrm{L}} = \dfrac{(2S-1)}{L}U_{\mathrm{PV}} - \dfrac{1}{L}u_{\mathrm{C}} \\[2mm] \dot{u}_{\mathrm{C}} = \dfrac{1}{C}i_{\mathrm{L}} - \dfrac{1}{\tau}u_{\mathrm{C}} \\[2mm] \dot{u}_{\mathrm{con}} = -\dfrac{\delta}{C}i_{\mathrm{L}} + \delta\left(\dfrac{1}{\tau} - \dfrac{1}{\tau_{\mathrm{f}}}\right)u_{\mathrm{C}} + (1+\delta+\gamma)\omega\vartheta + \dfrac{1}{\tau_{\mathrm{f}}}(\delta+\gamma)u_{\mathrm{ref}} \\[2mm] \dot{\vartheta} = -\omega u_{\mathrm{ref}} \\[2mm] \dot{u}_{\mathrm{ref}} = \omega\vartheta \end{cases} \tag{7.4}$$

令 $X = \begin{bmatrix} x_1 & x_2 & x_3 & x_4 & x_5 \end{bmatrix}^{\mathrm{T}} = \begin{bmatrix} i_{\mathrm{L}} & u_{\mathrm{C}} & u_{\mathrm{con}} & \vartheta & u_{\mathrm{ref}} \end{bmatrix}^{\mathrm{T}}$，

$$B = \begin{bmatrix} 0 & -\dfrac{1}{L} & 0 & 0 & 0 \\[2mm] \dfrac{1}{C} & -\dfrac{1}{\tau} & 0 & 0 & 0 \\[2mm] -\dfrac{\delta}{C} & \delta\left(\dfrac{1}{\tau} - \dfrac{1}{\tau_{\mathrm{f}}}\right) & 0 & (1+\delta+\gamma)\omega & \dfrac{1}{\tau_{\mathrm{f}}}(\delta+\gamma) \\[2mm] 0 & 0 & 0 & 0 & -\omega \\[2mm] 0 & 0 & 0 & \omega & 0 \end{bmatrix}, \quad C = \begin{bmatrix} \dfrac{(2S-1)}{L}U_{\mathrm{PV}} & 0 & 0 & 0 & 0 \end{bmatrix}^{\mathrm{T}},$$

则式（7.4）变为

$$\dot{X} = f(X) = BX + C \tag{7.5}$$

为了更好地了解光伏微网逆变器的非线性动力学行为，以光伏阵列电压为分岔参数，画光伏微网逆变器输出电压的分岔图如图 7.9 所示，由图可知，在一定的参数条件下，光伏微网逆变器会进入混沌运动状态。

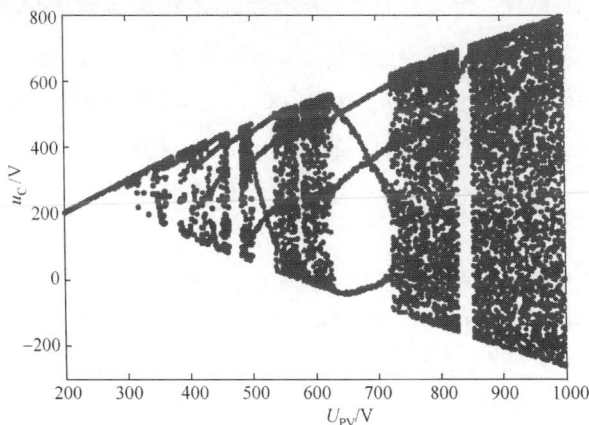

图 7.9　以输入电压为参数的光伏微网逆变器输出电压分岔图

3. 光伏微网系统的小世界网络模型

考虑一个由 N 个逆变器节点构成的光伏微网系统小世界网络，每个节点是由式（7.5）确定的动力学系统，耦合点为图 7.8 中的 a 和 b，采用线性耦合方式，那么光伏微网系统小世界网络的状态方程为

$$\dot{X}_i = f(X_i) + k\sum_{\substack{j=1 \\ j \neq i}}^{N} a_{ij}\Gamma(X_j - X_i), \quad i = 1, 2, \cdots, N \tag{7.6}$$

式中，节点 i 的状态变量 $X_i = [x_{i1} \quad x_{i2} \quad x_{i3} \quad x_{i4} \quad x_{i5}]^T \in \mathbf{R}^5$，$k$ 是耦合强度，$\Gamma \in \mathbf{R}^{5 \times 5}$ 是内耦合矩阵，$(a_{ij})_{N \times N} = A \in \mathbf{R}^{N \times N}$，$A$ 为耦合矩阵。为了简化分析，Γ 取对角矩阵，$\Gamma = \mathrm{diag}(r_1, r_2, \cdots, r_n, \cdots, r_5)$，$r_n = 1$，表示两个节点的第 n 个状态变量间有耦合；$r_n = 0$ 则表示两个节点的第 n 个状态变量间没有耦合。

耦合矩阵 A 中，除了对角元素 a_{ii} 之外的所有元素的值为"0"或"1"，当 $a_{ij} = a_{ji} = 1$，表明 i 节点与 j 节点有耦合，反之则没有耦合。令

$$a_{ii} = -\sum_{\substack{j=1 \\ j \neq i}}^{N} a_{ij} = -\sum_{\substack{j=1 \\ j \neq i}}^{N} a_{ji}, \quad i = 1, 2, \cdots, N \tag{7.7}$$

则式（7.6）可写成如下形式：

$$\dot{X}_i = f(X_i) + k\sum_{j=1}^{N} a_{ij}\Gamma X_j, \quad i = 1, 2, \cdots, N \tag{7.8}$$

7.3.2　数值计算和分析

1. 邻近耦合规则网络与小世界网络光伏微网系统的同步时间比较

构造一个度数是 4、节点数为 N 的邻近耦合规则网络,则其耦合矩阵为 $A_{nc} = (a_{ij})_{N \times N}$，由邻近耦合规则网络的耦合矩阵 A_{nc} 出发，可以构造出一个相应的小世界网络：在 A_{nc} 中，若 $a_{ij} = 1$，则以概率 p 将 a_{ij} 和 a_{ji} 修改为 0，并随机选择一个为 0 的 $a_{ij'}$ 和 $a_{j'i}$；令 $a_{ij'} = a_{j'i} = 1$，$j' = 1, 2, \cdots, N$ 且 $j' \neq i$，再根据式（7.7）计算对角元素，得到对应的小世界网络耦合矩阵 A_{sc}。下面对邻近耦合规则网络与小世界网络光伏微网系统的同步时间进行比较分析。

数值计算采用四阶龙格-库塔法对光伏微网逆变器节点微分方程进行求解，积分步长 $h = 0.000001$，取网络参数为：$N = 56$，$k = 200$，$\Gamma = \mathrm{diag}(0,0,0,0,1)$，采用数值方法计算得耦合矩阵 A_{sc} 的最大特征值 $\lambda_{\max} = -1.6 \times 10^{-15} < 0$，表明网络是可同步的[65]；取节点参数为：$U_{\mathrm{PV}} = 400.0\mathrm{V}$，$R_{\mathrm{L}} = 10.0\Omega$，$L = 11.6\mathrm{mH}$，$C = 4.7\mu\mathrm{F}$，$R_1 = 10.0\Omega$，$R_2 = 990.0\Omega$，$R_{\mathrm{f}} = 100.0\Omega$，$C_{\mathrm{f}} = 55.0\mu\mathrm{F}$，$U_{\mathrm{m}} = 311.08\mathrm{V}$，$\omega = 100.0\pi\,\mathrm{rad/s}$，三角波的峰

值 V_H =4.0V，三角波信号的周期 T =392.0μs。本书使用方差来描述光伏微网系统网络的同步性能，定义方差如下：

$$\sigma_n = \sqrt{\dfrac{\sum\limits_{i=1}^{N}(x_{in} - \bar{x}_n)^2}{N}}, \quad n = 1, 2, \cdots, 5 \qquad (7.9)$$

式中，$\bar{x}_n$ 表示网络中所有节点的第 n 个状态变量的平均值，当网络同步时，σ_n =0。邻近耦合规则网络与小世界网络光伏微网系统的同步时间比较如图 7.10 和图 7.11 所示，基于小世界网络的光伏微网系统具有更快的同步时间和更小的同步误差。图 7.11 为光伏微网系统的电压信号时域波形，其中图 7.11(a)为基于邻近耦合规则网络的光伏微网系统电压波形图，由图可见，系统没有达到完全同步，同步时间大于 500ms。图 7.11(b)为基于小世界网络的光伏微网系统电压波形图，系统可达到完全同步状态，同步时间 100ms。

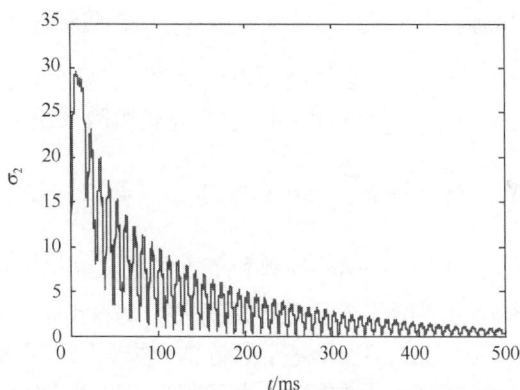

(a) 邻近耦合规则网络

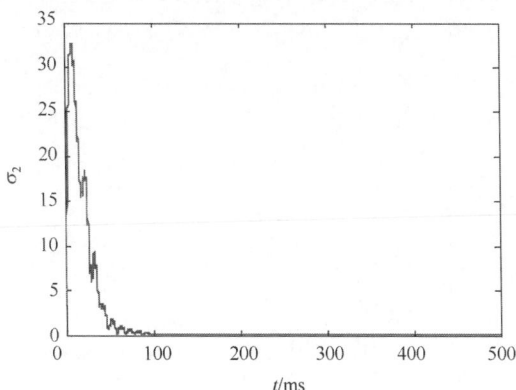

(b) 小世界网络

图 7.10　方差图显示同步性能

(a) 邻近耦合网络

(b) 小世界网络

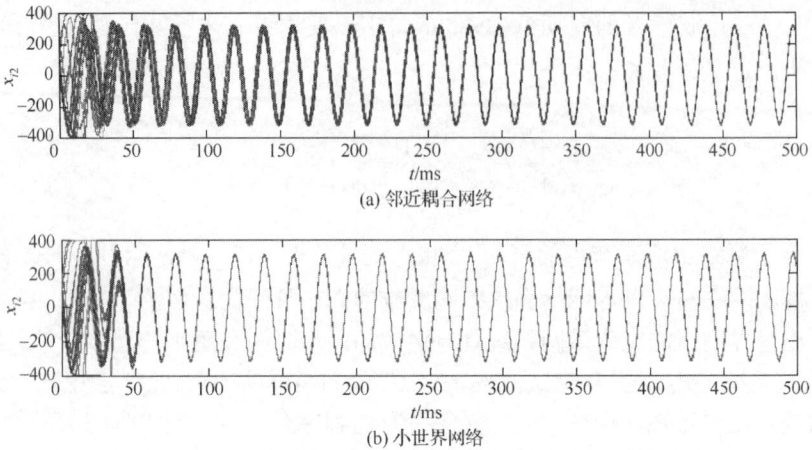

图 7.11　时域波形图

2. 邻近耦合规则网络与小世界网络光伏微网系统受到随机扰动后的恢复时间比较

光伏微网系统同步运行后，对系统施加随机扰动，在数值模拟时用 rand( )函数产生扰动信号 $Z_i = [z_{i1}\quad z_{i2}\quad z_{i3}\quad z_{i4}\quad z_{i5}]^{\mathrm{T}} \in \mathbf{R}^5$，则光伏微网系统网络状态方程为

$$\dot{X}_i = f(X_i) + k\sum_{j=1}^{N} a_{ij}\Gamma X_j + DZ_i, \quad i = 1,2,\cdots,N \qquad (7.10)$$

取扰动系数矩阵 $D = \mathrm{diag}(1,1,1,1,1)$，网络参数和节点参数取值与 7.3.3 节第 1 部分相同，对邻近耦合规则网络与小世界网络光伏微网系统进行数值计算。如图 7.12 所示，在 50ms 处加入外部扰动，图 7.12(a)表示基于邻近耦合规则网络的光伏微网系统恢复时间，其同步的时间点大于 500ms，图 7.12(b)表示基于小世界网络的光伏微网系统恢复时间，同步时间小于 125ms。图 7.13 采用时域图显示了扰动后的恢复时间。

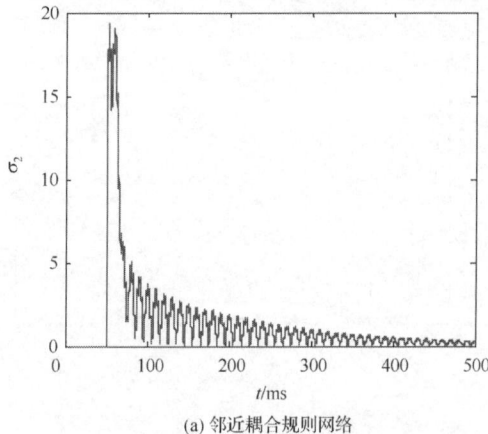

(a) 邻近耦合规则网络

图 7.12　方差图显示扰动后的恢复时间

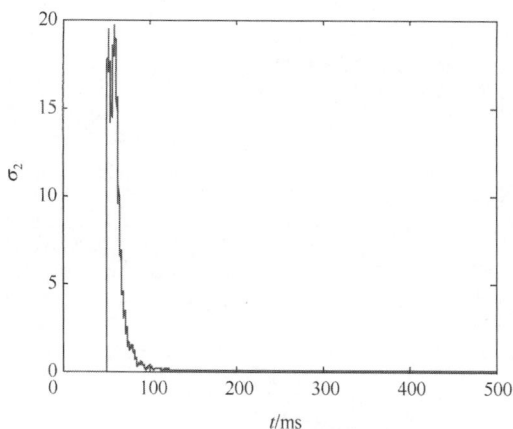

(b) 小世界网络

图 7.12 方差图显示扰动后的恢复时间（续）

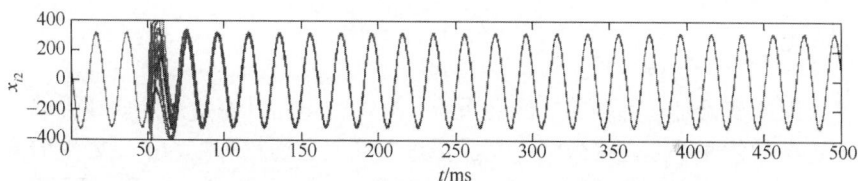

(a) 邻近耦合规则网络

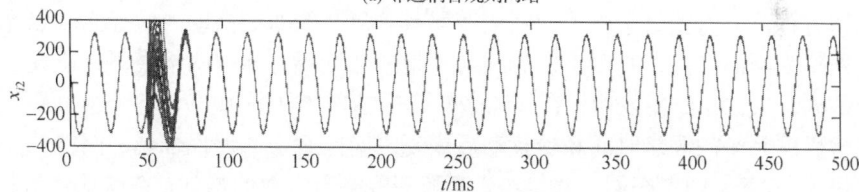

(b) 小世界网络

图 7.13 加扰动后的恢复时间时域图

3. 小世界网络节点数 N 对同步时间的影响

为进一步研究基于小世界网络模型的光伏微网系统的同步性能，以节点数 N 为变化参数，通过数值模拟的方法研究同步性能随节点数 N 的变化规律，图 7.14 显示基于小世界网络模型（$p=0.1$）和邻近耦合规则网络模型的光伏微网系统同步时间随节点数 N 的变化规律。由图可知，随着节点数 N 的增加，基于小世界网络模型的光伏微网系统的同步时间 T_{syn} 几乎维持不变，而在基于邻近耦合规则网络模型的光伏微网系统同步时间有明显的上升趋势，总体上看，小世界网络模型光伏微网系统同步时间远远小于邻近耦合规则网络模型光伏微网系统。

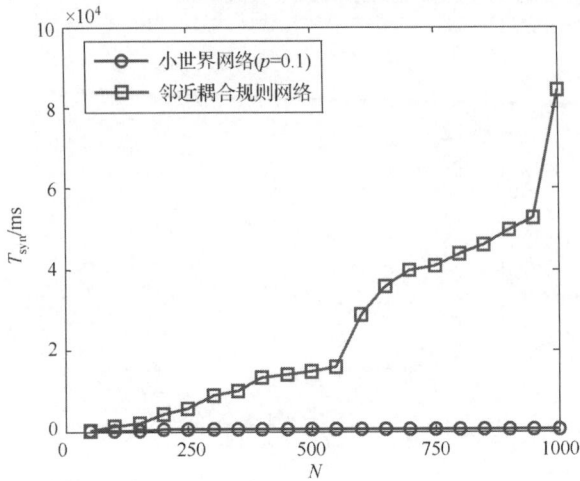

图 7.14　光伏微网系统同步时间随着网络节点数 N 变化

7.3.3　结论

光伏微网逆变器是一种强的非线性系统，其内部电路具有复杂的非线性动力学行为，在一定参数条件下，光伏微网逆变器会进入混沌运动状态。为了更好地研究光伏微网系统的同步，本书建立光伏微网逆变器严格的分段光滑状态方程，用四阶龙格-库塔法解方程，分岔图显示光伏微网逆变器有着复杂的非线性动力学行为。以光伏微网逆变器作为网络节点，基于小世界网络模型和邻近耦合规则网络模型，研究光伏微网系统的同步方法。结果表明，在节点数较小的情况下（$N<100$），基于小世界网络模型的光伏微网系统的同步时间和受扰动后恢复时间比基于邻近耦合规则网络的光伏微网系统快 5～6 倍，两者在同一数量级，而随着网络节点数的增加，前者比后者快 1～2 个数量级。本书的研究结果丰富了小世界网络在实际强非线性系统同步的应用研究，对光伏微网系统的同步控制方法设计具有较重要的指导意义和实用价值[66]。

7.4　面向对等结构孤岛光伏微网的相互耦合同步方法

针对孤岛微网光伏微电源并网发电的特性，需处理两种情况：一是光伏微电源以主-从结构并联；二是光伏微电源以对等结构并联。本节将解决光伏微电源以对等结构并联的同步控制问题。首先阐述当前相互耦合混沌系统同步方法，然后提出孤岛光伏微网的相互耦合同步方法并对其稳定性进行证明，最后通过仿真验证表明我们所提出同步方法的正确性和有效性。

7.4.1　相互耦合混沌系统同步方法

相互耦合混沌系统同步方法是一种面向对等结构的同步方法。20 世纪 80 年代 Gaponov-Grekhov 等研究流体湍流时提出了基于相互耦合的混沌同步方法。他们的研究表明，相互耦合的混沌系统在一定条件下能达到混沌同步。

混沌系统的耦合同步实质上是把耦合系统稳定到其状态空间 $(x, y) \in \mathbf{R}^{2n}$ 中的低维流形 $S = \{(x, y): y = x\}$ 上，S 可称为同步流形或吸引域。两个系统之间的耦合同步是通过它们的信号误差来实现的。

考虑 n 维自治系统：

$$\dot{x} = f(x) \tag{7.11}$$

式中，$x \in \mathbf{R}^n$ 为状态变量。

设另一与系统（7.11）的结构和参数相同的系统为

$$\dot{y} = f(y) \tag{7.12}$$

式中，$y \in \mathbf{R}^n$ 为系统状态变量，则相互耦合的系统的状态方程可表示为

$$\begin{cases} \dot{x} = f(x) + \delta_x (y_i - x_i) \\ \dot{y} = f(y) + \delta_y (x_i - y_i) \end{cases}, \quad i = 1, 2, \cdots, m, \quad m \leqslant n \tag{7.13}$$

式中，δ_x 和 δ_y 为相互耦合系统的耦合系数。

当 $t \to \infty$ 时，若

$$\|x - y\| \to 0 \tag{7.14}$$

成立，则表示相互耦合系统已同步。此时耦合项 $\delta_x (y_i - x_i)$、$\delta_y (x_i - y_i)$ 均趋于零。因此混沌系统通过耦合方式同步，不会改变原来混沌系统的动力学特性。

非线性动态系统通过相互耦合达到混沌同步的关键是耦合系数的选取问题，通常由构造 Lyapunov 函数或计算 Lyapunov 指数来决定。

7.4.2　面向对等结构孤岛光伏微网的相互耦合同步模型与方法

对等结构的孤岛微网的光伏微电源仅工作在电压型逆变器模式，等效于交流电压源，而不需要在电压型逆变器和电流型逆变器两种工作模式之间来回切换。为简便起见，本书用简化的单级逆变电路作为光伏微电源的核心论述对等结构孤岛微网的同步控制问题，其电路结构如图 7.8 所示[66]。

图中 U_{PV} 是光伏阵列的输出的直流电压；$S_1 \sim S_4$ 是由 4 个功率开关管构成的全桥电路；i_L, u_C 分别为并网滤波电感 L 电流和滤波电容 C 两端的电压；R_L 表示光伏微网的等效负载。u_{ref} 是由光伏微电源内部交流参考电压源提供的电压参考信号，表达式如下：

$$u_{\text{ref}} = A_{\text{m}} \sin(\omega t) \tag{7.15}$$

式中，A_{m} 是交流参考电压信号的幅值；ω 是交流参考电压信号的频率。

而光伏微网逆变器的分段光滑状态方程和式（7.4）～（7.8）一致。其中式（7.6）定义了 X_i 中参与耦合的元素，表示光伏微电源节点之间内部状态变量的耦合方式。若 $r_n = 1$，表示两个节点的第 n 个变量间有耦合；反之，$r_n = 0$ 表示两个节点的第 n 个变量间没有耦合。

在耦合矩阵 A 中，若节点 i 与节点 j 之间有连接，则有 $a_{ij} = a_{ji} = 1(i \neq j)$；否则 $a_{ij} = a_{ji} = 0(i \neq j)$。对于对角线元素 a_{ii} 有

$$a_{ii} = -\sum_{j=1, j\neq i}^{N} a_{ij} = -\sum_{j=1, j\neq i}^{N} a_{ji}, \quad i = 1, 2, \cdots, N \tag{7.16}$$

耦合矩阵 A 满足行和为零的耗散耦合条件，即 $\sum_{j=1}^{N} a_{ij} = 0$。

假设矩阵 A 是不可约的，这意味着网络是完全连接的，没有孤立节点。利用圆盘定理，可得到矩阵 A 有重数为 1 的零特征值，并且其他的特征值是负的。

由此，式（7.6）可写为

$$\dot{X}_i = f(X_i) + c \sum_{j=1}^{N} a_{ij} \varGamma X_j, \quad i = 1, 2, \cdots, N \tag{7.17}$$

本书以方程组（7.4）所示的光伏微电源非线性动力学模型作为节点，将 N 个光伏微电源组织成 BA 无标度结构的孤岛微网。

孤岛光伏微网中初始节点数为 m_0，每次引入一个节点以模拟一台光伏微电源接入微网，新引入的节点连接到 m 个已经存在的节点上，$m \leqslant m_0$。一个新节点与孤岛微网中已经存在的节点 i 的相连接的概率为

$$\varPi_i = \frac{d_i}{\sum_{j\neq i} d_j} \tag{7.18}$$

式中，d_i 是节点 i 的度；d_j 是节点 i 之外的任意节点。经过 t 次引入新节点后，构造出一个节点数为 $N = m_0 + t$，边数为 mt 的无权无向 BA 无标度网络，记录在耦合矩阵 A 中。

7.4.3　相互耦合同步方法同步稳定性证明

若当 $t \to \infty$ 时有

$$u_{\text{C}1}(t) \to u_{\text{C}2}(t) \to \cdots \to u_{\text{C}N}(t) \to s(t) \tag{7.19}$$

则称式（7.17）所表示孤岛微网达到完全同步。这里 $s(t)$ 是周期轨道。

耦合矩阵 A 的特征根均为实数，且可记为

$$0 = \lambda_1 > \lambda_2 \geq \lambda_3 \geq \cdots \geq \lambda_N \tag{7.20}$$

对于状态方程（7.17）关于同步状态 $s(t)$ 的线性化，令 ξ_i 为第 i 个节点状态的变分，得到变分方程如下：

$$\dot{\xi}_i = Df(s)\xi_i + c\sum_{j=1}^{N} a_{ij}\Gamma\xi_j \tag{7.21}$$

式中，$Df(s)$ 和 $\Gamma(s)$ 分别是 $f(s)$ 和 $\Gamma(s)$ 关于 s 的 Jacobi 矩阵。令 $\xi = [\xi_1, \xi_2, \cdots, \xi_N]$，则式（7.21）可写为

$$\dot{\xi} = Df(s)\xi + c\Gamma\xi A^{\mathrm{T}} \tag{7.22}$$

记 $A^{\mathrm{T}} = S\Lambda S^{-1}$ 为矩阵 A 的 Jordan 分解，Λ 为对角阵 $\Lambda = \mathrm{diag}(\lambda_1, \lambda_2, \cdots, \lambda_k, \cdots, \lambda_N)$，$\lambda_k$ 是 A 的特征值且有 $\lambda_1 = 0$，再令 $\eta = [\eta_1, \eta_2, \cdots, \eta_N] = \xi S$，则有

$$\dot{\eta} = Df(s)\eta + c\Gamma\eta\Lambda \tag{7.23}$$

式（7.23）可等价为

$$\dot{\eta}_k = [Df(s) + c\lambda_k\Gamma]\eta_k, \quad k = 2, 3, \cdots, N \tag{7.24}$$

若式（7.17）横截 Lyapunov 指数全为负值，则同步流形（7.23）是稳定的。

此时，式（7.17）的主稳定方程写为

$$\dot{y} = [Df(s) + \alpha\Gamma]y \tag{7.25}$$

式中，α 是使得主稳定方程最大特征值为负的实数。一般来说，很难得到方程（7.25）的解析解。实际上可以假设 $Df(s)$ 的时间平均值是大致相同的，并可用一个有效的时间平均 Lyapunov 指数 μ 来替换。在这种近似中，把 ξ_i 看做标量，因此这种近似使问题简化了，仅保留其相关特征，同时研究发现这种近似能够很好地描述相图的总体特征。通过这种近似，等式（7.25）可以写成：

$$\dot{y} = [\mu + \alpha\Gamma]y \tag{7.26}$$

设 $y = e^{\rho t}$ 为方程（7.26）的解，则有

$$\rho_{\max} = \mu + \alpha\gamma_{\max} \tag{7.27}$$

式中，$\gamma_{\max}$ 是 Γ 的最大特征值，当 $\rho_{\max} < 0$ 时，主稳定方程（7.25）是稳定的，即同步稳定。

当 $\rho < 0$ 时，由（7.27）得

$$\alpha < \frac{-\mu}{|\gamma_{\max}|} \tag{7.28}$$

式（7.17）的同步稳定范围是 $(-\infty, \alpha)$，当耦合矩阵 A 的最大非零特征值 λ_2 和节点间的耦合强度 c 满足条件：

$$c\lambda_2 < \alpha \tag{7.29}$$

即

$$c > \frac{\alpha}{\lambda_2} \qquad\qquad (7.30)$$

式（7.17）同步稳定，即微网电压同步稳定。可见只要 c 的值使足够大，微网电压就能稳定同步。

7.4.4　相互耦合同步方法的仿真验证与评价

本书将孤岛光伏微网的微电源组织成 BA 无标度网络，节点数为 $N=56$，初始节点数和新增节点连边数分别为 m_0, m，并有 $m_0 = m = 3$。构造的 BA 无标度网络耦合关系记录在耦合矩阵 A 中，本次仿真耦合矩阵 A 的最大非零特征值为 $\lambda_2 = -1.6188$。耦合矩阵 A 所描述的 BA 无标度网络节点之间的连接如图 7.15 所示。

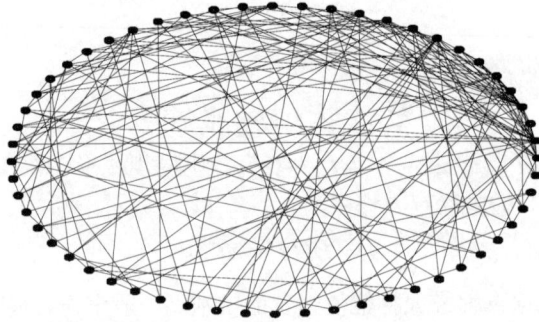

图 7.15　$N=56$，$m_0 = m = 3$ 的 BA 无标度网络

对拓扑结构为 BA 无标度网络孤岛光伏微网进行数值仿真观察到光伏微电源之间输出交流电压 u_C 的同步波形图和电压输出误差分别如图 7.16 和图 7.17 所示。

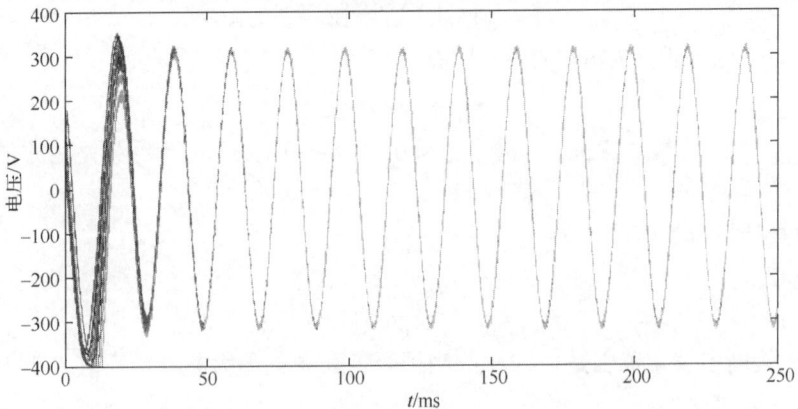

图 7.16　BA 无标度耦合网络电压波形同步效果

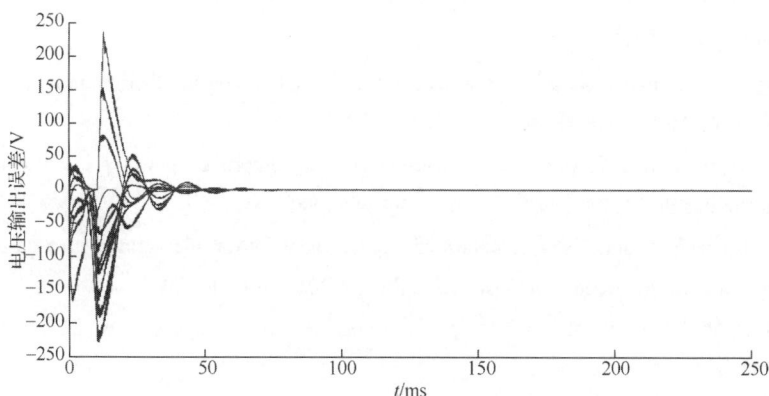

图 7.17　光伏微电源输出电压之间的电压差

　　由仿真得到的波形图和输出误差图可知，孤岛微网中的所有组织成 BA 无标度网络的光伏微电源在相互耦合同步方法的作用下大约 60μs 就实现了输出电流的完全同步。可见相互耦合同步法用于对等结构的孤岛光伏微网可以取得很好的交流电压同步效果。

参 考 文 献

[1]　杨向真. 微网逆变器及其协调控制策略研究. 合肥: 合肥工业大学, 2011.

[2]　El-Khattam W, Salama M M A. Allocation of distributed generation units in electric power systems: A review. Renewable and Sustainable Energy Reviews, 2016, 56(4): 893-905.

[3]　Nguyen M Y, Nguyen V T, Yoon Y T. Three-wire network: A new distribution system approach considering both distributed generation and load requirements. International Transactions on Electrical Energy Systems, 2013, 23(5): 719-732.

[4]　Mariam L, Basu M, Conlon M F. A review of existing microgrid architectures. Journal of Engineering, 2013, Article ID 937614.

[5]　Ye L, Sun H B, Song X R, et al. Dynamic modeling of a hybrid wind/ solar/ hydro microgrid in EMTP/ATP. Renewable Energy, 2012, 39(1): 96-106.

[6]　Tong Y N, Li C L, Zhou F. Synchronization control of single-phase full bridge photovoltaic grid-connected inverter. Optik, 2016, 127(4): 1724-1728.

[7]　IEEE Standards Coordinating Committee. IEEE Standard for Interconnecting Distributed Resources with Electric Power Systems. New York: IEEE Press, 2003.

[8]　Lasseter R, Akhil A, Marnay C, et al. The CERTS microgrid concept. Washington D C: US Department of Energy, 2002.

[9]　Lasseter R H, Eto J H, Schenkman B, et al. CERTS microgrid laboratory test bed. IEEE Transactions

on Power Delivery. 2011, 26(1): 325-332.

[10] Nikkhajoei H. Distributed generation interface to the CERTS microgrid. IEEE Transactions on Power Delivery, 2009, 24(3): 1598-1608.

[11] Fang X, Misra S, Xue G, et al. Smart grid-the new and improved power grid: A survey. IEEE Communications Surveys & Tutorials, 2012, 14(4): 944-980.

[12] Zhang Y, Gatsis N, Giannakis G B. Robust energy management for microgrids with high-penetration renewables. IEEE Transactions on Sustainable Energy, 2013, 4(4): 944-953.

[13] Lasseter R H. Smart distribution: Coupled microgrids. Proceedings of the IEEE, 2011, 99(6): 1074-1082.

[14] Balaguer I J, Lei Q, Yang S, et al. Control for grid-connected and intentional islanding operations of distributed power generation. IEEE Transactions on Industrial Electronics, 2011, 58(1): 147-157.

[15] DOE US. Grid 2030: A National Vision For Electricity's Second 100 Years. http://energy.gov/sites/prod/files/oeprod/DocumentsandMedia/Electric_Vision_Document. pdf [2015-04-24].

[16] 中华人民共和国国务院. 国家中长期科学和技术发展规划纲要(2006—2020年). http://www.gov.cn/jrzg/2006-02/09/content_183787_3. htm [2015-04-22].

[17] 中华人民共和国国务院. 国家重大科技基础设施建设中长期规划(2012—2030年). http://www.miit. gov. cn/n11293472/n11293832/n11294042/n11302345/15317811. html [2015-04-22].

[18] Marnay C, Kroposki B, Mao M, et al. The Tianjin 2014 symposium on microgrids: A meeting of the minds for international microgrid experts. IEEE Electrification Magazine, 2015, 3(1): 79-85.

[19] Olivares D E, Mehrizi-Sani A, Etemadi A H, et al. Trends in microgrid control. IEEE Transactions on Smart Grid, 2014, 5(4): 1905-1919.

[20] Romankiewicz J, Marnay C, Zhou N, et al. Lessons from international experience for China's microgrid demonstration program. Energy Policy, 2014, 67: 198-208.

[21] Zhu X, Han X, Qin W, et al. Past, today and future development of micro-grids in China. Renewable and Sustainable Energy Reviews, 2015, 42: 1453-1463.

[22] Dobakhshari A S, Azizi S, Ranjbar A M. Control of microgrids: Aspects and prospects. 2011 IEEE International Conference on Networking, Sensing and Control (ICNSC), 2011: 38-43.

[23] Tao L, Schwaegerl C, Narayanan S, et al. From laboratory microgrid to real markets—Challenges and opportunities. 2011 IEEE 8th International Conference on Power Electronics and ECCE Asia (ICPE & ECCE), 2011: 264-271.

[24] Mohamed Y A R I, Radwan A A. Hierarchical control system for robust microgrid operation and seamless mode transfer in active distribution systems. IEEE Transactions on Smart Grid, 2011, 2(2): 352-362.

[25] Mohamed Y A R I, Zeineldin H H, Salama M M A, et al. Seamless formation and robust control of distributed generation microgrids via direct voltage control and optimized dynamic power sharing. IEEE Transactions on Power Electronics, 2012, 27(3): 1283-1294.

[26] 廖志贤, 罗晓曙, 黄国现. 两级式光伏并网逆变器建模与非线性动力学行为研究. 物理学报, 2015, 64 (13): 130503.

[27] 吴军科, 周雏维, 卢伟国. 电压型逆变器的通用分岔控制策略研究. 物理学报, 2012, 61(21): 210202.

[28] Wang X, Chen Y, Han G, et al. Nonlinear dynamic analysis of a single-machine infinite-bus power system. Applied Mathematical Modelling, 2015, 39 (10-11): 2951-2961.

[29] 罗晓曙, 汪秉宏, 陈关荣, 等. DC/DC buck 变换器的分岔行为及混沌控制研究. 物理学报, 2003, 52(1): 12-17.

[30] 贤燕华, 罗晓曙, 翁甲强. 高维并联 BUCK 变换器的分段光滑动力学模型. 广西师范大学学报 (自然科学版), 2004, 22(2): 5-9.

[31] Iu H H C, Tse C K. Study of low-frequency bifurcation phenomena of a parallel-connected boost converter system via simple averaged models. IEEE Transactions on Circuits and Systems-I, 2003, 50(5): 679-685.

[32] Xu C D, Cheng K W E. Examination of bifurcation of the non-linear dynamics in buck-boost converters with input capacitor rectifier. IET Power Electronics, 2011, 4(2): 209-217.

[33] Daho I, Giaou Ris D, Zahawi B, et al. Stability analysis and bifurcation control of hysteresis current controlled Cuk converter using Filippov's method. Proceeding of 4th IET Conference on Power Electronics, Machines and Drives, London, 2008: 381-385.

[34] Wong S C, Wu X Q, Tse C K. Sustained slow-scale oscillation in higher order current-mode controlled converter. IEEE Transactions on Circuits and Systems-Ⅱ, 2008, 55(5): 489-493.

[35] Wang X M, Zhang B, Qiu D Y. Bifurcations and chaos in H-bridge DC chopper under peak-current control. Proceedings of the 11th International Conference on Electrical Machines and Systems, Beijing, 2008: 2173-2177.

[36] Li M, Dai D, Ma X K, et al. Fast-scale period-doubling bifurcation in voltage-mode controlled full-bridge inverter. IEEE International Symposium on Circuits and Systems, New York, 2008: 2829-2832.

[37] 胡乃红, 周宇飞, 陈军宁. 单相 SPWM 逆变器快标分叉控制及其稳定性分析. 物理学报, 2012, 61(13): 50-57.

[38] 廖志贤, 罗晓曙, 黄国现. 光伏并网逆变器的非线性动力学研究. 广西师范大学学报(自然科学版), 2013 (4): 1-6.

[39] Blaabjerg F, Teodorescu R, Liserre M, et al. Overview of control and grid synchronization for distributed power generation systems. IEEE Transactions on Industrial Electronics, 2006, 53(5): 1398-1409.

[40] https://www.entsoe.eu/fileadmin/user_upload/_library/publications/entsoe/Operation_Handbook/Policy_1_Appendix%20_final. Pdf.

[41] IEEE Standards Coordinating Committee. IEEE Standard for Interconnecting Distributed Resources

With Electric Power Systems. New York: IEEE Press, 2005.

[42] Zamora R, Srivastava A K. Controls for microgrids with storage: Review, challenges, and research needs. Renewable and Sustainable Energy Reviews, 2010, 14(7): 2009-2018.

[43] Mehrizi-Sani A, Iravani R. Potential-function based control of a microgrid in islanded and grid-connected modes. IEEE transactions on Power systems, 2010, 25(4): 1883-1891.

[44] Chandorkar M C, Divan D M, Adapa R. Control of parallel connected inverters in standalone AC supply systems. IEEE Transactions on Industry Applications, 1993, 29(1): 136-143.

[45] Yu X, Khambadkone A M, Wang H, et al. Control of parallel-connected power converters for low-voltage microgrid-Part I: A hybrid control architecture. IEEE Transactions on Power Electronics, 2010, 25(12): 2962-2970.

[46] de Brabandere K, Bolsens B, van den Keybus J, et al. A voltage and frequency droop control method for parallel inverters. IEEE Transactions on Power Electronics, 2007, 22(4): 1107-1115.

[47] Guerrero J M, Matas J, de Vicuna L G, et al. Decentralized control for parallel operation of distributed generation inverters using resistive output impedance. IEEE Transactions on Industrial Electronics, 2007, 54(2): 994-1004.

[48] Lasseter R H. Microgrids. Power Engineering Society Winter Meeting, 2002, 1: 305-308.

[49] Johnson B B, Dhople S V, Cale J L, et al. Oscillator-based inverter control for islanded three-phase microgrids. IEEE Journal of Photovoltaics, 2014, 4(1): 387-395.

[50] Serban E, Serban H. A control strategy for a distributed power generation microgrid application with voltage and current-controlled source converter. IEEE Trans. Power Electron, 2010, 25(12): 2981-2992.

[51] Mishra S, Ramasubramanian D, Sekhar P C. A seamless control methodology for a grid connected and isolated PV-diesel microgrid. IEEE Trans. Power Systems, 2013, 28(4): 4393-4404.

[52] Simpson-Porco J W, Dorfler F, Bullo F. Synchronization and power sharing for droop-controlled inverters in islanded microgrids. Automatica, 2013, 49(9): 2603-2611.

[53] Dorogovtsev S N. Lectures on Complex Networks. New York: Oxford University Press, 2010.

[54] 周涛, 张子柯, 陈关荣, 等. 复杂网络研究的机遇与挑战. 电子科技大学学报, 2014, 43(1): 1-5.

[55] Jahnke S, Memmesheimer R M, Timme M. Hub-activated signal transmission in complex networks. Phys. Rev. E, 2014, 89(10): 030701.

[56] Watts D J, Strogatz S H. Collective dynamics of 'small world' networks. Nature, 1998, 393: 440-442.

[57] Barabási AL, Albert R. Emergence of scaling in random networks. Science, 1999, 286: 509-512.

[58] Skardal P S, Taylor D, Sun J. Optimal synchronization of complex networks. Phys. Rev. Lett. , 2014, 113 (14): 144101.

[59] Dörfler F, Chertkov M, Bullo F. Synchronization in complex oscillator networks and smart grids. Proc. Natl. Acad. Sci., 2013, 110 (6): 2005-2010.

[60] Wang Q Y, Chen G, Perc M. Synchronous bursts on scale-free neuronal networks with attractive and repulsive coupling. PLoS ONE, 2011, 6(1): e15851.

[61] Motter A E, Myers S A, Anghe M, et al. Spontaneous synchrony in power-grid networks. Nature Physics, 2013, 9: 191-197.

[62] 方锦清, 汪小帆, 郑志刚. 非线性网络的动力学复杂性的研究. 复杂系统与复杂性科学, 2010, 7(2-3): 5-9.

[63] Han F, Lu Q S, Wiercigroch M, et al. Firing synchronization of learning neuronal networks with small-world connectivity. International Journal of Non-Linear Mechanics, 2012, 47(10): 1161-1166.

[64] Yu H T, Wang J, Liu C, et al. Delay-induced synchronization transitions in small-world neuronal networks with hybrid electrical and chemical synapses. Physica A, 2013, 392(21): 5473-5480.

[65] Wang X F, Chen G R. Synchronization in small-world dynamical networks. International Journal of Bifurcation and Chaos, 2002, 12(1): 187.

[66] 廖志贤, 罗晓曙. 基于小世界网络模型的光伏微网系统同步方法研究. 物理学报, 2014, 63(23): 90-96.

第 8 章　1kW 单相并网光伏发电系统的软硬件设计

现代电力电子技术正朝着数字化、智能化、高精度、高集成度的方向发展，与此相对应，各种高性能的 DSP 处理器产品已经被开发出来。其中最具代表性的是美国 TI 公司的 C2000 系列 DSP 处理器，其 TMS320F28xx 控制芯片是一款低成本、低功耗、高性能的 DSP 处理器。TMS320F28xx 是针对电力电子、测控和电机控制应用而开发的，其内部集成了丰富的存储器和不同外设模块，其中的时间管理模块、高精度 A/D 转换器模块对电机和逆变器控制特别有利。DSP 处理器在光伏并网逆变器控制这种需要进行大量数据处理的领域已经得到广泛的应用[1-3]。

因此，在前面理论研究和仿真模拟的基础上，本章采用前述改进的电流预测同步控制方法，基于 TI 的 C2000 系列 DSP 处理器 TMS320F28035，设计了针对频率为50Hz、电压有效值为220V 单相电网的 1kW 单相光伏并网逆变器样机。单相光伏并网逆变器样机由 DC/DC 变换器（包含 MPPT）、DC/AC 变换器、输出滤波器、DSP 核心控制电路等模块构成，其中功率开关管采用高速 MOS 管。本章给出了系统详细的硬件电路及软件设计方案，并将光伏并网逆变器样机接入公共电网进行并网实验，验证所改进的同步控制算法的可行性。

8.1　系统总体结构

单相光伏并网逆变器样机采用两级结构，其中 DC/DC 是前级升压及 MPPT 模块，DC/AC 模块是后级逆变模块，其总体结构如图 8.1 所示。系统主要包括光伏阵列、光伏并网逆变器功率电路、辅助电源、隔离驱动、DSP 控制核心等模块。其中，光伏并网逆变器功率包括 DC/DC、MPPT、DC/AC、输出滤波等电路。辅助电源将光伏阵列输出的电压转换成稳定的直流电压，为控制核心电路供电。隔离驱动模块将 DSP 控制核心输出的控制信号进行隔离放大后，控制功率开关管。输出滤波模块对并网逆变器的输出电压和电流进行滤波，抑制输出电流谐波，确保注入电网的电流符合国家并网标准的要求。DSP 控制核心主要负责对光伏阵列、并网逆变器、电网的电压和电流信号进行采样，并实现光伏并网逆变器所有的控制算法。

光伏并网逆变器的功率电路部分，采用交错并联正激电路拓扑实现 DC/DC 变换器和全桥电路拓扑结构的 DC/AC 变换器。光伏阵列的电压允许范围是 25～65V。

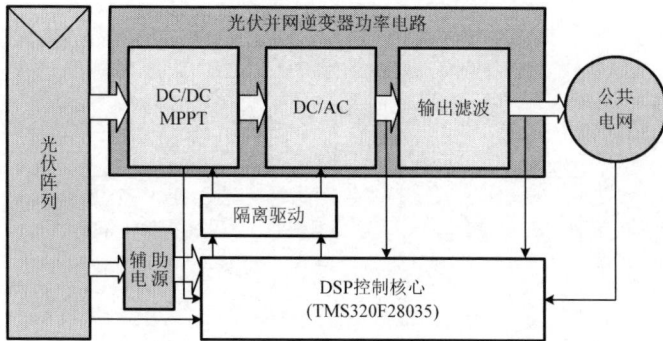

图 8.1　单相光伏并网逆变器样机总体结构图

8.1.1　硬件设计

第 2 章已经讨论了本章研究所采用的主电路拓扑，如图 2.1 所示。本章继续讨论单相光伏并网逆变器其他各电路模块的设计，主要包括 DSP 核心电路、驱动电路、信号采集电路、辅助电源电路的设计。

8.1.2　DSP 核心电路设计

TI 公司 F2803x Piccolo 系列的 DSP 处理器 TMS320F28035，为光伏并网逆变器设计提供了一个低成本、高性能的解决方案。该处理器采用 32 位 TMS320C28x 高性能的内核，系统时钟可达 60MHz，指令周期 16.67ns。TMS320F28035 具有非常丰富的片上资源，如片上存储器、高速 A/D 转换器、硬件乘法器、增强型的 PWM 信号产生模块等。根据本章研制样机所用到的 DSP 处理器（80-pin PN LQFP）内部资源情况，将相关的资源列成表格，如表 8.1 所示。

表 8.1　研制样机主要用到的 TMS320F28035 相关资源参数

资源		参数
指令周期/ns		16.67
控制加速器/个		1
片上 FLASH/Word		64K
片上 SARAM/Word		10K
增强型 PWM 输出/路		14
32 位 CPU 定时器/个		3
12 位分辨率 ADC	采样率/MSPS	4.6
	转换周期/ns	216.67
	通道数/路	16
I/O 资源	通用 I/O 口/pin	45
	模拟输入 I/O 口/pin	6

图 8.2 是 TMS320F28035 核心电路，包括 JTAG 调试接口电路、晶振电路、DSP 主电路。由于 TMS320F28035 片内集成了上电、掉电复位电路，因此这里不设计外部

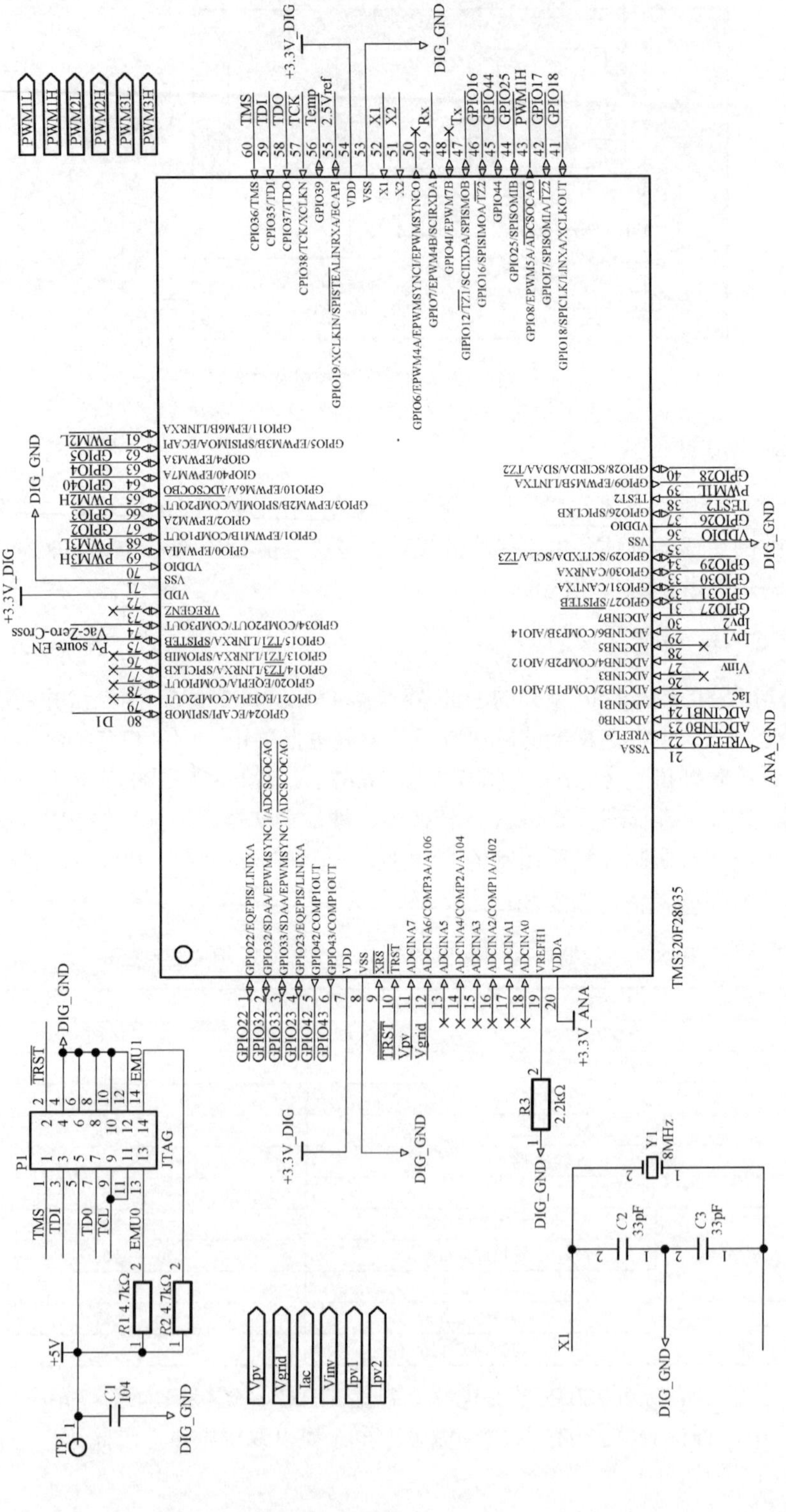

图 8.2　TMS320F28035 核心电路

复位电路。图中,ADCINA6、ADCINA7、ADCINB2、ADCINB4、ADCINB6、ADCINB7
等模拟输入管脚分别接电网电压、光伏阵列电压、输出电流、逆变器输出电压、两个高
频变压器初级电流等采样信号。PWM1L 和 PWM1H 为前级 DC/DC 转换器的 PWM 控制
信号,PWM2L、PWM2H、PWM3L、PWM3H 为后级 DC/AC 转换器的 PWM 控制信号。

8.1.3　驱动电路设计

前级 DC/DC 变换器的并联正激变换器中,每个变压器初级采用一个开关 MOS 管,
为了能够可靠地驱动 MOS 管,需将 DSP 所产生的 PWM 信号进行放大,即需要设计
MOS 管的驱动电路。如图 8.3 所示,DC/DC 变换器的 MOS 管驱动电路采用 MCP14E4
将 DSP 输出的小信号 PWM(0V 或 3.3V)转换成大信号(0V 或 12V)的 PWM。图
中,输入端是 PWM_IN1,与 DSP 的 I/O 端口相连接,输出端是 PWM_OUT1,与开
关 MOS 管的 G 极连接。

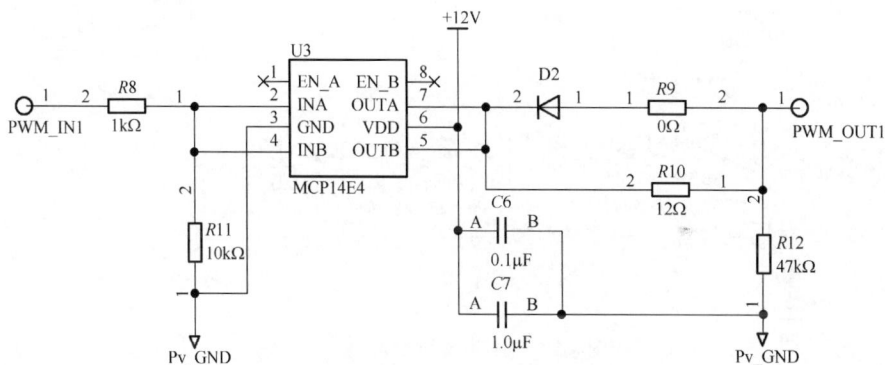

图 8.3　DC/DC 变换器的 MOS 管驱动电路

图 8.4 是 DC/AC 变换器的 MOS 管隔离驱动电路,由于全桥电路中每个桥臂的上
管的 S 极接的是悬浮地,因此用光耦器件对输入输出驱动信号进行隔离,并且每个桥
臂的上管分别使用独立的 12V 电源。两个桥臂的下管可以共用一个 12V 电源。

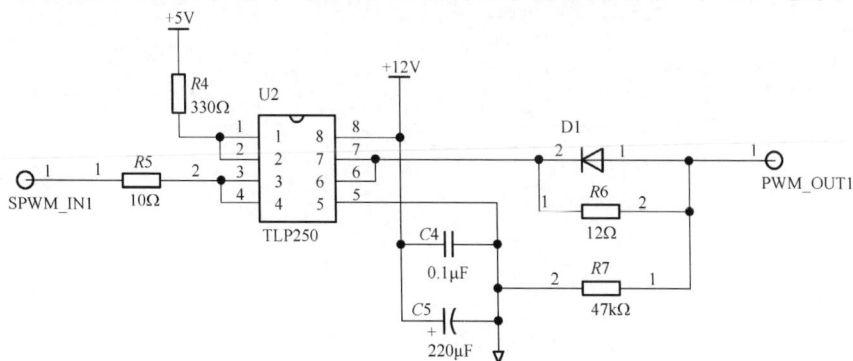

图 8.4　DC/AC 变换器的 MOS 管隔离驱动电路

　　两个驱动电路中，输出信号限流电阻（$R6$）两端反并联一个快速二极管，以提高 MOS 管的关断速度。

8.1.4　信号采集电路设计

　　光伏并网逆变器的同步控制需要电网电压的同步信号，通过检测过零点可以获得同步信号，图 8.5 是电网电压的过零检测电路。图中，Vac_N 和 Vac_L 分别接电网的零线和火线，电网交流电压信号加上 2.5V 的补偿电压，经过一个差分放大电路后，输入到比较器 U11C 的反相端，与 2.5V 电压进行比较。当电网电压信号正向过零时，比较器的输出信号由 3.3V 变成 0V；反之，当电网电压信号负向过零时，比较器的输出信号由 0V 变成 3.3V。比较器的输出信号驱动三极管 Q5 的基极，Q5 的集电极与 DSP 的 I/O 口连接。

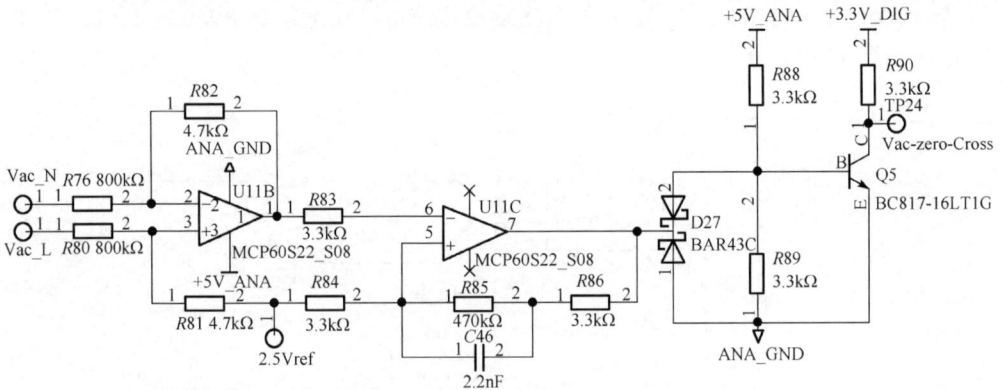

图 8.5　电网电压过零检测电路

　　图 8.6 是光伏并网逆变器输出电流检测电路，图中，Iout 是霍尔效应线性电流传感器的输出信号，$R147$ 和 $R155$ 构成的分压电路作为运算放大器的同相端输入信号，经差分运算后的信号输入同相放大器 U14C，然后输出信号连接到 DSP 的模拟输入端口。

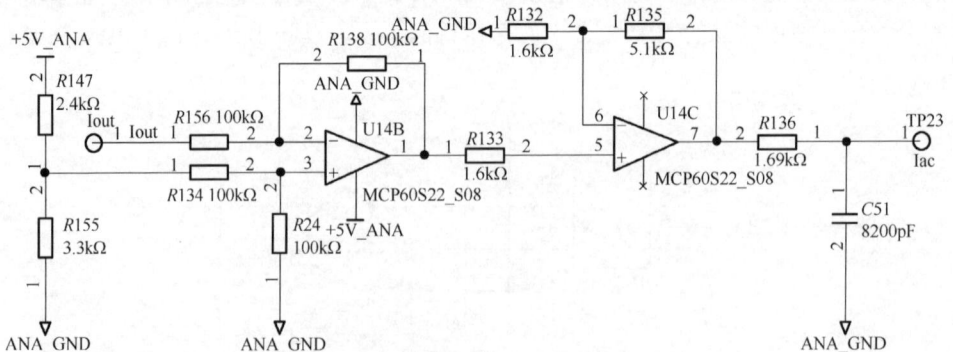

图 8.6　光伏并网逆变器输出电流检测电路

电网电压和光伏并网逆变器输出电压检测电路形式一样，其电路如图 8.7 所示。

电网电压/光伏并网逆变器输出电压交流信号按比例缩小后，加上 2.5V 的补偿电压，将交流信号转换成适合于输入 DSP 的电压信号。

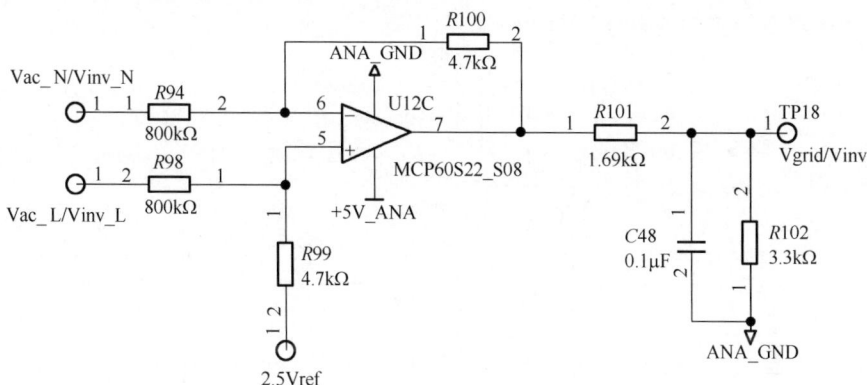

图 8.7　电网电压/光伏并网逆变器输出电压检测电路

图 8.8 是 DC/DC 模块的电流检测电路。采用电流互感器将正激变压器的初级电流转换成合适的电压信号后输入到运算放大器 U13B 的同相端，运算放大器 U13B、电阻 R119 构成同相放大器电路。

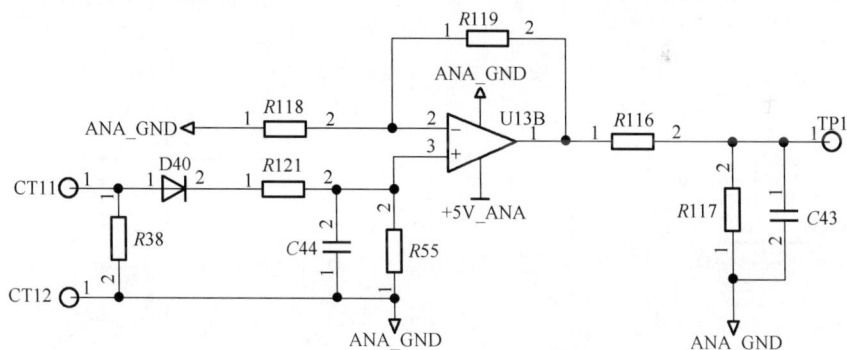

图 8.8　DC/DC 模块的电流检测电路

8.1.5　辅助电源电路设计

如图 8.9 所示，使用一个 Buck 变换器，该变换器的输出电压计算公式为

$$u_0 = 2.5 \times \frac{R35 + R34}{R34} \tag{8.1}$$

为了将光伏阵列输出电压转换成 12V 的稳定直流电压，选择 R35=8.2kΩ，R34=2.15kΩ，其中 R34 由一个 2kΩ 和一个 150Ω 的电阻组合得到。

如图 8.10 所示，使用一片 LM1117 直流稳压电源芯片，将 12V 的直流电压转换成 5V 的稳定直流电压，再用另一片 LM1117 将 5V 的直流电压转换成 3.3V 的稳定直流电压。最后，3.3V 的直流电压分为模拟电源+3.3V_ANA 和数字电源+3.3V_DIG，两者用 10μH 的电感隔离。同样地，数字地和模拟地也通过 0Ω 电阻或磁珠进行隔离，以避免数字电路对模拟电路产生干扰。

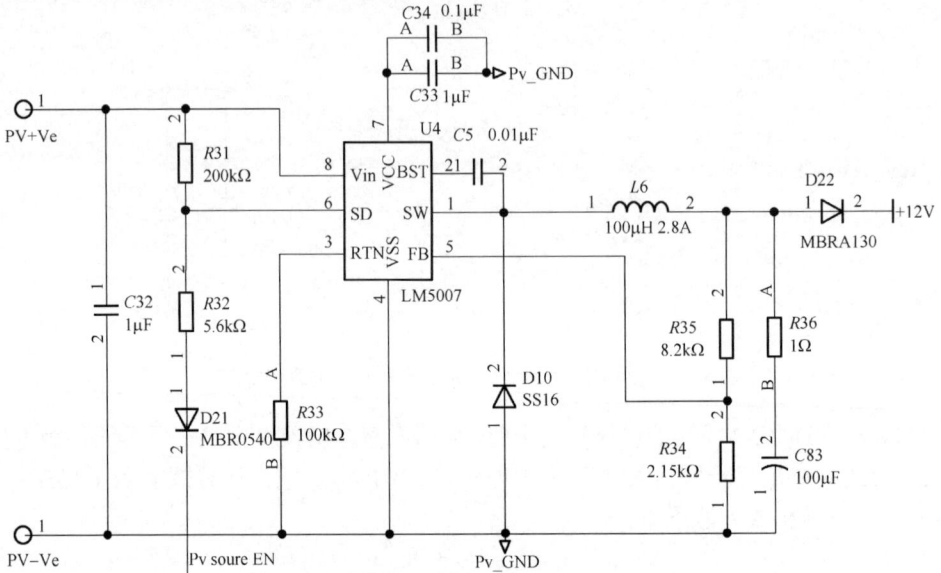

图 8.9　辅助电源电路 I

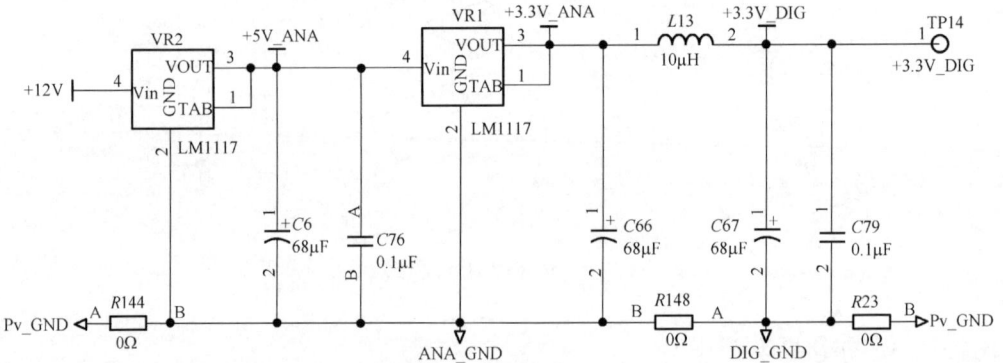

图 8.10　辅助电源电路 II

8.2　系统软件设计

8.2.1　系统软件总体结构

本章基于 Code Composer Studio 3.3 集成开发环境，采用 C 语言编程研制光伏并网逆变器样机。系统软件主要分为三大部分：系统初始化模块、主程序模块、中断服务程序模块。软件总体结构如图 8.11 所示。

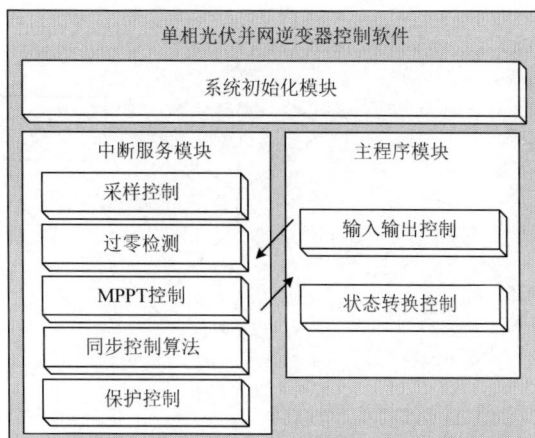

图 8.11　光伏并网逆变器控制软件总体框图

1. 系统初始化模块

系统复位后，调用初始化程序模块，对 DSP 的看门狗、时钟、A/D 转换器、I/O 口及中断系统等内部资源进行初始化，并初始化系统定义的所有变量。

2. 主程序模块

主程序模块包括输入输出控制和状态转换控制，输入输出控制主要是通过 SCI（UART）通信接口，接收用户的输入命令或向用户输出数据。状态转换控制实现系统各种状态之间的转换，如系统出错、系统正常、白天模式、夜晚模式等状态的转换。

3. 中断服务程序模块

所有关键控制程序均在中断服务程序模块中实现。中断服务程序模块包含定时器中断、A/D 中断、PWM 中断、过零检测中断 4 个中断服务子程序。PWM 中断和定时器中断决定 A/D 采样点位置，A/D 中断服务程序中实现同步控制算法，定时器中断服务程序则实现 MPPT 和保护控制。

在 A/D 中断服务子程序中，对光伏并网逆变器的前级 DC/DC 变换器和后级 DC/AC 变换器的电压电流信号进行采样，并判断电流电压是否在正常值范围内，若不在正常值范围内则进入故障处理程序。若电压电流值正常，则对前级开关 MOS 管进行电流平衡控制，并判断后级采样点的位置。当后级采样点是 $(kT_s - T_d)$ 时刻，则开始启动电流同步控制算法；否则将电压电流信号序列存储在内存中，以备后续其他控制模块如 DPLL 模块利用。A/D 中断服务程序流程如图 8.12 所示。

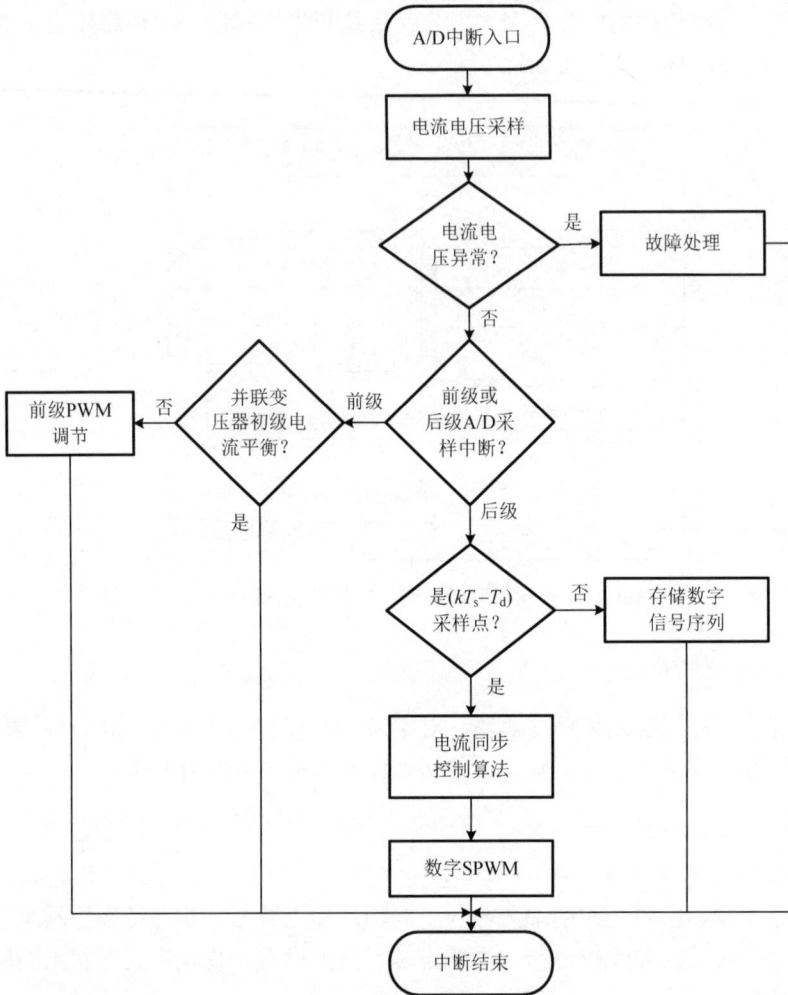

图 8.12   A/D 中断服务程序流程图

8.2.2   相位同步控制的软件设计

基于 DSP 的数字化相位同步控制，是先获得公共电网的正弦电压周期值，再结合光伏并网逆变器的开关频率计算出相位步长 $\Delta\theta$。控制过程中，以过零点为起点，对相位步长 $\Delta\theta$ 进行积分（累积和），即可获得相位信息，从而控制光伏并网逆变器输出电流相位与公共电网电压相位同步，达到同频同相输出的目的。相位同步控制程序流程如图 8.13 所示，当过零检测电路产生一个硬件过零信号，就会触发硬件过零检测中断，在中断服务程序中，先计算硬件过零中断周期 T_{ZHW}，并判断 T_{ZHW} 是否在正常值范围内，若异常，则退出中断子程序，否则根据 A/D 中断中所采样的电网电压数字信号序列计算软件过零周期 T_{ZSF}。由于两个过零点间隔是电网正弦电压的半个周期，因此电网正弦电压的周期 $T_g = T_{ZSF} + T_{ZHW}$。接下来根据 T_g 及开关频率计算并调整相位步长 $\Delta\theta$，实现 DPLL。

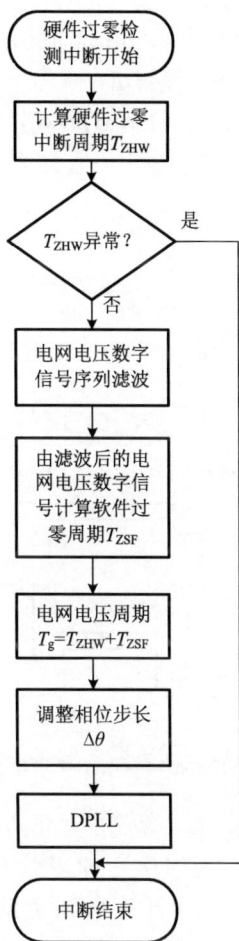

图 8.13　相位同步控制程序流程图

8.2.3　电流预测同步控制的软件设计

由前述电流预测同步方法的理论分析可知，一旦电流预测同步算法计算出光伏并网逆变器下一个开关周期的输出电压值，即 k 时刻之后的输出电压 $u_{inv}(k)$，就可以由该电压值计算出对应 DSPWM（数字正弦脉宽调制）信号的脉冲宽度 $T_{on}(k)$，$T_{on}(k)$ 的计算方法如下：

$$T_{on}(k) = \frac{u_{inv}(k)}{U_{dc}} \cdot T_s \tag{8.2}$$

式中，U_{dc} 是 DC/DC 变换器输出直流母线上的电压。

在 DSP 中实现 DSPWM 控制信号的产生，其原理示意图如图 8.14 所示。DSPWM 的产生利用 TMS320F28035 的 ePWM 模块，通过 TBPRD 寄存器设置功率 MOS 管的开关周期 T_s，比较寄存器 CMPA/CMPB 设置 PWM 信号的脉冲宽度 $T_{on}(k)$，产生了全桥电路 4 个开关功率 MOS 管的控制信号 EPWM1A、EPWM1B、EPWM2A、EPWM2B。其中，EPWM1A、EPWM1B 分别是左桥臂上、下管的驱动信号，EPWM2A、EPWM2B 分别是右桥臂上、下管的驱动信号。

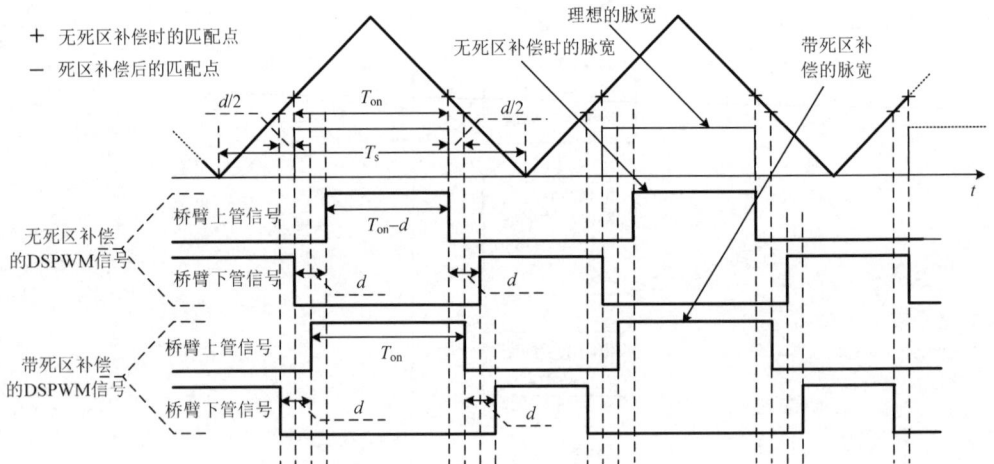

图 8.14　DSPWM 信号产生原理示意图

在光伏并网逆变器的全桥电路中，每个桥臂的上下两个开关 MOS 管是串联连接的，对应的两路控制信号是互补的信号，实际的开关 MOS 管不是理想的开关，两路理想的互补控制信号驱动这两个开关 MOS 时，由于开关 MOS 管的开关延迟，会导致桥臂的直通故障[4-6]，因此，在实际控制中需要在 PWM 信号加入死区时间。TMS320F28035 的 ePWM 模块实现死区控制的方法是利用寄存器 DBRED、DBFED 设置一个脉宽前后两个死区时间长度，在本章的样机研制中，一个脉宽前后两个死区时间长度均为 d。

DSPWM 控制信号的死区时间对光伏并网逆变器的输出精度有一定的影响，因此死区补偿技术已经被广泛地研究。图 8.14 中无死区补偿的控制信号脉冲宽度比理想的脉宽小，其误差值为 d，导致输出存在一定的误差。单极性 DSPWM 控制是一种易于数字实现、谐波抑制能力很好的控制方法，因此本章采用的是单极性 DSPWM 控制。基于单极性 DSPWM 控制方法，可以方便地实现死区补偿。根据前述光伏并网逆变器全桥电路的工作过程分析可知，逆变器输出电压由上管驱动信号脉冲宽度 T_{on} 决定，因此可以利用脉宽补偿的方法，对死区时间进行补偿。如图 8.14 中带死区补偿的 DSPWM 信号，实际上是将前后匹配点的位置分别向左、向右移动 $d/2$，上下两个功率管控制信号仍存在死区时间 d，但是桥臂上管的驱动信号脉宽与理想的驱动信号脉宽一样为 T_{on}，死区对输出的影响已经被消除。根据上述 DSPWM 控制信号产生方法及前述改进的电流预测同步控制方法，设计光伏并网逆变器的电流预测同步控制程序，其程序流程如图 8.15 所示。

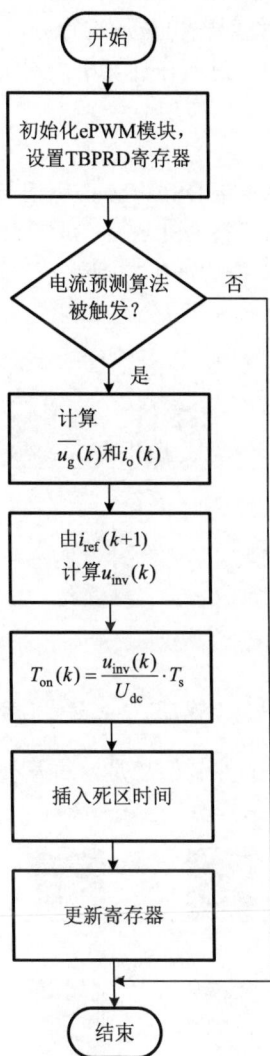

图 8.15　光伏并网逆变器的电流预测同步控制程序流程图

8.3　实验结果

　　基于 DSP 的 1kW 单相光伏并网逆变器样机设计完成后，在 220V、50Hz 的交流电网环境下进行测试实验，分别在不同输出功率条件下，测试并网逆变器的输出电流和驱动信号波形。测试所采用的仪器是 Tektronix 系列的 TDS2002B 高速数字存储示波器。TDS2002B 示波器具有 60MHz 的测量带宽，采样率高达 1GS/s，测试波形可以以图形方式和数据序列方式存储，方便对输出波形进行分析。通过 USB 接口，可以将波形图形和数据读取到 U 盘存储器中，进而在计算机上对波形进行分析。

8.3.1　驱动信号测试实验

　　光伏并网逆变器全桥电路需要 4 路 DSPWM 控制信号驱动 4 个功率开关管。一个 ePWM 模块输出两路带死区时间的互补 DSPWM 信号，分别控制一个桥臂上的两个功率开关管。全桥电路需两个 ePWM 模块产生控制信号，两个 ePWM 模块输出的桥臂上管驱动信号波形如所图 8.16 示。

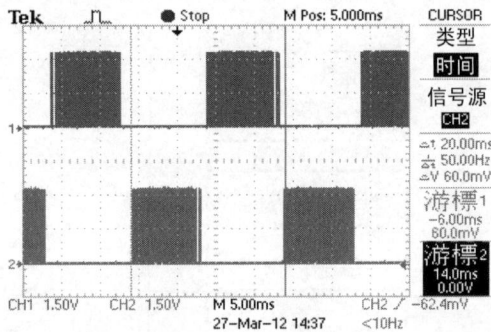

图 8.16　左右桥臂上管 DSPWM 控制信号波形图

　　同一个桥臂的两个功率开关管的控制信号是一对互补 DSPWM，如图 8.17 所示。

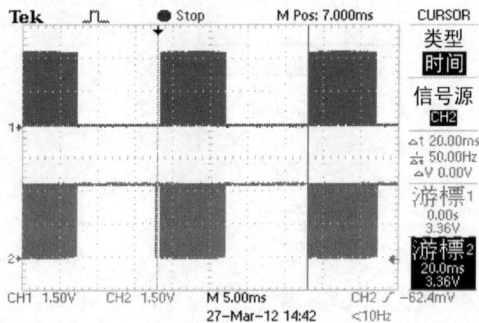

图 8.17　单个桥臂上下管的 DSPWM 控制信号波形图

如前所述，为了避免同一桥臂两个功率开关管的直通危险，两路互补 DSPWM 信号需要插入死区时间，带死区的互补信号如图 8.18 所示，图中显示死区时间为 800.0ns。

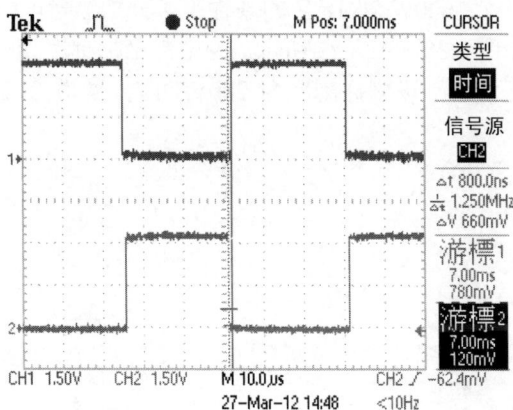

图 8.18　同一桥臂上下管 DSPWM 信号死区时间

8.3.2　电网同步信号测试实验

精确、可靠地获得电网电压的同步信号，对光伏并网逆变器的同步控制是至关重要的环节。在本设计中，通过检测电网电压的过零点来提取电网电压同步信号，在负向过零时，同步脉冲信号产生一个上升沿，而在正向过零时，同步脉冲信号出现下降沿。同步信号的上升沿和下降沿将被 DSP 内部程序识别，并启动 DPLL 算法和电流跟踪同步算法。过零检测模块输出的电网电压同步信号如图 8.19 所示。图中通道 1 显示的正弦波是 220V、50Hz 的公共电网电压波形，其纵坐标刻度是 200V/DIV。通道 2 显示的方波脉冲是电网电压同步信号，其纵坐标刻度是 1.00V/DIV，同步信号幅度为 3.3V。两个通道的横坐标刻度均为 5.00ms/DIV。

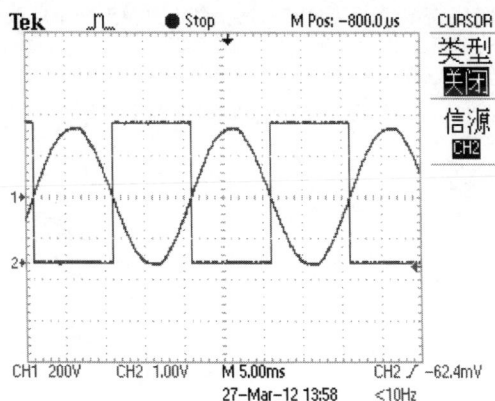

图 8.19　过零检测模块输出的电网电压同步信号

8.3.3　并网电流及电网电压测试实验

在输出功率为 300W、600W 和 1kW 的条件下，分别测量电网电压和光伏并网逆变器输出电流波形，如图 8.20～图 8.22 所示。图中横坐标刻度为 5.00ms/DIV，通道 1 显示的波形是电网电压波形，纵坐标刻度为 200V/DIV；通道 2 显示光伏并网逆变器输出电流波形。

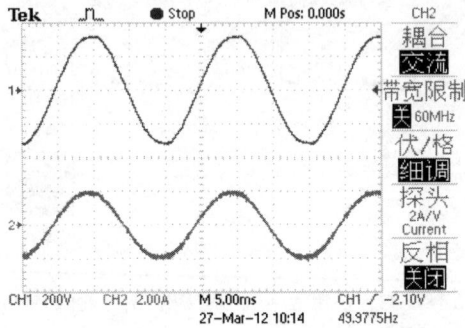

图 8.20　输出功率 300W 时的并网电流及电网电压波形

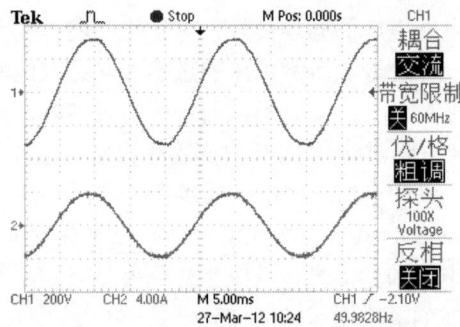

图 8.21　输出功率 600W 时的并网电流及电网电压波形

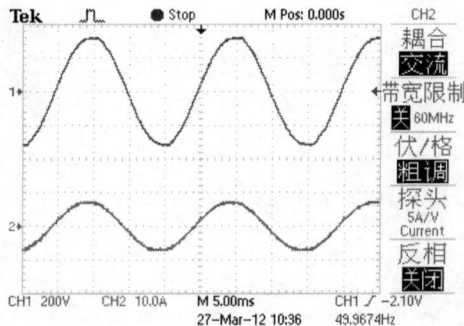

图 8.22　输出功率 1kW 时的并网电流及电网电压波形

　　为了对输出电流进行失真度测量，需将存储在示波器内的并网电流数字信号序列取出，利用 MATLAB/Simulink 的 Power GUI FFT 工具进行谐波分析。具体方法是，先通过 TDS2002B 示波器的 USB 接口，将并网逆变器输出电流的数字信号序列文件（.CSV）读取到 U 盘并复制至计算机上；然后将数字信号序列转换成 MATLAB 格式的数据文件（.mat）；最后利用 MATLAB/Simulink 的 Power GUI FFT 工具对并网逆变器输出电流进行谐波分析，计算 60 次谐波范围内的总谐波失真度（THD）。分析结果显示，所研制的光伏并网逆变器样机输出电流失真度小，在额定功率工作时失真度小于 2.10%，完全满足国家并网标准的要求（THD<5%），谐波分析结果如图 8.23～图 8.25 所示。

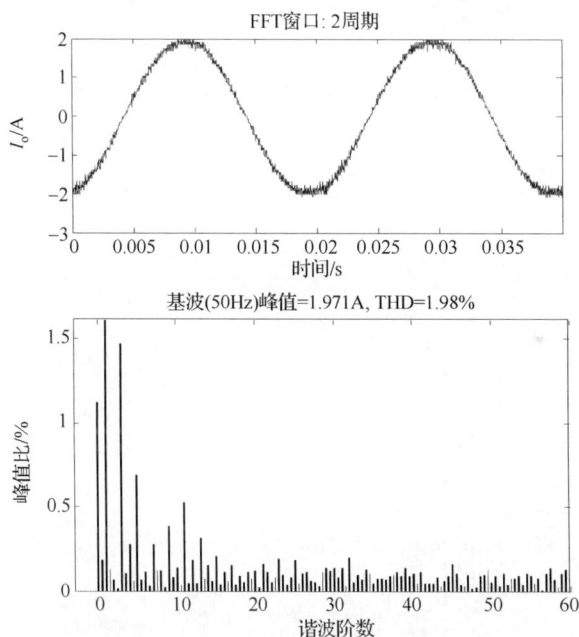

图 8.23　300W 运行时光伏并网逆变器输出电流谐波

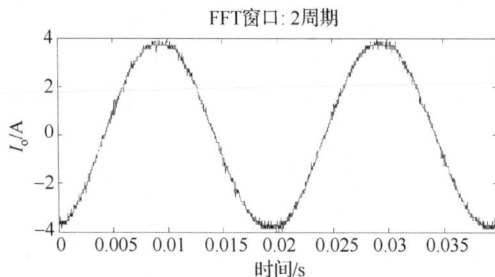

图 8.24　600W 运行时光伏并网逆变器输出电流谐波

基波(50Hz)峰值=3.83A, THD=2.10%

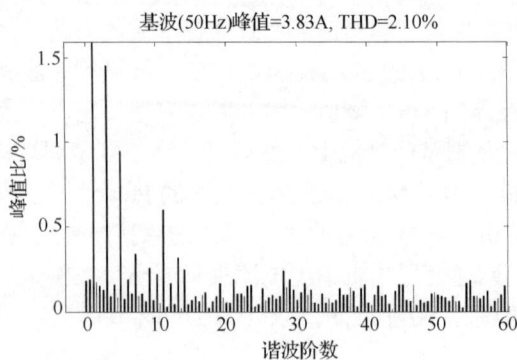

图 8.24　600W 运行时光伏并网逆变器输出电流谐波（续）

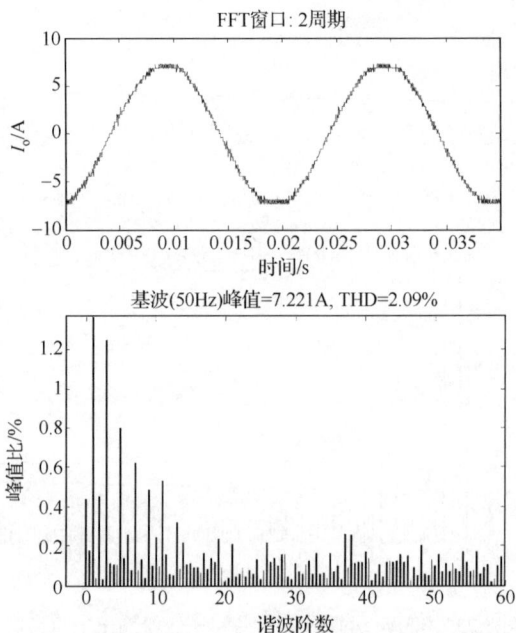

FFT窗口: 2周期

基波(50Hz)峰值=7.221A, THD=2.09%

图 8.25　1kW 运行时光伏并网逆变器输出电流谐波

8.4　本章小结

在前面对光伏并网逆变器主电路拓扑、控制方法的理论研究和仿真分析基础上，本章采用两级式结构，利用前述改进的电流预测同步控制方法，以 TI 的 C2000 系列 DSP 处理器 TMS320F28035 为控制核心，设计了单相电网的 1kW 单相光伏并网逆变器样机。样机设计完成后，在 220V、50Hz 的交流电网环境下进行测试实验，对并网逆变器的驱动信号、同步信号、并网电压和电流波形进行测量，并在几种不同输出功率条件下对并网电压和电流进行谐波分析。实验结果表明：并网逆变器的驱动信号波形实现带死区时间的互补输出，能可靠驱动功率开关管；电网同步信号精确、可靠，并网逆变器的输出电流与电网电压实现同步；在输出功率为 300W、600W 和 1kW 的条件下，分别测量电网电压和光伏并网逆变器输出电流波形，并进行谐波分析，得到其总谐波失真度分别为 1.98%、2.10%和 2.09%。可见，本章所研制的光伏并网逆变器样机输出电流失真度小，在额定功率工作时失真度小于 2.10%，能满足国家并网标准的要求（THD<5%）。

参 考 文 献

[1] Rahim N A, Chaniago K, Selvaraj J. Single-phase seven-level grid-connected inverter for photovoltaic system. IEEE Transactions on Industrial Electronics, 2011, 58 (6): 2435-2443.

[2] Rahim N A, Selvaraj J. Multistring five-level inverter with novel PWM control scheme for PV application. IEEE Transactions on Industrial Electronics, 2010, 57 (6): 2111-2123.

[3] Selvaraj J, Rahim N A. Multilevel inverter for grid-connected PV system employing digital PI controller. IEEE Transactions on Industrial Electronics, 2009, 56 (1): 149-158.

[4] 宋崇辉, 刁乃哲, 薛志伟, 等. 新型多重载波无死区 SPWM. 中国电机工程学报, 2014, 34(12): 1853-1863.

[5] 王大庆, 贲洪奇, 孟涛. 基于死区调节的单级桥式 PFC 变换器变压器偏磁抑制策略. 中国电机工程学报, 2012, 32(30): 46-53, 9.

[6] Zhao B, Song Q, Liu W H, et al. Dead-time effect of the high-frequency isolated bidirectional full-bridge DC-DC converter: Comprehensive theoretical analysis and experimental verification. IEEE Transactions on Power Electronics, 2014, 29 (4): 1667-1680.

附录 1　符号对照表

符号	中文含义
P_{inv}	逆变器输出的有功功率
Q_{inv}	逆变器输出的无功功率
P_{load}	负载消耗的有功功率
Q_{load}	负载消耗的无功功率
C_{norm}	归一化电容值
C_{res}	谐振电容
Q_f	负载品质因数
Q_{f_0}	品质因数
V_{PCC}	公共耦合点（PCC）电压
i_{inv}	逆变器输出电流
Δf	PCC 电压频率差
f_0	公共电网额定频率
f_g	电网电压额定频率
c_f	截断系数
t_z	死区时间
θ_{load}	负载阻抗角

附录 2 缩略词表

缩略词	外文全称	中文全称
AFD	active frequency drift	主动频率偏移
APS	automatic phase shift	自动移相式
CWT	continuous wavelet transform	连续小波变换
DG	distributed generation	分布式发电
FIR	finite impulse response	有限长单位冲激响应
IGBT	insulated gate bipolar transistor	绝缘栅双极型晶体管
NDZ	non-detection zone	检测盲区
PCC	the point of common coupling	公共耦合点
PLL	phase-locked loop	锁相环
PV	photovoltaic	光伏
PWM	pulse width modulation	脉冲宽度调制技术
SMS	slip-mode frequency shift	滑模频率偏移
THD	total harmonic distortion	总谐波失真度
UF/OF	under frequency /over frequency	欠/过频率
UV/OV	under voltage /over voltage	欠/过电压

彩　　图

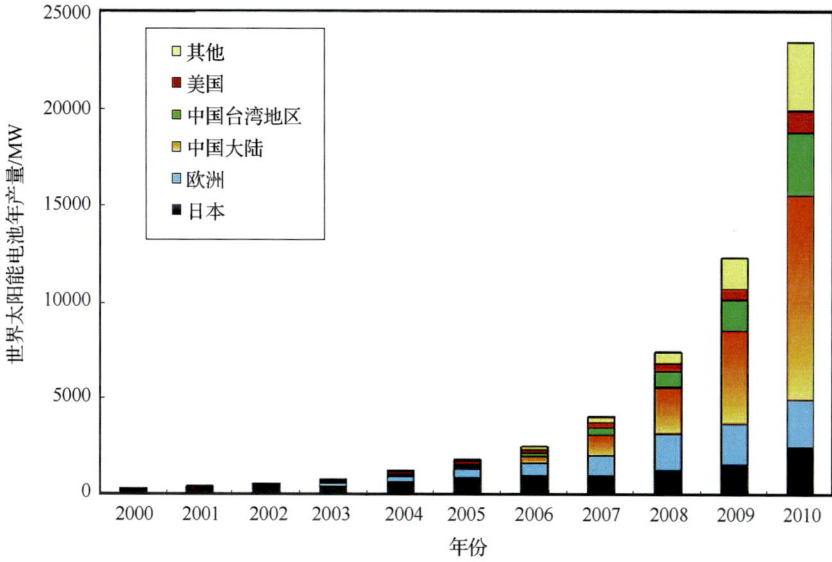

图 1.1　世界太阳能电池的历年产量

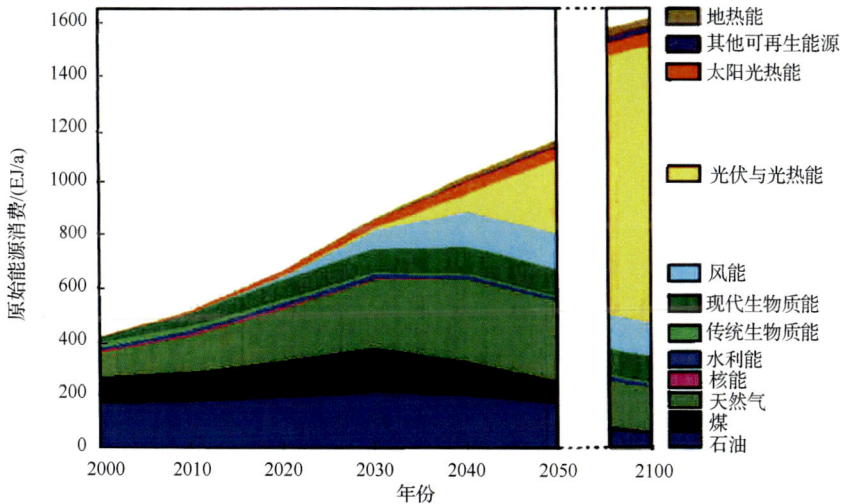

图 1.2　世界能源发展预测（数据来自 EU JRC）

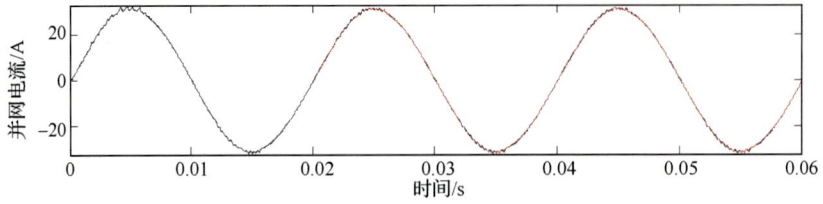

(a) 并网电流（挑选信号为3周期，FFT窗口(红色)为2周期）

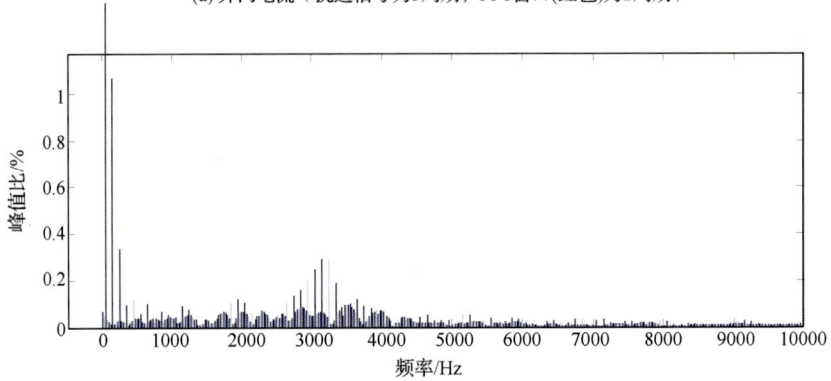

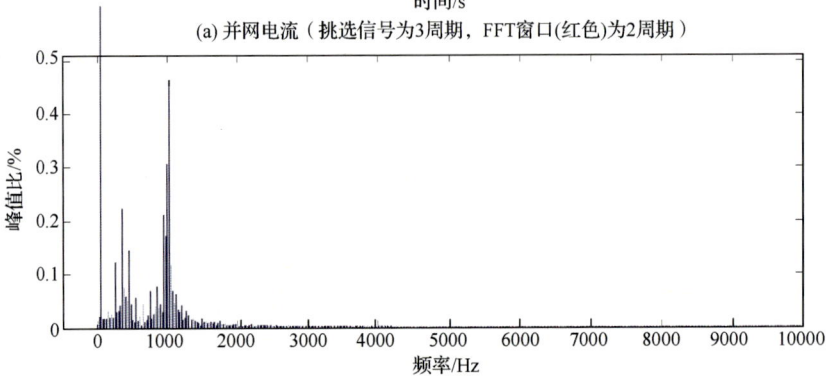

(b) 峰值比（基波(50Hz)峰值 = 31.34A, THD = 1.45%）

图 4.19　基于反步法控制的光伏并网逆变器输出电流谐波分布图

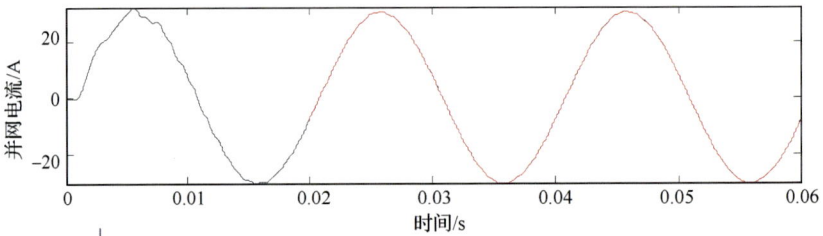

(a) 并网电流（挑选信号为3周期，FFT窗口(红色)为2周期）

(b) 峰值比（基波(50Hz)峰值 = 30.31A, THD = 0.52%）

图 4.22　基于滤波反步法控制的光伏并网逆变器输出电流谐波分布图

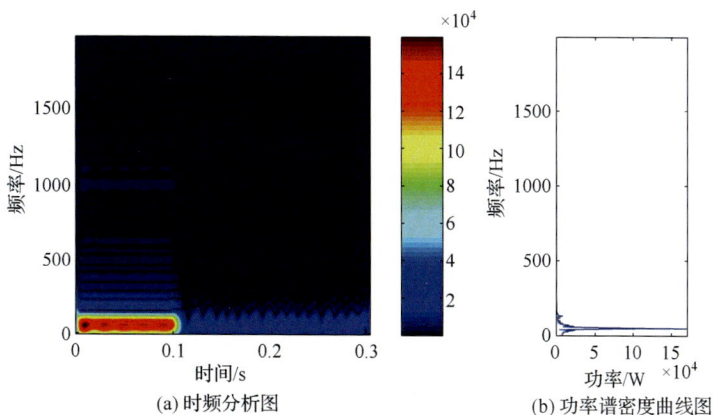

(a) 时频分析图　　　　　　　(b) 功率谱密度曲线图

图 6.29　孤岛状态时时频分析图和功率谱曲线图

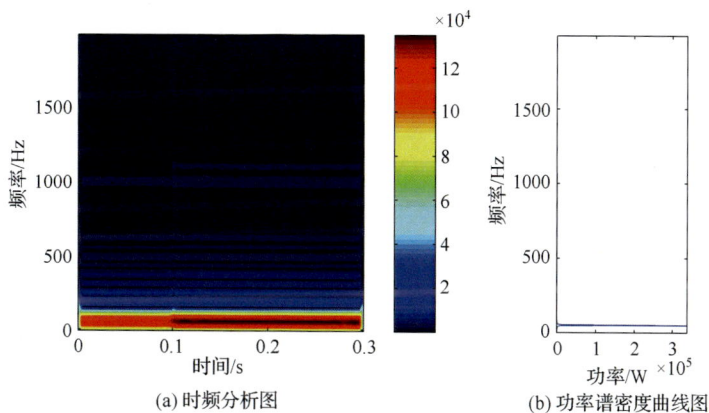

(a) 时频分析图　　　　　　　(b) 功率谱密度曲线图

图 6.30　负载突变时时频分析图和功率谱曲线图

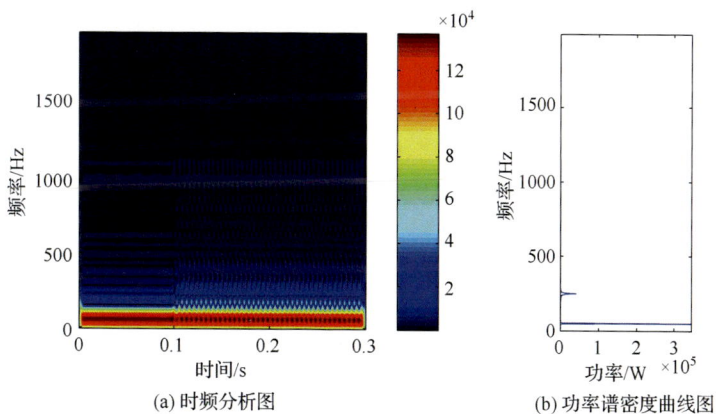

(a) 时频分析图　　　　　　　(b) 功率谱密度曲线图

图 6.31　谐波干扰时时频分析图和功率谱曲线图